Nutritional
Assessment

영양판정 이론편

이 책을 펴내면서

사회경제적 발전에 따른 생활수준의 향상은 식생활의 풍요로움과 다양화를 가져다주었다. 그러나 식생활의 풍요와 생활의 편리함이 불러들인 잘못된 영양관리로 인해 일부 인구 집단에서는 과다한 영양섭취로 인한 비만과 식생활에 관련된 만성 질환이 증가하고 있으며, 또 다른 인구 집단에서는 영양부족 현상이 나타나 영양섭취의 양극화가 문제되고 있다. 장수시대에 영양관리를 통한 노후 삶의 질 확보는 무엇보다도 중요한 요소이며 이에 국가는 개인의 체계적인 영양관리를 위한 국민영양관리법과 이에 따른 국민영양관리계획을 수립하고 시행하게 되었다. 연령·계층·질병 등의 기준에 맞춘 영양관리 사업을 실시하도록 하는 법이 제정되고 영양식생활 관리를 위한 국가적 인식 개선과 교육 지원에 대한 정책이 마련되어, 국민의 영양과 건강을 증진시키고 삶의 질 향상에 이바지할 수 있는 토대를 구축할 수 있도록 보건소, 병원, 학교, 산업체, 복지시설과 헬스센터, 비만클리닉 등에서도 건강증진에 필요한 영양관리와 영양서비스 제공이 중요한 과제로 대두되었다. 이러한 업무 수행에 있어 대상자의 영양 상태에 대한 정확한 진단과 식생활의 문제파악이 필수적으로 수행되어야하며 국민영양관리 정책과 관련된 다양한 영양관리 사업과 개인별 맞춤 영양관리를 수행하는 영양 전문가의 전문성 강화가 요구된다. 이러한 시점에서 영양판정이라는 교과목은 영양에 대한 기본 이론과 활용지식을 습득한 영양 전문가의 역할을 강화하는 필수 교과목으로 대학에서 더욱 중요하게 다루어져야 한다.

영양판정이란 대상자의 기본 정보, 신체계측 자료, 식생활 관련 자료, 소변 및 혈액의 생화학적 분석 자료, 임상 진단 자료 등 다양한 정보를 서로 연관시키고 종합하여 평가 대상자의 영양 및 건강 상태에 대하여 진단하고 문제점을 분석하고 해석하는 일련의 과정이다.

본 교재는 영양 전문가를 양성하는 대학의 학과에서 개인 및 국가적 차원의 영양관리를 위한 영양 평가 과정을 습득하고, 실제 현장에서 보다 효율적으로 적용할 수 있도록 구성하였으며 현장에서 활용되는 각종 참고 자료를 수록하고 보완하여 정확하고 우수한 정보를 제공하고자 노력하였다. 본 이론서와 함께 빠른 시일 내에 별도의 실습서가 발간될 예정이다.

내용 중의 미흡한 점에 대한 충고와 지적은 기꺼이 받아들여 향후 더욱 완성도 높은 교재로 보완해 나갈 것을 약속드린다. 끝으로 이 교재가 나오기까지 도움을 주신 여러분과 도서출판 효일의 사장님, 편집부에게도 감사드린다.

저자 씀

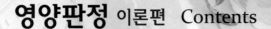

영양판정 이론편 Contents

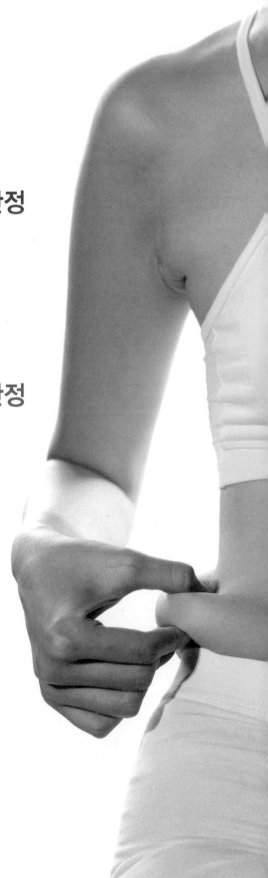

영양판정 이론편 Contents

영양판정 이론편

CHAPTER

01

영양판정과 영양관리

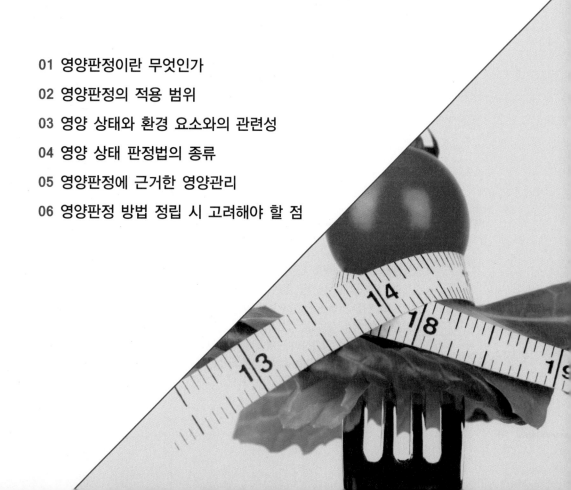

박○○씨는 45세 영업직 회사원이다.

업무상 접대와 모임으로 매일이 술자리의 연속이다.

이제 이직한 지 겨우 한 달이 되어 가는데, 한 달 만에 10kg 가까이 체중이 불었다.

살이 찌면서 요즘엔 숨도 차고 몸도 허한 것이 건강에 문제가 생기는 것 같다는 생각이 든다.

어떻게 하면 좋을까?

학습목표

- 영양판정이란 무엇인가를 파악한다.
- 영양판정의 적용 범위를 파악한다.
- 신체의 영양 상태에 영향을 주는 환경 변인을 알도록 한다.
- 영양 상태 판정 방법을 분류해 보고 각 방법의 특징을 파악한다.
- 영양판정 후 이를 적용하는 영양관리와의 관련성을 이해한다.
- 영양관리를 위한 영양판정의 단계를 열거해 본다.
- 판정 방법을 정립 시 고려해야 할 점은 무엇인가를 알아본다.

1. 영양판정이란 무엇인가

사람이 살고 있는 환경은 끊임없이 변화하고 있다. 환경의 변화에 따라 영양문제의 발생과 이에 대한 관심 분야도 변화하고 있다. 20세기 중반까지만 해도 감염성 질병이 만연하여 사망의 주된 원인이 되었으며, 영양소의 결핍에 의한 질병이 크게 문제되어 영양결핍을 예방하기 위한 영양섭취가 중요하게 부각되었고, 각 영양소의 기능을 설명하고 영양소 결핍으로 인한 증세를 규명하는 것이 매우 중요하게 여겨졌다. 물론 오늘날에도 영양결핍이 모두 사라진 것은 아니나 현대의 영양문제의 경우 영양소의 결핍뿐만 아니라 과잉도 심각한 사회 문제로 대두되고 있다. 풍요로운 식품 선택이 가능한 환경에서 그릇된 식생활 행동에 의한 영양소섭취의 불균형은 각종 건강장애를 유발한다. 이에 현대사회에서는 올바른 영양관리를 통한 최적의 건강유지와 질병의 예방에 큰 의미를 부여하고 있다.

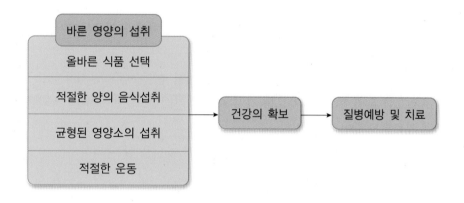

[그림 1-1] 바른 영양의 섭취와 목적

영양판정이란 보다 나은 삶의 질을 유지하기 위한 필요수단으로서 발전되어 왔다. 질병의 관리나 예방을 위한 식생활관리 지도는 영양학 분야의 중요한 과제가 되었다. 우리나라의 경우 보건복지부에서 1969년 이래 매년 전국 규모의 국민영양조사를 실시하였으며 1998년부터는 주기적으로 국민건강영양조사를 실시하여 문제를 진단하고 건강증진과 관련된 영양정책을 수립하는 데 활용하고 있다.

개인뿐 아니라 대규모 집단을 대상으로 한 영양판정은 우리나라에서도 점차 폭넓게 발전되고 있다. 1970년대 이후 경제성장에 따라 국민 개개인의 건강에 대한 욕구가 증가하고 영양에 대한 관심이 높아지면서 개인의 영양 상태 판정에 대한 전문적인 지식이 요구되고 있다. 또한 조사 방법의 발달과 객관적인 건강·영양 관련 통계자료가 제공됨으로써 영양판정에 활용되는 비교기준치의 상대적 정확도가 증가하고 있다.

영양판정이란 개인이나 어떤 집단의 영양 상태를 진단하는 것이다. 영양 상태는 식품의 공급 정도와 식품의 섭취 상태, 체격과 체내대사 상태를 측정하여 판정할 수 있다. 신장, 체중, 비만 정도 등 체격을 관찰·진단하여 건강 상태를 판별하거나, 섭취된 각 영양소가 신체 내에서 대사되어 형성된 물질이 혈액이나 소변 등에 함유된 정도를 분석한 자료를 이용하여 체내의 영양 상태를 판단할 수 있다.

영양판정은 영양소섭취 상황이나 영양소의 체내 이용에 의하여 영향을 받게 되는 일련의 건강과 관련된 요소를 측정한 후, 이를 중심으로 기준치와 비교하여 결과를 해석하는 것이다. 평가 대상자의 식사섭취량을 조사한 자료와 대상자로부터 채취한 소변이나 혈액을 생화학적으로 분석 조사한 자료, 신체계측을 통하여 얻은 자료 및 임상진단을 통하여 진단한 자료 등이 통합되어 활용된다. 영양판정은 여러 가지 정보를 서로 연관지어 판정대상자의 현재 건강 상태에 대하여 진단을 내리고 문제점을 분석 및 해석하는 일련의 과정을 거치게 된다. 영양판정은 효율적인 영양상담 등과 같은 영양관리 체계가 이루어지기 위하여 영양 서비스의 전반적인 과정에 있어서 필수적인 요소이다. 또한 영양판정은 영양관리 프로그램이 제대로 운영되고 있는지 프로그램의 효율성에 대한 진단수단으로 사용될 수 있다. 영양서비스 프로그램 운영 후 판정 자료를 다시 수집해 분석함으로써 교육의 효과를 판정하는 직·간접 자료로도 활용할 수 있다.

영양판정법이란 인력, 정보, 시간, 경비 기타 물리적 자원을 잘 관리하려는 경영 관리적 관점에서 발전하였다. 질병 예방뿐 아니라 임상에서 요구되는 영양적 관리를 충족시키기 위한 매우 동적인 과정으로 구성될 수 있다.

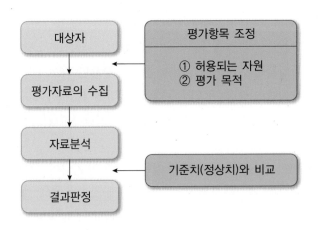

[그림 1-2] **영양판정 과정**

2. 영양판정의 적용 범위

영양 상태 판정이라는 일련의 과정은 매우 동적인 연속성을 가지는 과정이다. 영양판정은 일련의 과정이 적용되는 경우 크게 두 가지로 나누어 볼 수 있다.

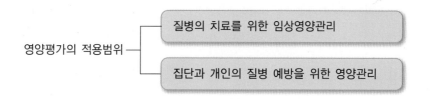

영양평가의 적용범위 — 질병의 치료를 위한 임상영양관리

집단과 개인의 질병 예방을 위한 영양관리

[그림 1-3] **영양판정의 적용 범위**

(1) 치료를 위한 임상영양관리

환자에 대한 영양판정수치는 환자의 영양불량여부와 그 정도를 파악하고 적절한 환자 관리의 방법을 선택할 수 있게 할 뿐만 아니라, 어떠한 치료 방법이 어느 정도로 어떻게 실시되는 것이 가장 적당한가를 결정할 수 있게 한다. 영양판정수치는 어떤 영양 처방방안을 결정할 수 있게 하는 것이다. 예를 들어 혈중 알부민 농도는 영양불량의 정도를 파악하는 자료로 충분히 활용될 수 있으며, 환자의 영양 상태 판정에 따라 외과적 수술을 요하는 입원 환자의 수술시기 및 영양 강화 프로그램의 실시여부를 결정하게 한다.

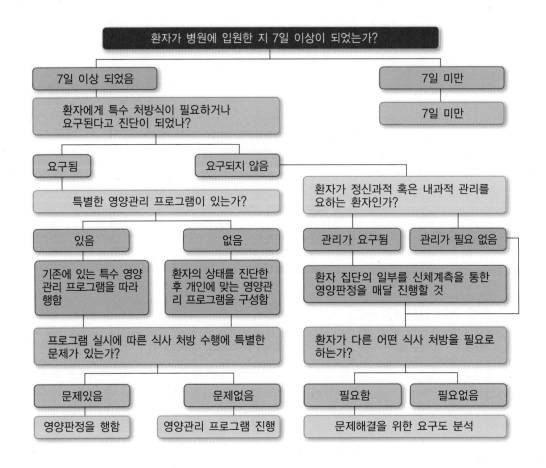

[그림 1-4] 장기 입원환자의 영양관리를 위한 영양 처방 결정 단계

(2) 집단이나 개인의 질병 예방관리

최근에는 개개인의 영양판정수치를 질병 예방차원의 식생활지도지침과 처방을 내리는 객관적 자료로 활용하고 있다.

이 경우 영양판정은 개인이나 집단에게 내재되어있는 건강장애를 유발할 수 있는 영양위험요인을 파악하는 역할을 한다. 이 판정 결과에 근거하여 영양관리를 수행하게 된다. 또한 지역사회 혹은 직장단위의 영양관리사업의 결과를 수행하는데 있어 지도대상선정에서부터 교육 전반에 대하여 평가하는 수단으로 큰 역할을 하게 된다. 영양 상태의 판정이 요구되는 대표적인 영양취약집단으로는 임신부, 영·유아, 노인, 병원입원환자 등을 들 수 있다.

영양취약집단이란?

- **임신부**

  임신으로 인해 태아 및 태아 부속물이 생성되어 영양필요량은 증가하나 거동 불편, 입맛의 변화 등으로 식사 상태가 불량해질 가능성이 높은 시기이다. 그러므로 태아의 정상발육을 위해 주기적인 영양 상태의 판정이 요구된다.

- **영 · 유아**

  성장이 활발한 시기로, 단위체중당 영양필요량이 높으나 영양관리가 타인에 의해 좌우되는 시기이다. 그러므로 영양섭취를 통한 정상적인 성장 여부를 판별할 수 있도록 주기적인 영양 상태의 판정이 요구된다.

- **노인**

  전반적인 신체 기능의 저하 및 대사 장애 현상이 발생되는 시기이며 영양소의 흡수 및 이용에 대한 저해요소가 존재하는 시기이다. 그러므로 노인에 대한 영양 상태의 판정은 만성 대사성 질환 및 심각한 영양불량을 방지하는 차원에서 꼭 필요하다. 사회 환경이나 거동 정도 등 간접지표를 사용하여 영양위험도를 평가할 수 있다.

- **병원입원환자**

  정상생활유지와 건강회복을 위하여 특정 영양소의 필요량이 증가하는 시기이다. 이들은 약물치료나 수술 등 외부 스트레스가 가해질 수 있기 때문에 특별한 영양관리가 필요하다. 이의 필요성과 치료효과를 파악하기 위해 영양판정을 행하여 진단이 가능해진다.

영양판정에 대한 체계적인 방법의 정립과 연구는 비교적 근간에 와서 예방의학차원과 임상환자관리차원에서 이루어지고 있다. 1966년 제리프(Derrick B. Jelliffe)에 의하여 영양판정의 직 · 간접적 방법이 체계적으로 수립되었고 이를 바탕으로 영양적 위험요소를 추정하고 어떤 질병의 유병률까지도 예측할 수 있게 되어, 적극적인 영양관리방안이 제시되고 있다.

영양불량의 분류

영양판정의 목적은 영양불량 상태를 찾아내는 데 그 목적이 있다. 영양불량 상태에 대한 정의는 영양불량이 발생한 기전을 중심으로 여러 각도에서 분류해 볼 수 있다.

① 제리프(Jelliffe)의 영양공급정도와 기간에 따른 분류

저영양 (undernutrition)	장기간에 걸쳐 신체가 필요로 하는 여러 가지 영양소가 제대로 신체에 공급되지 않거나 신체 내에서 이용되지 못하여 발생하는 영양불량
영양과잉 (overnutrition)	장기간에 걸쳐 신체에 과잉의 영양소가 공급되면서 나타나는 영양불량
결핍증(specific deficiency state)	한 가지 혹은 두 가지 특정 영양소의 결여 및 이용률의 제한으로 인하여 발생하는 특정 영양소가 결핍된 영양불량 상태
영양의 불균형 상태 (imbalance)	신체의 영양요구량에 대하여 식사를 통한 영양소의 양과 질적 측면에서 균형적인 공급이 이루어지지 못하여 발생

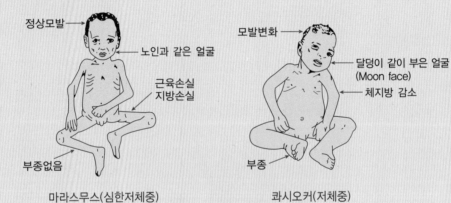

마라스무스(심한저체중)　　　　　콰시오커(저체중)

저영양의 예

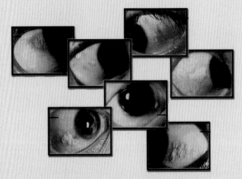

비타민 A 결핍: 안구 비톳점

② **영양결핍의 원인을 영양공급측면과 생리적 원인에 따른 분류**

- **1차적 영양불량** – 부적절한 식사를 통한 영양공급
- **2차적 영양불량** – 심순환기 질환, 당뇨병, 신장질환, 발열동반질환, 정신질환, 치아질환, 알코올 · 약물 중독

③ **영양불량의 발생 원인에 따른 분류**

- 흡수불량조건에 의한 영양불량
- 질병으로 인한 식욕부진이 원인인 영양불량
- 대사항진으로 인한 영양불량
- 특정대사기능장애로 인한 영양불량
- 장기손상으로 인한 영양불량
- 치료를 위한 약물이나 처치로 인한 영양불량

각각의 기준에 따른 분류 방법의 차이가 있어도, 영양불량이라는 현상은 절대적인 영양소섭취량의 과부족과 신체의 이용 효율에 의해 결정된다.

3. 영양 상태와 환경 요소와의 관련성

체내의 영양 상태는 개개인의 생리 상태와 사회적 환경요소에 따라 영향을 받게 된다. 영향을 주는 환경 요소는 [그림 1-5]와 같다. 여러 생리 · 사회적 요소로 인해 영양소의 체내 이용 정도에 영향을 받게 되어 이는 궁극적으로 일상의 건강 상태를 결정짓게 된다. 영양 상태를 평가 할 때는 판정수치 결과에 영향을 주는 요소에 대해 사전에 충분히 조사해야 한다. 특히 사회적 요소는 영양 상태 평가 후 영양지도 프로그램 실시에 도움을 줄 수 있다.

생리적 요소   사회적 요소

[그림 1-5] 개인의 영양 상태에 영향을 주는 요소

표 1-1	영양 상태에 영향을 주는 생리적 요소와 사회적 요소
생리적 요소	
부적절한 영양소의 섭취	• 부적절한 열량과 단백질섭취 • 질병으로 인한 식욕부진 • 섭식행동에 제한을 받는 경우(예: 거동장애, 치아손상) • 식품에 대한 알레르기 증상이 있을 때 • 질병치료를 목적으로 영양소섭취에 장애가 되는 약물을 복용하거나 특수한 치료를 할 때
체내 흡수가 불량한 환경	• 장내 국소부위에 염증이 있을 때 • 약물치료로 인한 부작용 시 • 기생충 감염 시 • 수술로 인하여 장관의 일부가 절제되었을 때 • 만성소화장애
신체 이용에 장애가 되는 환경	• 기관의 기능 저하와 이로 인한 대사부진 현상이 있을 때 • 선천적인 대사 장애 • 간 기능의 약화 • 신장기능 이상으로 인한 산독증의 발생 시 • 영양소의 이용에 대하여 특정 약물의 이용 저해 현상이 있을 때
배설이 증가된 환경	• 구토 • 설사 • 전반적인 장관 체류 시간이 감소할 때 • 장관의 불안정 현상이 있을 때
신체 내 필요량이 증가한 경우	• 발열 • 외상, 감염 시 • 임신이나 성장기 • 외부 스트레스가 가해질 때 • 화상 • 패혈증 • 갑상선 기능의 항진 • 종양이 생겼을 때 • 수술
사회적 요소	
생태학적 환경	• 최근의 전반적인 생활 상태 • 가족과 본인의 경제 상태와 빈곤 정도 • 거주 지역의 환경적 특성 • 직업적 특성 • 교육 수준 • 거주 지역 내의 의료 환경 • 거주 지역 내 식품 가격 수준 및 구매 여건 • 정부와 사회단체의 식품 구매 지원 및 급식 프로그램의 지원 여부
가족환경	• 전체 가족 구성원(나이 및 성별) • 거주 상태 • 본인과 가족 구성원의 병력 • 결혼 상태 • 부엌의 상태, 식품 저장 시설 • 가족과 개인의 식생활 지식과 태도
생활환경	• 여러 종류의 생활 변인(결혼, 배우자의 죽음, 실직, 이직, 이사 등)

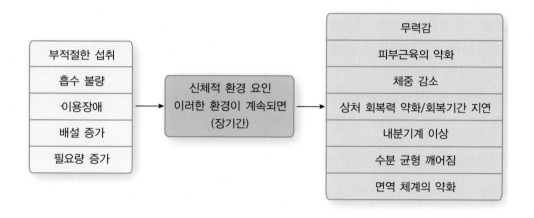

[그림 1-6] 신체의 영양결핍원인과 신체의 건강약화현상 관계

4. 영양 상태 판정법의 종류

영양 상태의 판정법은 크게 4가지로 나눌 수 있으며 그 목적이 질병의 치료 및 예방인가에 따라, 또는 허용되는 비용, 시간, 인력에 따라 판정 방법이 달라질 수 있다.

(1) 식사섭취량 조사법

음식을 통한 영양소섭취량은 개개인의 영양 상태를 좌우하게 된다. 즉, 1차적인 식품섭취부족에 의한 영양불량여부를 판정하는 방법이며, 생리적 요소(약물 복용, 식사구성내용, 질병 형태 등)는 전혀 고려하지 않은 방법이다. 이 방법은 영양불량이 시작되는 초기 상황에서 판별이 가능하다는 점에서 널리 이용되고 있다.

(2) 생화학적 분석법

판정대상자로부터 채취한 소변, 혈액, 조직 등을 중심으로 특정 성분을 분석하는 것으로 다른 방법에 비하여 객관적이고 정확한 자료를 얻을 수 있다. 또한 임상에서 환자의 영양처방을 위하여 단시간에 영양처방의 효과 및 영양불량의 정도변화를 예민하게 체크하는 데 유용하게 이용된다. 그러나 일반 영양상담 시에는 조사 방법이 대상자에게 많은 불편함을 주기 때문에 다른 판정 조사 방법의 보완적인 역할이 필요한 경우나 잘 나타나지 않는 영양부족을 알아내기 위하여 많이 사용된다.

(3) 신체계측법

성장이 활발한 시기에는 생물학적 요인 이외에 영양적인 요인이 성장에 큰 영향을 준다는 전제하에 성장을 대변할 수 있는 요소들을 측정하여 영양 상태를 판정하는 방법이다. 신체계측법은 특히 어린이나 성인에게 있어서 장기간에 걸친 단백질과 에너지원의 부적절함을 판정하기 위한 수단으로 많이 이용된다. 이 조사는 대상자의 과거 장기간에 걸친 지속된 영양 상태를 판별하는 데 많이 이용된다.

(4) 임상증세 관찰을 통한 영양 상태 판정법

영양 상태의 변화에 의하여 나타나는 신체의 이상 징후 유무와 그 정도를 조사하는 것으로 특정 영양소의 결핍과 신체의 징후를 전문가에 의하여 판정하는 방법이다. 이 방법에 의해 관찰되는 신체의 징후는 특정 영양소 결핍으로 국한시키기에는 여러 가지 다른 복합적인 문제점이 있다. 또한 장기간에 걸쳐야 특정 영양소의 결핍이 나타나기 때문에 영양불량이 심각한 단계에 도달해야만 판정이 가능하다는 단점이 있다. 바람직한 영양판정 방법은 극심한 신체적인 증세가 나타나기 이전에 즉, 영양불량이 시작되려는 경계 시점 이전에 이를 찾아낼 수 있어야 한다.

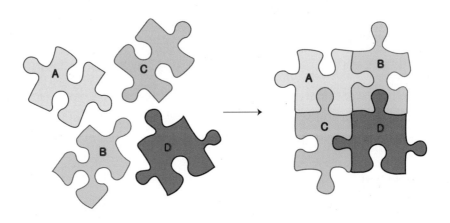

A : 신체계측법(Anthropometry)   B : 생화학적 분석법(Biochemical assessment)
C : 임상증세 판정법(Clinical assessment)   D : 식사섭취량 조사법(Dietary assessment)

[그림 1-7] 영양판정 방법 ABCD

[그림 1-7]에 언급된 4가지 직접적인 영양 상태를 판정하는 방법 이외에 자료의 해석과 문제해결을 위한 원인요소 파악에 도움이 될 수 있는 여러 가지 식생활과 관련된 사회학·의학적 관련 요소를 조사하는 것이 필요하다. 특히 비영양적 요소는 영양불량과 밀접한 관계를 지니므로 자료의 분석과 해석에는 주의를 요한다. 이러한 영양판정 방법은 한 가지보다는 여러 가지를 복합적으로 이용할 경우 판정결과에 대한 설명력이 증가하게 된다. 언급한 여러 종류의 판정 방법은 영양의 불량정도나 판정대상에 따라 방법이 달라질 수 있다.

표 1-2 영양불량단계와 신체의 발현현상에 따른 적합한 판정 방법		
영양불량단계	영양결핍정도에 따른 신체의 결핍현상	현상파악에 적당한 영양판정 방법
제1단계	식사를 통한 영양소의 공급·섭취가 부적절함	식사섭취량 조사
제2단계	영양소의 저장조직으로부터 저장 영양소량이 서서히 감소하는 단계	생화학적인 분석 방법
제3단계	신체 체액 내의 영양소량의 감소	생화학적인 분석 방법
제4단계	각 조직 혹은 기관이 가지는 기능적 특성이 약화되는 단계	신체계측 방법 생화학적인 분석 방법
제5단계	영양소와 관련된 여러 효소의 활성도가 감소	생화학적인 분석 방법
제6단계	신체의 특정기관의 기능성의 변화 예) 인지 능력의 감소(철) 　　암반응 능력의 감소(비타민 A) 　　미각의 예민도 감소(아연)	행동학적 관찰법 신체기능 분석 방법
제7단계	임상적인 결핍증세가 나타남	임상관찰법(증세 관찰)
제8단계	해부학적 증후가 나타남	임상관찰법(전문가에 의한 관찰)

이러한 영양불량은 서서히 진행되며 서로 겹쳐지면서 나타나게 되므로 각 단계별로 명확한 한계가 있는 것이 아니다. 판정 자료를 활용하고자 하는 목적에 따라 적절한 판정 방법을 선택해야 한다.

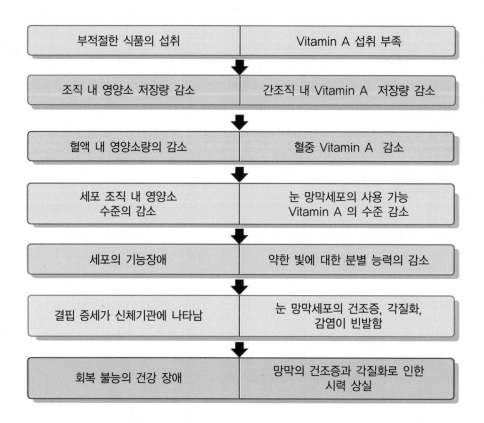

부적절한 식품의 섭취	Vitamin A 섭취 부족
조직 내 영양소 저장량 감소	간조직 내 Vitamin A 저장량 감소
혈액 내 영양소량의 감소	혈중 Vitamin A 감소
세포 조직 내 영양소 수준의 감소	눈 망막세포의 사용 가능 Vitamin A 의 수준 감소
세포의 기능장애	약한 빛에 대한 분별 능력의 감소
결핍 증세가 신체기관에 나타남	눈 망막세포의 건조증, 각질화, 감염이 빈발함
회복 불능의 건강 장애	망막의 건조증과 각질화로 인한 시력 상실

[그림 1-8] **영양불량의 단계별 진행과 신체발현증상**

5. 영양판정에 근거한 영양관리

영양판정의 자료는 개인이나 해당 집단의 영양관리를 위하여 이용된다. 병원과 직장 등의 영양 및 건강관리 프로그램에서 영양판정의 결과는 교육 프로그램의 방향을 설정하는데 중요한 근거 자료가 될 수 있다. 영양서비스의 가장 큰 목적은 영양 상태의 개선을 통해 개인의 건강 상태를 향상시키는 것이다. 즉, 영양과잉이든 영양부족이든 이를 개선하고 나아가 방지하기 위한 것이다.

영양관리를 담당하는 사람들은 이러한 건강관리에 부정적인 영향을 미칠 수 있는 원인을 파악하고, 영양소섭취에 있어서 결함을 유발하는 요소를 제어할 수 있도록 영양관리 방법을 정립해야 한다. 체계적인 일련의 과정을 형성하기 위해서는 문제 규명을 위한 영양판정 방법의 정립과 영양관리 효과와 효율성의 평가가 가능한 관리체계가 필요하다.

표 1-3	영양적 위험요소 평가 시 고려할 점

① 영양 상태 측정을 위한 표준화된 판정 방법과 기준마련
② 조사된 자료에 근거한 적절한 판정을 위한 기준과 이에 대한 이해
③ 영양판정 자료 분석을 통한 영양관리 및 환경 요소와 생리적 요소와의 관련성

(1) 영양관리에 있어 영양판정의 의미

영양판정은 영양관리 프로그램의 실시에 있어서 매우 중요한 의미를 갖는다. 오늘날 우리나라에는 영양결핍집단과 영양과잉집단이 공존하며 영양관리의 차원에서 이들 모두가 관리의 대상이 되고 있다. 그런데, 영양문제의 발현 이면에는 개인이나 집단의 장기간에 걸친 환경적, 육체적, 사회적, 심리적 요인에 의하여 형성된 식생활 태도가 자리하고 있다.

영양불량이나 영양과잉으로 인한 질환의 치료와 예방은 곧 생활 방식(lifestyle)의 변화를 요구한다. 따라서 개개인의 영양판정과 영양관리 시에는 대상자의 주변 환경에 대한 충분한 사전 조사 및 이에 대한 평가가 선행되어야 한다.

표 1-4	영양관리에 있어 판정의 의미
1차적 예방 차원	직접적으로 질병의 발생을 억제할 수 있도록 도와준다. 현재의 영양 상태를 판정하여 앞으로 발생 가능한 건강 장애 문제를 파악하고 나아가 이를 예방할 수 있는 영양관리지침이나 급식관리 방침을 제시해 줄 수 있다.
2차적 예방 차원	질병의 증상이 발현되기 전 단계에 건강의 장애를 유발하는 질병을 규명해 낼 수 있다. 즉, 증상의 발현과 진행을 억제시킬 수 있는 의미를 갖는다.
3차적 예방 차원	이미 건강 장애 질환이 발생한 사람에게 더는 건강 장애 현상이 발생하지 않도록 지침을 제시해 줄 수 있다.

식품섭취 상태에 영향을 주는 요인과 영양관리

① 경제적인 빈곤의 문제가 있을 때

영양섭취가 불량한 경우에는 보통 주거환경이 불량하고, 의료관리에 대한 기회제공도 제한을 받는 경우가 많다. 경제적으로 여유가 없을 경우 영양적으로 균형 잡힌 식사에 대한 관심보다는 식품의 가격과 현재의 수입 상태에 의해 식품선택을 좌우하게 된다.

② 영양에 대해 무지할 때

건강에 대한 관심도가 낮고 건강한 삶에 대한 관심도가 낮을 경우, 영양섭취 상태에 문제가 생길 수 있다. 이러한 경우, 현재보다 나은 건강을 유지해 줄 수 있는 식품 선택에 대한 관심도는 자연히 낮으며 단백질, 지방, 설탕, 소금 및 가공 식품과 동물성 식품의 과다한 섭취가 이루어지고 이에 비해 과일, 채소, 섬유질이 다량 함유된 식품에 대한 기호성이 낮다.

③ 좋은 영양과 바람직한 건강 유지에 대한 노력이 부족할 때

관심과 지식은 있더라도 실천에 있어서 시간이나 노력이 제한 받는 경우가 해당된다.

④ 잘못된 지식과 특정 음식에 대한 믿음이 과도할 때

음식이나 식품에 대한 그릇된 정보는 영양불량이나 특정 영양소의 과잉섭취를 초래한다. 특히 일부 전문가들이 극히 제한된 영양자료를 인용하여 잘못 전파한 영양정보는 일반인들의 식생활에 크게 영향을 미치게 된다.

영양관리 시 체크포인트

- 영양관리를 요구하는 대상이 누구인가?
- 어떤 종류의 영양관리가 필요한가?
- 허용 가능한 자원은 어느 정도인가?
- 영양문제를 치유할 수 있는 최상의 치료 방법은 무엇인가?
- 영양관리 프로그램이 실시될 경우 그 효과를 판정할 수 있는 기준은 있는가?
- 시간이 경과된 후 이러한 방법의 적합여부에 대한 모니터 기준이 있는가?

(2) 영양관리 프로그램의 진행에 있어 영양판정의 활용

영양관리는 건강의 예방·치료·회복·유지라는 기본적인 틀을 갖고 있다. 이를 효과적으로 유지하기 위해서는 다음과 같은 단계별 고려가 요구되며, 단계별로 영양판정이 활용된다.

1) 1단계: 필요성의 규명

대상이 되는 집단의 가장 큰 위험 문제를 찾아내어 적절한 영양서비스의 필요성을 검토하는 단계이다. 이 단계에서 규명되어야 할 사항은 다음과 같으며 여러 각도의 질문과 조사를 이용하여 영양판정용 조사표를 완성한다.

① 대상자에게 있어서 문제가 되는 영양적인 결함은 무엇인가?
② 이러한 문제에 의하여 가장 영향을 받는 사람은 어떠한 환경적인 특성을 갖고 있는가?
③ 기타 생태학적인 주변 요인은 어떠한가?
④ 어떤 곳에서 어떠한 형태의 영양서비스를 해 줄 수 있는가?
⑤ 영양서비스가 필요한 대상을 무엇을 기준으로 판단할 것인가?

2) 2단계: 초기 영양판정 단계

기초적인 자료를 수집하여 가장 큰 영양문제를 찾아내는 단계로 영양전문가에 의하여 사전에 철저한 계획과 집행이 요구되는 부분이다.

기초적인 영양판정 자료의 수집단계로 식품섭취 조사, 생화학적 분석자료, 임상적인 판단자료, 신체계측자료 등을 수집한다. 이들 자료는 초기 영양관리의 필요 정도를 파악하고, 어떤 경우에는 영양관리 실시 후의 효과 판정의 기준이나 기초 자료 구축의 의미를 갖게 된다. 측정된 자료는 기준치와 비교하여 영양 상태를 구체적으로 판정하게 된다.

3) 3단계: 영양관리의 계획 단계

지도 계획의 주요 목표를 설정하고 수집된 자료를 통하여 위험 대상자의 영양 상태를 유지 혹은 개선시킬 수 있는 가장 효율적인 영양관리 계획을 세운다. 이때 실현 가능한 목표를 세우는 것이 중요하며, 가장 급한 것부터 차례로 계획을 세워야 한다. 이와 아울러 프로그램의 진행에 있어서 지원 가능한 자원을 고려한다는 점이 중요하다.

4) 4단계: 영양관리 수행단계

계획에 따라 여러 가지 인적자원, 물적자원, 시간이 투입되는 단계로 경제성의 원칙에 따라 영양문제를 예방하거나 교정하는 단계이다. 이 단계에서는 프로그램을 시행해 나가면서 중간 중간에 영양판정이 병행되어야 하며, 앞으로의 지속적인 관리나 특별관리에 대한 필요성을 계획·검토한다.

5) 5단계: 평가단계

프로그램의 진행에 따른 효과를 판정하는 단계로서 영양 상태의 개선(변화)을 체크하고, 요구에 따라 프로그램을 조절하게 된다. 이 단계는 영양서비스 프로그램 자체를 평가하는 시점으로 계획한 대로 잘 맞지 않으면 재조정이 요구되는 단계이다.

① 대상자의 영양 상태가 개선되었나?

② 대상자에 대한 영양 상태 판정의 방법, 절차나 기준이 타당한 것이었나?

③ 영양서비스 프로그램을 통하여 도달하려는 목적이 과연 적합한 것이었나?

④ 영양서비스 프로그램에 종사하는 종사원들이 최선을 다하였는가?

6) 6단계: 전체적인 모니터링 및 처방계획 단계

영양관리 프로그램 전체를 검토하는 과정이다. 이러한 지도 프로그램이 바람직하게 운영되기 위하여 필요한 요구사항이나 새로운 문제가 있는가를 파악하고 이의 치유를 위한 영양처방(nutrition intervention)을 계획하는 단계이다.

앞으로 개인이나 집단을 대상으로 한 영양상담과 영양처방 등의 영양관리는 영양전문가들이 관심을 가지고 접근해야 할 무한한 가능성을 지닌 분야이다. 지도가 효율적으로 이루어지기 위해서는 보다 과학적이고 체계적인 관리가 가능하도록 영양판정 방법에 대한 이해가 요구된다.

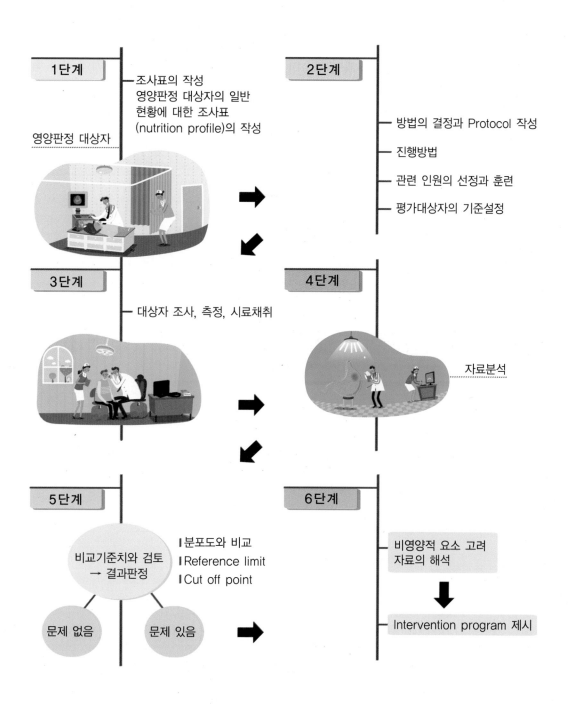

1단계

조사표의 작성
영양판정 대상자의 일반
현황에 대한 조사표
(nutrition profile)의 작성

영양판정 대상자

2단계

방법의 결정과 Protocol 작성

진행방법

관련 인원의 선정과 훈련

평가대상자의 기준설정

3단계

대상자 조사, 측정, 시료채취

4단계

자료분석

5단계

비교기준치와 검토
→ 결과판정

▐ 분포도와 비교
▐ Reference limit
▐ Cut off point

문제 없음   문제 있음

6단계

비영양적 요소 고려
자료의 해석

Intervention program 제시

[그림 1-9] **영양판정의 진행 단계**

6. 영양판정 방법 정립 시 고려해야 할 점

영양판정 방법은 여러 가지 방법이 있으며, 각각 장단점을 가지고 있다. 목적에 따라 적절한 방법을 선택해야 하며 몇 가지 방법을 적절히 구성하여 사용하면 방법 간에 상호 보완의 효과도 기대할 수 있다.

영양판정 방법을 정립할 때 고려해야 할 요소는 다음과 같다.

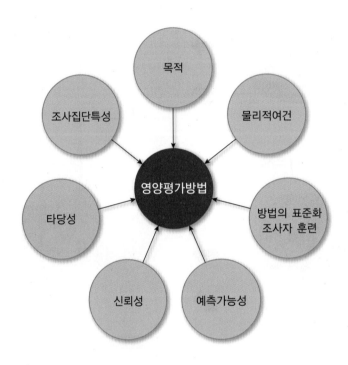

[그림 1-10] **영양판정 방법의 정립 시 고려해야 할 요소**

1) 목적

수행하고자하는 프로그램의 목적에 따라 판정 방법이 달라진다. 어떤 대상을 선정하고 어느 수준까지 조사하여 그 결과를 이용할 것인가에 따라 목적에 가장 적합한 방법을 선택한다.

2) 조사 집단 특성

알고자 하는 목적을 정확히 파악한 후 조사 집단의 선정에 대한 프로토콜을 작성하여 대상자 선정에 편기가 없도록 한다. 집단을 대상으로 할 때 중요하며 표본을 선정하는 과정에서 구조적으로 편중되는 것을 피할 수 있도록 표본 수집 방법을 결정한다. 즉, 그 집단의 대표성을 잘 나타낼 수 있도록 표본을 선정해야 한다. 특히 이 점은 집단 내 영양 위험요인을 찾고자 할 때 고려해야 한다.

3) 타당성

선택하는 판정 방법이 사실로 존재하는 현상을 얼마나 정확하게 반영하는가를 고려해야 한다.

4) 신뢰성

같은 방법을 통하여 반복 측정하여도 그때마다 측정치에 차이가 없는 방법을 선택하여야 한다. 측정 방법의 일관성과 안정성을 뜻하는 것이다.

5) 예측가능성

선택한 판정 방법을 사용할 경우 그 사람의 영양 상태에 관하여 어느 정도 예측이 가능한가를 고려하여야 한다.

6) 방법의 표준화, 조사자 훈련

선정된 판정 방법이나 기구의 부적절함으로 인하여 발생할 수 있는 오차는 되도록 제거해야 하며, 자료 수집에서부터 분석에 이르는 조사 방법을 표준화시키고 조사자의 훈련을 통하여 측정 오차를 최소화한다.

7) 기타

기타 고려하여야 할 요소로서 영양판정 시 소요되는 장비, 기구, 소요경비 등 경제적, 기술적 여건이 있으며, 대상자가 판정 방법에 대하여 느끼는 거부감을 최소화하도록 어떠한 보상을 주거나 기술적인 면에서 배려가 필요하다. 또한 개인의 질병 치유가 목적이 아닌 연구나 처방 프로그램의 운영 시 검진 대상자에 대한 동의 절차를 반드시 이행해야 한다.

영양판정 이론편

02
식이 조사와 영양 평가

우리는 매일 여러 가지 음식을 먹으며 필요한 영양소를 섭취하고 있다.

그렇다면 오늘 나는 칼슘과 비타민 C를 얼마나 먹었을까?

지난 한 달 동안 내가 평균적으로 섭취한 칼슘과 비타민 C는 얼마나 될까?

나에게 필요한 양만큼 먹었을까?

학습목표

- 다양한 개인 및 집단 대상 식이 조사 도구의 시행 방법을 이해한다.
- 다양한 식이 조사 도구의 특징과 장·단점을 비교할 수 있다.
- 다양한 식이 조사 도구를 이용하여 식이 자료를 수집할 수 있다.
- 영양섭취기준을 적용하여 개인의 식이 자료를 평가할 수 있다.
- 식사구성안을 적용하여 개인의 식이 자료를 평가할 수 있다.
- 영양섭취기준을 적용하여 집단의 식이 자료를 평가할 수 있다.

1. 식이 조사 방법

식이 조사는 여러 영양판정 방법 중 가장 보편적으로 활용되는 방법이다. 간단히 설명하면 조사 대상자가 무엇을 얼마나 먹는지 조사하는 방법을 말하며, 대개의 경우 개인 단위로 조사가 이루어지지만 집단 단위로 시행되기도 한다. 생화학 조사, 신체계측, 임상 조사 등의 영양판정 방법이 영양섭취로 인한 중·장기적 결과에 초점을 두어 조사하는 것인 반면, 식이 조사는 대상자의 영양 상태에 영향을 미친 근본적 원인에 대하여 조사하는 방법이다. 따라서 다른 영양판정 방법에 비하여 영양문제를 초기에 발견하는 데에 비교적 유용하다.

식이 조사 자료는 다양한 영역에서 활용된다. 국가의 보건정책 관련 부처는 국민의 영양 상태 추이를 파악하여 이를 토대로 개선 계획을 수립하고자 전 국민의 대표 표본을 대상으로 주기적인 식이 조사를 시행한다. 보건소에서는 해당 지역사회 내에서 영양적 위험이 높거나 영양문제를 보유하고 있는 개인 또는 집단을 선별하여 이들을 위한 영양서비스 프로그램을 실행하고 효과를 평가하기 위하여 식이 조사를 활용한다. 병원의 영양담당 부서는 식이관련 만성 질환 환자의 영양관리 및 영양불량 고위험 환자군의 조기 선별을 위해 식이 조사를 시행하며, 식이 조사 자료는 영양 상태와 질병 간의 연관성을 규명하기 위한 기초 자료로도 이용된다.

식이 조사 방법은 조사 대상이 개인인지 또는 집단인지에 따라, 식이의 양적 측면에 중점을 두는지 또는 질적 측면에 중점을 두는지에 따라, 그리고 조사 주체가 조사원인지 또는 대상자인지 등에 따라 다양한 종류로 구분된다. 각 식이 조사 방법은 고유의 특징으로 인하여 그 나름대로의 장점과 단점을 가진다. 따라서 한 방법이 다른 방법에 비하여 절대적으로 우월하거나 열등한 것이 아니라, 각 조사의 목적에 따라 가장 적합한 방법이 달라진다. 조사자는 대상자의 특성과 조사의 목적에 대한 정확한 이해를 바탕으로 타당한 식이 조사 방법을 선택해야한다. 본 장에서는 다양한 식이 조사법의 구체적인 조사 방법과 특징을 소개하고자 한다.

(1) 개인의 식이 조사 방법

개인의 식이 조사 방법은 크게 정량적인 방법과 정성적인 방법으로 구분할 수 있다. 섭취한 식품의 구체적인 종류와 양에 대한 정보를 얻을 수 있는 정량적인 방법에는 24시간 회상법과 식사기록법이 있다. 식이섭취의 구체적인 정보나 정확한 양을 측정하기는 어렵지만 일상적인 섭취패턴을 파악하기에 유리한 정성적인 방법에는 식품섭취빈도법과 식사력 등이 포함된다.

1) 24시간 회상법

24시간 회상법은 조사 시점으로부터 최근 24시간 동안 또는 조사 전날 하루 동안 대상자가 섭취한 모든 식품 및 음식에 대한 정보를 조사하는 방법이다. 섭취한 식품 및 음식의 이름, 재료, 분량, 조리법, 제조회사명, 섭취 장소, 섭취 시간 등 가능한 한 대상자가 기억하는 모든 구체적인 사항을 기록한다. [표 2-1]은 24시간 회상법에 사용되는 양식지의 예이다. 대개의 경우 대면 면접을 통해 시행되지만, 대상자가 너무 어리거나 자신이 섭취한 음식을 잘 기억하지 못하는 경우에는 보호자를 통해 조사가 이루어지기도 한다. 이 경우, 대상자의 식이섭취 현황에 대해 가장 잘 알고 있는 사람을 선정하는 것이 매우 중요하다.

| 표 2-1 | 24시간 회상법 양식지 |

날짜 :　　　　　요일 :

종류	음식명	섭취량	재료명	섭취량	식사장소 / 시간
아침					
간식					
점심					
간식					
저녁					
간식					

24시간 회상법이 잘 시행되려면 무엇보다도 조사원의 역할이 중요하다. 대상자와의 원활한 의사소통을 위하여 조사원은 기본적으로 식생활 관련 기초 지식, 용어 등에 대해 충분한 이해도를 갖추어야 하며 약 20~30분의 시간 내에 필요한 정보를 얻어내고 기록할 수 있도록 사전 훈련이 필수적이다. 대상자가 편안한 상태에서 섭취한 내용을 최대한 잘 기억해 낼 수 있도록 돕기 위해 조사원은 질문을 서두르거나 답변을 강압적으로 요구하는 자세가 아닌 여유 있고 중립적인 태도를 유지해야 한다. 또한 대상자가 섭취하였다고 응답한 각 음식 및 식품재료의 섭취량을 파악할 때 적절한 용어를 사용할 수 있어야 한다.

24시간 회상법 자료의 질을 높이기 위한 방법으로 다단계 기억 방법이 자주 활용되는데, 이는 24시간 회상법 실행 시 대상자가 한 번의 회상으로 세밀한 내용까지 기억하도록 하지 않고 여러 차례에 걸쳐 지난 24시간 동안 섭취한 내용을 회상하도록 이끄는 방법이다. 다단계 기억 방법 적용에 있어 몇 단계로 시행해야 한다고 획일적으로 정해진 규칙은 없으나 대개 3~5단계로 이루어진다. 3단계의 다단계 기억 방법의 경우 1단계에서 섭취한 음식의 간단한 목록을 조사하고, 2단계에서 각각의 재료명, 조리법, 분량, 상표명 등의 구체적인 정보를 조사한다. 마지막 3단계에서는 대상자와 함께 수집된 자료를 처음부터 끝까지 검토하며 추가하거나 수정할 내용이 없는지 확인한다. 즉, 대상자가 자신의 식사를 여러 차례에 걸쳐 회상하도록 기회를 제공함으로써 자료의 정확성을 향상시키기 위한 전략이다.

다단계 기억 방법(multiple-pass approach)

24시간 회상법 실행 시 대상자가 자신이 섭취한 식품과 음식을 최대한 정확하게 기억하도록 돕기 위하여, 한꺼번에 세밀한 내용까지 기억하도록 하지 않고 여러 차례에 걸쳐 지난 24시간 동안 섭취한 내용을 회상하도록 이끄는 방법이다. 다단계 기억 방법은 대개 3~5단계로 적용된다. 아래에 3단계와 5단계의 다단계 기억 방법의 예시를 제시하였다.

① 다단계 기억 방법 – 3단계

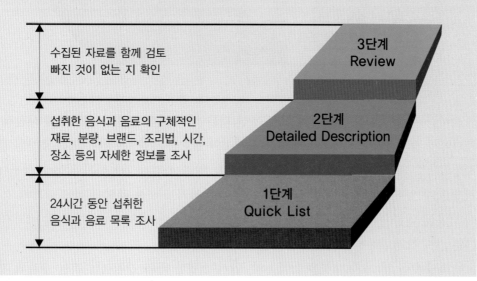

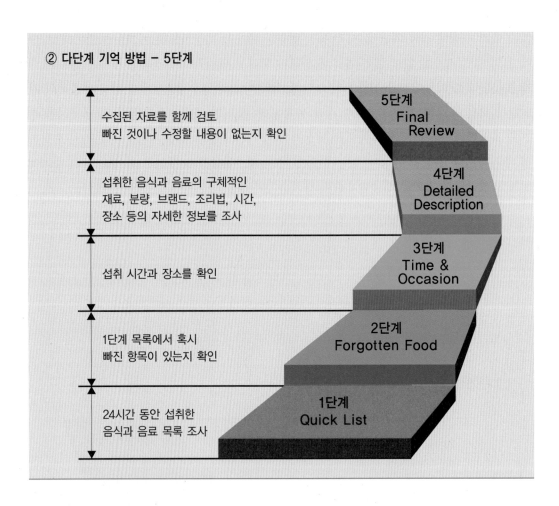

② 다단계 기억 방법 – 5단계

수집된 자료를 함께 검토
빠진 것이나 수정할 내용이 없는지 확인

5단계
Final
Review

섭취한 음식과 음료의 구체적인
재료, 분량, 브랜드, 조리법, 시간,
장소 등의 자세한 정보를 조사

4단계
Detailed
Description

섭취 시간과 장소를 확인

3단계
Time &
Occasion

1단계 목록에서 혹시
빠진 항목이 있는지 확인

2단계
Forgotten Food

24시간 동안 섭취한
음식과 음료 목록 조사

1단계
Quick List

24시간 회상법의 장점을 살펴보면, 우선 다른 식이 조사 방법과 비교하여 시간과 비용 측면에서 경제적이며 식이섭취에 대한 구체적인 정보를 얻을 수 있다. 또한 조사원에 의해 시행되므로 대상자에게 주어지는 부담이 적고, 읽고 쓰기가 가능하지 않은 대상자에게도 시행할 수 있어 대상자의 폭이 넓은 편이다. 대상자가 느끼는 부담이 적고 대개의 경우 조사 내용에 대한 구체적인 예고없이 시행되므로, 일상적인 식습관에 영향을 잘 미치지 않는 다는 점도 장점으로 작용한다[표 2-2].

이와 동시에 몇 가지 단점을 가지는데, 앞서 설명한 바와 같이 합리적인 수준의 자료를 확보하기 위해 숙련된 조사원이 필수적이다. 아울러 조사원이 잘 훈련되어 있다 하더라도 일차적으로 대상자의 기억에 의존하고 있으므로 대상자의 부정확한 기억에 의한 오차를 완벽하게 피하기 어렵다. 대상자는 음식의 특정 식품재료 포함 여부, 식품의 섭취 여부 또는 식품의 섭취량 등 다양한 형태의 기억 오류를 가질 수 있다. 특히 많이 섭취한 대상자는 실제보다 적게 섭취하였다고 보고하고, 반대로 적게 섭취한 대상자는 실제 섭취량보다 부풀려 보고하는 경향이 있기 때문에 식이 조사의 자료에 비뚤림을 초래할 수 있다. 이를 기울기 둔화 현상이라고 부르는데, 기울기 둔화 현상은 동일 대상자 내에서도 발생할 수 있다. 가령, 한 대상자가 일부 음식들은 실제보다 적게 먹었다고 보고하고 다른 종류의 음식들은 실제보다 많이 먹었다고 회상하는 경우이다. 섭취 분량의 정확한 회상을 돕기 위하여 24시간 회상법 실행 시 조사원이 식품모형, 사진 자료, 계량컵, 음식 용기 등 다양한 종류의 시각적 보조도구를 적절히 활용하면 도움을 받을 수 있다[그림 2-1].

24시간 회상법의 중요한 단점 중 하나는 개인 내 식이변이로 인하여 특정한 하루 또는 짧은 기간의 24시간 회상 자료로는 개인의 일상적인 섭취 현황을 파악하는 것이 매우 어렵다는 것이다. 개인 내 식이변이란 개개인의 식이섭취가 매일 변하는 특성을 말하는데, 이에는 다양한 요인이 작용한다. 예를 들어 개인의 식이는 요일에 따라, 주중과 주말에 따라, 계절에 따라 달라진다. 이러한 문제점을 최대한 극복하기 위해 만일 총 3일 동안의 24시간 회상 자료를 수집하는 경우라면, 연속적이지 않은 3일을 선정하되 주중과 주말의 조사일 수를 비례적으로 포함하는 것이 권장된다.

표 2-2	24시간 회상법의 장·단점
장점	**단점**
• 비교적 수행시간이 짧다. • 비교적 비용이 저렴하다. • 대상자의 부담이 적다. • 적용 가능한 대상자의 폭이 제한적이지 않다. • 대상자가 섭취한 식품 및 음식에 대한 구체적인 정보를 얻을 수 있다. • 대상자의 식습관 변화를 유도하지 않는다.	• 개인 내 식이변이로 인하여 하루 또는 짧은 기간의 자료로는 일상적인 식이섭취 자료를 얻을 수 없다. • 대상자의 기억에 의존하므로 기억의 부정확성에 의한 측정 오차가 발생한다. • 숙련된 조사원이 필요하다. • 기울기 둔화 현상이 일어날 수 있다. • 계절에 따른 식이섭취의 차이를 반영하기 어렵다.

[그림 2-1] 섭취량 추정을 위한 시각적 보조도구

기울기 둔화 현상(flat-slope syndrome)

기울기 둔화 현상이란 실제로 많이 섭취한 대상자는 섭취량보다 적게 보고하고, 적게 섭취한 대상자는 섭취량보다 많게 보고하는 현상을 일컫는다. 이는 섭취량에 대한 정확한 측정을 어렵게 하여, 실제 섭취량과 보고된 섭취량 간의 관계를 2차원 그래프로 그렸을 때 기울기가 사실보다 낮게 나타나게 된다.

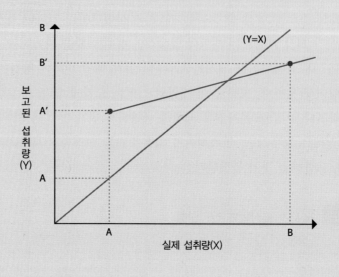

2) 식사기록법

식사기록법은 대상자가 직접 자신의 식이섭취를 자세하게 기록하는 방법이다. 24시간 회상법에 사용되는 양식지와 유사한 형식의 조사지에 식사나 간식을 섭취할 때마다 섭취한 음식의 이름, 재료, 조리법, 섭취량, 시간, 장소 등을 되도록 구체적으로 대상자가 작성한다. 조사 기간은 조사 목적 및 사용 가능한 자원의 규모에 따라 달라지지만 대개 3일~7일 정도이다. 훈련된 조사원은 필요하지 않은 반면, 대상자는 식사기록법을 작성할 수 있을 정도의 교육수준과 매번 음식을 섭취할 때마다 기록을 해야 하는 번거로움을 감수할 협력 의지를 갖추어야 한다. 수집되는 자료의 질을 높이기 위하여 대상자에게 식사기록지 작성 방법에 대한 교육을 실시하는 것이 필요하다. [표 2-3]에 대상자 교육 시 활용할 수 있는 식사기록지 작성 안내문 예시와 식사기록지 작성 예시를 제시하였다. 대상자가 식사기록지를 작성하는 데 있어 특히 어려움을 많이 느끼는 부분은 섭취분량의 추정이다. 따라서 대상자 사전교육 실행 시 이 부분에 대하여 충분히 설명하고 안내문을 제공하는 것을 권장한다. 또한 섭취량 추정에 활용할 수 있는 시각자료를 미리 대상자에게 제공하는 방법도 도움이 될 수 있다.

표 2-3		**식사기록지 작성 예시**		
종류	**음식명**	**재료명**	**섭취량**	**식사장소 / 시간**
아침	콩밥	콩 쌀	쌀의 1/10 밥그릇 1공기(수북이)	7시 30분 / 집
	계란 부침	계란 포도씨유	1개 1작은 술 또는 조금	
	된장찌개	된장 호박 두부 바지락	국그릇 1대접 2cm×3cm 크기 5개 1/6모 5개	
	배추김치	배추김치	작은 접시 1/2 또는 3cm×5cm 크기 6개	
	삼치구이	삼치 콩기름	중간 크기 1토막 아주 조금	
	시금치나물	시금치 소금	작은 접시 1/3 아주 조금	
간식	요구르트	마시는 요구르트	150mL	11시 / 사무실
점심	김치볶음밥	쌀 김치, 햄, 참치	급식용 식판 밥그릇에 수북이 한가득	12시 20분 / 회사 식당
	미역국	미역 쇠고기(양지머리) 간장	국그릇 1대접 조금 아주 조금	
	김	조미 김	3cm×4cm 7장	
	오이소박이	오이 부추, 당근	오이 1/2개 조금	
	수박	수박	밑변 5cm×높이 10cm 2조각	
간식	커피	커피믹스	종이컵 2/3	2시 30분 / 사무실
저녁	쌀밥	쌀	밥그릇 1공기(수북이)	7시 30분 / 집
	콩나물국	콩나물 황태	국그릇 1대접	
	제육볶음	돼지고기 고추장 양념	작은 접시 1	
	고사리나물	고사리 간장, 마늘	작은 접시 2/3	
	김	조미 김	3cm×4cm 7장	
	배추김치	배추김치	작은 접시 1/2 또는 3×5cm 크기 6개	
간식	프라이드 치킨	닭 튀김가루 콩기름	3조각	10시 / 집
	콜라		종이컵으로 2잔	

식사기록지 작성 안내 예시

※ 작성요령

- 하루 동안 섭취한 모든 음식, 식품 재료와 음료수 종류를 섭취량과 함께 기록합니다.
- 음식의 재료 중 자신이 섭취한 것만 기록합니다.
- 식사 장소와 식사 시간도 기록합니다.
- 음식명은 되도록 조리 방법이 드러나도록 기록합니다(예: 갈치 → 갈치조림, 갈치구이).
- 외식의 경우(밖에서 조리된 음식) 음식점에서 포장하여 집에서 먹었다면 식사 장소에 '음식점에서 구입 후 집에서 섭취' 라 표기하고 섭취한 재료와 양을 적습니다.
  햄버거, 피자, 치킨 등: 브랜드, 음식명 표기(예: 햄버거 → 맥도날드, 맥치킨버거)

※ 눈 대중량으로 분량을 기록하는 방법

- 음식의 분량을 정확한 g이나 mL로 알 수 없을 때 사용하는 방법입니다.
  밥: 공기(예: 1공기 – 수북이, 1공기 – 깎아서, 1/2공기, 1/3공기)
  볶음밥: 섭취한 재료를 모두 적고, 섭취량은 밥을 포함한 총 섭취량 적기(예: 새우볶음밥 – 쌀, 새우, 당근, 양파, 피망, 감자 / 밥그릇 1공기 반)
  고기: 몇 개, 몇 점(예: 3cm×5cm 크기 5점) 또는 외식의 경우 몇 인분, 중량(g) (예: 가족과 함께 삼겹살 5인분 주문했을 시 자신이 2인분 섭취했으면 삼겹살 2인분)
  채소: 접시(예: 작은 접시 1/2), 몇 장(예: 상추 5장, 깻잎 7장), 한 주먹 정도
  김치: 조각(예: 3cm×4cm 크기 3조각), 접시(예: 작은 1/2 접시)
  과일: 몇 개(예: 탁구공 크기의 자두 3개 섭취), 몇 알(포도)
  음료: 몇 컵, 팩, 캔(mL가 표기되어 있을 때에는 섭취량에 mL나 g으로 표시하기)
  외식: 한식, 중식, 일식, 양식, 분식 등 외식 표시하기
  　　　포장으로 집에 와서 먹었을 경우에도 외식 표기
  피자: 섭취한 토핑 종류 모두 적고, 섭취량은 피자 몇 조각으로 적기(예: 포테이토 피자 – 밀가루, 버섯, 베이컨, 감자, 양파, 치즈 / 라지사이즈 3조각 또는 레귤러사이즈 3조각)
  가공식품: 포장지에 있는 분량 정보를 이용하여 기록(예: 200g짜리 새우깡 1봉지의 반을 먹은 경우 → 새우깡 100g)

※ 뚜렷한 구분 단위가 있는 식품의 경우에는 그 단위를 활용하여 기록합니다.

흔히 사용하는 조리기구 또는 음식을 담는 용기의 크기를 활용합니다.
가로 및 세로의 길이를 기록하면 유용합니다.

[표 2-4]에 식사기록법의 장점과 단점을 요약하였다. 주요 장점으로는 24시간 회상법과 마찬가지로 특정일의 구체적인 식이섭취 정보를 얻을 수 있다는 점을 들 수 있다. 또한 섭취를 하는 동시에 기록하는 방법이므로 대상자의 기억에 의존하지 않아 기억의 오류로 인한 측정 오차로부터 자유로우며, 숙련된 조사원이 요구되지 않는다. 반면, 식사기록법을 적용할 수 있는 대상자의 폭은 제한적인 편이다. 최소한 자신의 식이섭취를 이해하고 이를 기록할 수 있는 능력이 있어야 하며, 대상자에게 시간적 및 물리적 부담이 많이 주어지는 방법이므로 대상자가 일정 정도 이상의 동기를 유지하는 것이 요구된다. 실제 식사기록법이 진행되는 기간 동안 대상자가 기록으로 인한 번거로움을 줄이기 위하여 자신의 평상시 식습관에서 벗어나는 식이섭취를 할 우려가 있다고 알려져 있다. 아울러 24시간 회상법과 마찬가지로 짧은 기간 동안의 조사만으로는 대상자의 평균적인 식이섭취를 파악하는 것이 어렵다.

표 2-4 식사기록법의 장·단점	
장점	**단점**
• 기억의 오류로 인한 측정 오차를 최소화할 수 있다. • 대상자가 섭취한 식품 및 음식에 대한 정확하고 구체적인 정보를 얻을 수 있다. • 숙련된 조사원이 필요하지 않다.	• 개인 내 식이변이로 인하여 하루 또는 짧은 기간의 자료로는 일상적인 식이섭취 자료를 얻을 수 없다. • 대상자에게 주어지는 부담이 크다. • 대상자의 협력과 일정 수준 이상의 교육 수준이 필요하다. • 대상자의 일상적 식습관에 변화를 가져올 수 있다. • 계절에 따른 식이섭취의 차이를 반영하기 어렵다. • 시간이 많이 든다.

24시간 회상법 또는 식사기록법 조사 시 대상자에게 상기시켜야 할 내용

하루 동안의 식이섭취에 대한 정보를 수집하는 24시간 회상법이나 식사기록법을 사용할 때 각 섭취 식품에 대하여 자세하고 정확한 내용을 파악하는 것이 무엇보다 중요하다. 다양한 항목에 대하여 대상자에게 구체적으로 상기시켜야 할 내용을 요약하였다.

항목	상기시켜야 할 내용
크기에 대한 것	크기와 두께 길이, 폭, 두께 무게나 부피 비슷한 크기의 실례
외식한 경우	음식점의 종류와 음식 이름
육류, 생선, 조류	육류의 경우 기름기의 제거 여부 닭의 경우 껍질의 제거 여부 제공된 음식 내에 뼈의 포함 여부 조리 방법(지방의 첨가 여부) 지방의 함유 정도 가공된 형태 혹은 생식품인지 여부
유지 및 유제품	조리에 사용한 기름의 종류 마요네즈의 종류 기타 조리에 첨가한 기름의 종류와 양 유제품의 종류와 지방 함유량 커피 크림의 종류
빵, 과자, 케이크, 떡류	상표, 종류, 토핑, 고명, 재료의 종류 크기, 무게, 부피
혼합된 음식	음식의 이름과 분량 가정 조리한 것인가 혹은 조리된 것을 구매한 것인가 첨가된 재료의 종류 조리 방법
과일과 주스	생과일, 과즙, 통조림, 가공품 등 종류 확인 가당 혹은 무가당 여부
채소	신선도 건조 혹은 가공 여부 제공된 양과 섭취한 양 양념과 조리법
국	건더기의 많고 적음 주재료와 분량
음료	종류와 양 가당 혹은 무가당, 저칼로리 상품 여부 알코올의 함유량

3) 식품섭취빈도법

식이 조사를 시행하는 많은 경우에 대상자가 특정한 날에 섭취한 내용보다는 그 개인이 비교적 장기간 섭취한 평균적인 식이가 주요 관심사이다. 이는 현대사회에서 발생률 및 사망률이 증가하고 있는 만성 질환에 있어 개인의 장기적인 식이가 중요하기 때문이다. 24시간 회상법 또는 식사기록법을 사용하여 일상적인 식이에 대한 정보를 얻고자 하는 경우에는 개인 내 식이변이로 인하여 상당히 여러 날의 자료가 필요한 것으로 알려져 있기 때문에 어려움이 따른다. 식품섭취빈도법은 이러한 배경으로 고안된 24시간 회상법 및 식사기록법과 확연히 구분되는 방법이다. 식품섭취빈도법은 일련의 목록으로 제시된 개별식품 또는 음식을 일정 기간에 걸쳐 평균적으로 섭취하는 빈도를 조사하는 것으로 대개 대상자가 직접 기록하는 형식으로 실시된다.

식품섭취빈도 조사지의 필수구성요소에는 식품 및 음식 목록과 섭취빈도 항목이 포함된다. 각 식품 및 음식에 대한 1회 섭취분량 항목은 조사지의 사용 목적에 따라 포함되기도 하고 생략되기도 한다. 1회 섭취분량에 대한 정보를 수집하지 않는 경우 비정량적 식품섭취빈도 조사법이라고 부르며, 이에 대한 정보를 수집하는 방법은 반정량적 식품섭취빈도 조사법이라고 한다. [그림 2-2]는 비정량적 식품섭취빈도 조사지의 예로서 현재 우리나라 국민건강영양조사에서 사용되고 있는 양식이다. [그림 2-3]에 제시된 바와 같이 반정량적 식품섭취빈도 조사지는 1회 섭취분량을 3가지로 나누어 제시하고 대상자가 생각하기에 자신의 평균적인 섭취분량과 가장 비슷한 것을 고르도록 하는 형식이 흔히 사용된다. 이때 대상자의 섭취분량에 대한 회상을 돕고자 기준 1회 섭취분량을 나타내는 시각자료를 함께 제시하는 방법이 많이 활용되고 있다.

식품섭취빈도법으로 수집되는 자료의 질을 확보하려면 무엇보다 식품 및 음식 목록을 잘 선정하는 것이 중요하다. 조사지가 사용될 대상 인구집단에서 다수의 사람들이 섭취하고, 자주 또는 많이 섭취하며, 영양소 섭취의 주요 급원이 되는 식품·음식이 조사지에 포함될 가치가 높은 항목이다. 아울러 특정 영양소를 많이 섭취하는 사람들과 적게 섭취하는 사람들을 구분하는 데 중요한 역할을 하는 식품·음식 항목이 매우 높은 가치를 지닌다. 조사 목적에 따라 식품섭취빈도 조사지가 포함하는 식품·음식 항목의 개수가 달라지는데, 다양한 영양성분의 전반적인 섭취 양상을 파악하고자 하는 경우 대개 70~130개의 항목이 포함된다. 반면, 특정 영양성분 또는 특정 식품군의 섭취 양상에 국한하여 조사를 하고자 하는 경우에는 대개 약 20~30개의 식품·음식 목록으로 구성된다[그림 2-4]. 식품섭취빈도 조사지의 섭취빈도 항목과 1회 섭취분량 항목도 대상 인구집단의 일반적 식품섭취패턴을 잘 반영하도록 구성해야 하며, 섭취빈도 항목은 대개 5~10단계로 제시된다.

■ 다음 각 식품 혹은 각 식품을 주재료로 조리한 음식을 얼마나 자주 드시는지 응답해 주십시오.

섭취빈도(회) 식품 및 음식명	1일			1주			1달		1년	거의 안 먹음	비고
	3	2	1	4~6	2~3	1	2~3	1	6~11		
곡류 쌀	⑨	⑧	⑦	⑥	⑤	④	③	②	①	○	
잡곡(보리 등)	⑨	⑧	⑦	⑥	⑤	④	③	②	①	○	
라면(인스턴트 자장면 포함)	⑨	⑧	⑦	⑥	⑤	④	③	②	①	○	
국수(냉면, 우동, 칼국수 포함)	⑨	⑧	⑦	⑥	⑤	④	③	②	①	○	
빵류(모든 빵 포함)	⑨	⑧	⑦	⑥	⑤	④	③	②	①	○	
떡류(떡볶이, 떡국 포함)	⑨	⑧	⑦	⑥	⑤	④	③	②	①	○	
과자류	⑨	⑧	⑦	⑥	⑤	④	③	②	①	○	
두류·서류 두부(국, 찌개, 부침, 조림, 순두부 포함)	⑨	⑧	⑦	⑥	⑤	④	③	②	①	○	
콩류(콩밥, 콩자반 포함)	⑨	⑧	⑦	⑥	⑤	④	③	②	①	○	
두유	⑨	⑧	⑦	⑥	⑤	④	③	②	①	○	
감자(국, 볶음, 조림, 튀김, 찐감자 포함)	⑨	⑧	⑦	⑥	⑤	④	③	②	①	○	
고구마(군고구마, 찐고구마, 튀김, 맛탕 포함)	⑨	⑧	⑦	⑥	⑤	④	③	②	①	○	
육류·난류 쇠고기(국, 탕, 찌개, 편육, 장조림, 구이, 볶음, 비프까스, 튀김, 찜 포함)	⑨	⑧	⑦	⑥	⑤	④	③	②	①	○	
닭고기(삼계탕, 백숙, 찜, 튀김, 조림, 볶음 포함)	⑨	⑧	⑦	⑥	⑤	④	③	②	①	○	
돼지고기(찌개, 구이, 볶음, 돈까스, 튀김 포함)	⑨	⑧	⑦	⑥	⑤	④	③	②	①	○	
햄, 베이컨, 소시지(핫도그 포함)	⑨	⑧	⑦	⑥	⑤	④	③	②	①	○	
계란	⑨	⑧	⑦	⑥	⑤	④	③	②	①	○	

[그림 2-2] 비정량적 식품섭취빈도 조사지 예시

다음은 지난 1년 동안 평균적으로 드신 음식과 식품에 관한 질문입니다. 각 항목마다 함께 제시된 그림을 참고로 하시어 얼마나 자주 드시는지, 얼마만큼씩 드시는지 해당 칸에 표시해 주시기 바랍니다. 모든 항목에 응답을 하셔야 합니다. 거의 먹지 않거나 한 달에 한번보다 적게 먹는 경우에도 '거의 안 먹음'에 표시를 하셔야 합니다. 두 가지 이상이 들어가 있는 경우 그 항목 모두를 고려하여 빈도를 표시해 주세요.

1   2   3

식품 및 음식명	섭취빈도									1회 섭취분량
	거의 안 먹음	월		주			일			
		1회	2~3회	1~2회	3~4회	5~6회	1회	2회	3회	
밥	☐	☐	☐	☐	☐	☐	☐	☐	☐	☐ 사진 1(1/2공기) ☐ 사진 2(1공기) ☐ 사진 3(1공기 반)
	주로 드시는 밥의 종류는? ☐ 쌀밥 ☐ 잡곡밥 ☐ 쌀밥과 잡곡밥을 비슷하게 먹는다 잡곡밥의 종류는? ☐ 콩밥 ☐ 기타 잡곡밥 (집에서 잡수시는 것뿐 아니라 회사나 식당에서 드시는 것도 포함하여 생각하십시오.)										
라면	☐	☐	☐	☐	☐	☐	☐	☐	☐	☐ 1/2그릇 ☐ 1그릇 ☐ 1그릇 반
칼국수/장국국수/우동	☐	☐	☐	☐	☐	☐	☐	☐	☐	☐ 1/2그릇 ☐ 1그릇 ☐ 1그릇 반
자장면/짬뽕	☐	☐	☐	☐	☐	☐	☐	☐	☐	☐ 1/2그릇 ☐ 1그릇 ☐ 1그릇 반
냉면/메밀국수	☐	☐	☐	☐	☐	☐	☐	☐	☐	☐ 1/2그릇 ☐ 1그릇 ☐ 1그릇 반
만두/만둣국	☐	☐	☐	☐	☐	☐	☐	☐	☐	☐ 냉동만두 5개/1/2그릇 ☐ 냉동만두 10개/1그릇 ☐ 냉동만두 15개/1그릇 반
흰떡/떡국	☐	☐	☐	☐	☐	☐	☐	☐	☐	☐ 1/2그릇 ☐ 1그릇 ☐ 1그릇 반

볶음밥

카레라이스

비빔밥

닭죽

위의 음식을 평상시 얼마나 자주 먹습니까?

□ 한 달에 1회 미만	□ 한 달에 1회 미만	□ 한 달에 1회 미만	□ 한 달에 1회 미만
□ 한 달에 1~3회	□ 한 달에 1~3회	□ 한 달에 1~3회	□ 한 달에 1~3회
□ 일주일에 1회	□ 일주일에 1회	□ 일주일에 1회	□ 일주일에 1회
□ 일주일에 2~3회	□ 일주일에 2~3회	□ 일주일에 2~3회	□ 일주일에 2~3회
□ 일주일에 4~6회	□ 일주일에 4~6회	□ 일주일에 4~6회	□ 일주일에 4~6회
□ 하루에 1회	□ 하루에 1회	□ 하루에 1회	□ 하루에 1회
□ 하루에 2회	□ 하루에 2회	□ 하루에 2회	□ 하루에 2회
□ 하루에 3회 이상	□ 하루에 3회 이상	□ 하루에 3회 이상	□ 하루에 3회 이상

한번에 먹는 양은 주로 어느 정도입니까?

□ 사진보다 조금	□ 사진보다 조금	□ 사진보다 조금	□ 사진보다 조금
□ 사진 정도	□ 사진 정도	□ 사진 정도	□ 사진 정도
□ 사진보다 많이	□ 사진보다 많이	□ 사진보다 많이	□ 사진보다 많이

[그림 2-3] 반정량적 식품섭취빈도 조사지 예시

청소년 대상 당류 식품섭취빈도 조사지

식품 및 음식명	섭취빈도								
	거의 안 먹음	월		주			일		
		1회	2~3회	1~2회	3~4회	5~6회	1회	2회	3회
양념고기류(불고기, 갈비찜 등)									
양념치킨/닭강정/닭볶음									
장조림									
멸치볶음									
떡볶이/라볶이									
잼									
초콜릿									
사탕/젤리/캐러멜									
청량음료(콜라, 사이다 등)									
이온음료									
과일 주스/과일맛 음료									
커피									
우유(초코, 딸기, 바나나 등, 흰 우유는 제외)									
마시는 요구르트									
떠먹는 요구르트									
과자									
아이스크림									

[그림 2-4] 특정 영양성분에 대한 식품섭취빈도 조사지 예시

식품섭취빈도법은 개별 대상자의 구체적인 레시피에 대한 정보가 부족하고 식품·음식 목록이 한정되어 있어 식이의 절대적 섭취량을 측정하는 것에 한계를 지닌다[표 2-5]. 하지만, 대상자의 집단 내 영양소 섭취 순위에 따라 군을 분류하거나 위험집단을 선별하는 등의 상대적 평가에는 타당한 결과를 제시할 수 있다. 또한 대상자의 부담이 비교적 적고, 자가 기입이 가능하여 빠른 시간 내에 저렴한 비용으로 일상적인 식품섭취 패턴을 파악할 수 있어 영양상담, 대규모 영양역학 연구, 영양교육의 효과 평가 등에서 효율적인 식이 조

사 도구로 활용될 수 있다. 반면, 식사종류에 따른 식이섭취 양상을 알 수 없다는 제한점이 있으며, 장기간의 식습관에 대한 회상을 통하여 자료가 수집되므로 회상 오류로 인한 측정 오차를 완전히 차단하기 어렵다. 또한 장기간에 걸친 회상 능력이 상대적으로 부족한 초등학생 이하 대상자나 일부 노인들에게는 적용하기 어렵다는 단점을 가진다. 각 인구집단의 식이섭취 특성에 따라 적합한 식품섭취빈도 조사지의 형태가 달라지므로 조사 대상에 부합하는 식품섭취빈도 조사지를 개발하고 평가하는 과정이 요구된다. 식품섭취빈도 조사지의 평가는 대개 신뢰도와 타당도를 평가하게 되는데 [표 2-6]에 신뢰도와 타당도의 개념과 평가 방법을 간략히 소개하였다.

표 2-5   **식품섭취빈도법의 장·단점**

장점	단점
• 일상적인 식이섭취를 파악할 수 있다. • 시간 및 비용 측면에서 효율적이다. • 만성 질병과 식이의 연관성에 대한 대규모 연구에 적합하다. • 대상자가 스스로 기록할 수 있다.	• 식사 종류에 따른 식이섭취를 알 수 없다. • 식이섭취량을 정확히 추정하기 어렵다. • 대상자의 회상에 의존하므로 이로 인한 측정 오차가 발생한다. • 대상자가 장기간의 식습관을 회상하는 능력이 있어야 한다. • 대상 집단의 특성을 반영하여 개발되고 신뢰도와 타당도가 입증된 조사지가 필요하다.

표 2-6   **식품섭취빈도 조사지의 신뢰도와 타당도 평가**

평가기준	개념	평가 방법
신뢰도	같은 대상에게 반복 측정하였을 때 결과가 얼마나 일치하는가?	• 일정한 기간을 간격으로 같은 대상에게 식품섭취빈도 조사법을 2회 반복 실시하여 두 차례 조사의 결과를 비교함
타당도	측정하고자 하는 것을 얼마나 정확하게 측정하는가?	• 본래 gold standard로 측정한 결과와 비교해야 하나 식이 조사의 경우 완벽한 gold standard를 찾기 어려움 • 대개 수일에 걸쳐 수집된 식사기록 자료 결과와의 상관 정도를 비교함

4) 식사력 조사법

1947년 버크(Burke)에 의하여 처음 소개된 식사력 조사법은 비교적 장기간의 평균적인 식이섭취를 파악하기 위하여 개발된 방법이며, 숙련된 조사원에 의한 면접의 형태로 주로 시행된다. 이 조사법은 크게 3단계로 구성되는데, 1단계에서는 하루의 24시간 회상법 자료와 전반적인 식사와 간식의 섭취패턴(섭취식품, 섭취빈도, 1회 분량 등)을 조사한다. 예를 들어 '대개 저녁으로 무엇을 드십니까?' 와 같은 질문을 통하여 전반적인 식이패턴을 파악하게 된다. 2번째 단계에서는 1단계에서 수집된 자료를 재차 검토하기 위하여 사전에 준비된 식품 목록 조사지를 이용하여 대상자의 평소 섭취 빈도, 기호도 등을 조사한다. 마지막 3단계는 3일간의 식사기록법 조사를 시행하는 것인데, 시간이 많이 소요되고 대상자에게 부담이 클 뿐 아니라 추가적으로 수집되는 정보가 적은 편이어서 생략되는 경우가 흔하다.

식사력 조사법의 가장 큰 장점은 장기간에 걸친 평균적인 식이를 파악할 수 있다는 것이다. 아울러 다양한 조사법을 활용하므로 대상자 식이의 질적 및 양적 측면에서 상당히 포괄적이고 상세한 자료를 얻을 수 있다[표 2-7]. 하지만 훈련된 전문 조사원이 필요하며 자료 수집에 시간과 비용이 많이 소요되는 단점을 가진다. 자료가 수집된 이후에도 자료를 입력하고 분석하는 과정에 비교적 의사결정을 해야 할 부분이 많아 어려운 편이며 시간과 노력이 많이 든다. 아울러 대상자는 기본적으로 과거 자신의 식습관을 회상할 수 있어야 하므로 적용할 수 있는 대상자의 범위에 제한이 있다.

표 2-7 식사력 조사법의 장·단점	
장점	단점
• 일상적인 식이섭취를 파악할 수 있다. • 식이섭취의 양적 및 질적 측면에서 상세한 자료를 수집할 수 있다.	• 시간과 비용이 많이 소요된다. • 숙련된 조사원이 필요하다. • 대상자가 장기간의 식습관을 회상하는 능력이 있어야 한다. • 자료의 수집, 기록, 코딩, 분석이 비교적 어렵다.

(2) 집단의 식이 조사 방법

집단을 단위로 하는 식이 조사 방법에는 국가단위의 조사와 가구단위의 조사가 포함된다. 집단의 식품 소비 현황을 살펴보기에는 유용하나, 개인의 식이 조사와 달리 구성원의 개별적인 섭취를 파악하는 것은 어렵다. 최근 들어 가구단위 식이 조사 방법의 활용 빈도는 세계적으로 감소하는 추세이다.

1) 식품수급표

식품수급표는 한 국가의 식품 소비 현황 파악에 가장 빈번하게 사용되는 국가 단위의 식이 조사 방법이다. 국가에서 식용으로 소비되는 모든 식품을 대상으로 조사가 이루어진다. [표 2-8]에 식품수급표 산출과정을 요약하였다. 각 식품에 대하여 생산량, 이입량, 수입량을 더하여 총 공급량을 구한 후, 총 공급량에서 식용으로 사용되지 않았거나 수출된 양, 재고량을 감하여 식용공급량을 산출한다. 식용공급량을 해당기간의 연중 인구수로 나누면 1인 1년당 식품 공급량이 되며, 이를 다시 365일로 나누면 1인 1일당 식품 공급량 값이 산출된다. 여기에 식품별 영양성분가를 적용하여 에너지, 단백질, 지방, 탄수화물, 무기질, 비타민 등에 대한 1인 1일당 영양 공급량을 산출한다. [표 2-9]는 식품수급표 산출관련 주요 용어를 설명한 것이다.

표 2-8   식품수급표 산출과정

항목	산출 방법
총 공급량	생산량+이입량+수입량
식용 공급량	총 공급량-(이월량+수출량+사료용+종자용+감모량+식용 가공용+비식용 가공용)
순 식용 공급량	식용 공급량-폐기분
1인 1년당 식품 공급량	순 식용 공급량/조사연도의 연중인구
1인 1일당 식품 공급량	1인 1년당 식품 공급량/365일
1인 1일당 영양 공급량	1인 1일당 식품 공급량에 식품별 영양성분가를 적용하여 산출

표 2-9   식품수급표 산출관련 주요 용어

용어	해설
생산량	1월 1일부터 12월 31일 사이의 국내 생산량 단, 미곡과 고구마 등 추곡은 전년도 생산량을 적용
수입량	당해 연도에 외국에서 수입한 총량 단, 일반 수입과 원조 형식의 수입은 포함하나 밀 수입분은 제외
이입량	전년도 말 재고량으로 전년도에서 당해 연도로 이월되어 넘어온 양
이월량	당해 연도 말 재고량
수출량	당해 연도에 외국으로 수출한 양, 일반유환수출과 무환수출을 포함
사료용	당해 연도 총 공급량에서 사료용으로 공급한 양
종자용	당해 연도 총 공급량에서 종자용으로 공급한 양
감모량	총 공급량 가운데 생산에서 조리과정에 이르기까지의 운반, 가공 및 유통과정에서 손실된 양
식용 가공용	당해 연도 총 공급량에서 식용 가공용으로 공급한 양 단, 양조용, 착유용 및 분유·연유제조용(우유) 등만을 계산하고, 기타 식용 가공량은 식용 공급량에 포함
비식용 가공용	당해 연도 총 공급량에서 비식용인 공업용 등으로 공급한 양

식품수급표는 1년 단위로 작성되는데 우리나라는 매년 1월 1일부터 12월 31일까지를 조사기간으로 한다. 1962년 이래 지속적으로 식품수급표를 작성해왔으며, 현재 한국농촌경제연구원에서 담당하고 있다. 식품수급표는 우리나라를 포함한 세계 160여개 국가가 식량농업기구(FAO)가 권고하는 방식으로 매년 작성하기 때문에 국가 간 식품수급 현황과 식품 및 영양 공급량 비교에 매우 유용하다. 또한 한 국가의 식품수급 정책 마련과 식품소비추이 파악의 중요한 기초자료가 된다[표 2-10].

식품수급표 자료 활용에 있어 한 가지 유의할 점은 1인 1일당 식품 공급량과 1인 1일당 영양 공급량이 실제 섭취량을 나타내는 것은 아니라는 것이다. 이는 취사, 조리, 폐기 등으로 발생하는 감량은 반영되지 않은 자료이기 때문이다. 따라서 식품수급표의 공급량 값은 실제 섭취량에 비하여 다소 과대 평가된 수치이다. 또한 지역, 연령, 성별, 경제계층 등의 다양한 특성에 따른 차이를 반영하지 못한다.

표 2-10	식품수급표의 장·단점	
장점	**단점**
• 국가 간 식품수급 현황 비교에 유용하다. • 국가의 식품수급 정책 및 식품소비추이의 기초자료로 역할 한다.	• 실제 섭취량을 반영하지 않는다. • 국민 1인당 평균 공급량 자료이므로 인구집단의 다양한 특성별 차이를 나타내지 않는다.

2) 식품계정 조사

식품계정 조사는 일정 기간 동안 한 가구에 유입된 식품의 종류와 양을 조사하는 방법이다. 비용을 들여 구입하거나, 선물 받았거나 혹은 가구에서 직접 생산한 모든 식품이 조사 대상이다. 각 식품의 이름, 상품명, 가격 등의 세부사항을 조사하며, 분량 정보는 대개 판매 단위나 가정에서 흔히 사용하는 단위를 이용하여 기록한다.

이 조사법은 조사 대상자에게 주어지는 부담이 적어 응답률이 높고, 비용이 많이 들지 않으며, 대상자가 일상 식생활을 바꿀 우려가 크지 않다는 장점을 지닌다. 반면, 조사 기간 동안 가정 내 식품 재고량의 변화가 없다고 가정하며, 외식으로 소비한 식품, 애완동물에게 먹인 식품, 식품 폐기율 등은 고려하지 않아 이로 인한 단점이 있다. 또한 가구 내 구성원들의 개별소비 현황을 파악할 수 없다.

3) 식품재고 조사

식품재고 조사는 일정 기간 동안의 식품소비 현황을 가구단위로 파악하는 측면에서 식품계정 조사와 유사하지만, 식품계정 조사보다 한층 자세한 방법이다. 조사 시작 시에 가구 내에 있는 식품, 조사 기간 동안 가구에 유입된 식품, 그리고 조사 마지막 시점에 가구에 남아 있는 식품의 종류와 양을 조사하여 해당 기간 동안 그 가구에서 소비한 식품에 대한 정보를 알아본다. 이때 버려지거나 남긴 식품, 애완동물에게 먹인 식품 등도 함께 조사한다.

식품계정 조사에 비하여 양적인 측면에서 보다 정확한 정보를 파악할 수 있다. 하지만 그만큼 비용이 많이 들고 대상자가 느끼는 부담이 커 응답률이 비교적 낮다. 또한 평상시 식품소비 형태에 변화를 초래할 가능성이 있다고 알려져 있고, 식품계정 조사와 마찬가지로 가구 내 개개인의 식품소비 형태는 알 수 없다.

(3) 국민건강영양조사

1) 조사 개요 및 목적

보건복지부는 국민의 전반적인 건강 및 영양 상태를 파악하고 이를 토대로 국가의 보건 정책 수립 및 평가에 필요한 자료를 얻고자 '국민건강영양조사'를 실시하고 있다. 현재의 국민건강영양조사 체계는 각각 1969년과 1971년에 시작된 '국민영양조사'와 '국민건강 및 보건의식 행태 조사'를 통합하여 1998년에 도입되었다. 지금까지 제1기(1998년), 제2기(2001년), 제3기(2005년), 제4기(2007년~2009년), 제5기(2010년~2012년)의 총 다섯 기에 걸쳐 조사가 시행되었다. 아래에 국민건강영양조사 실시의 주요 목적을 열거하였다.

- 국민 건강증진 종합 계획의 목표지표 설정 및 평가 근거자료 제출
- 흡연, 음주, 영양소 섭취, 신체활동 등 건강위험 행태 모니터링
- 주요 만성 질환 유병률 및 관리지표(인지율, 치료율, 조절률 등) 모니터링
- 질병 및 장애에 따른 삶의 질, 활동제한, 의료 이용 현황 분석
- 국가 간 비교 가능한 건강지표산출

2) 대상자 선정

국민건강영양조사가 본연의 목적에 부합하는 자료를 얻으려면 국민전체를 대표할 수 있도록 조사 대상자를 선정하는 것이 매우 중요하다. 이를 위하여 국민건강영양조사는 층화추출법에 의해 전국을 대표하는 확률 표본을 선정하여 실시되어 왔다. 제1기부터 제3기까지의 국민건강영양조사는 3년을 주기로 2~3개월의 단기조사체계로 실시되었으나, 제4기부터는 3년에 걸친 연중조사체계로 변화되었다. 이에 조사가 진행되는 3개년도가 각각 독립적인 3개의 순환표본으로 구성되는 순환표본조사 방법이 적용하고 있다. [표 2-11]에 제4기와 제5기 국민건강영양조사의 표본추출방식을 제시하였다.

표 2-11 국민건강영양조사의 표본추출방식

구분	제4기(2007년~2009년)	제5기(2010년~2012년)
특징	순환표본조사 방식 도입	• 순환표본조사방식 유지 • 일반지역과 아파트지역 구분
추출틀	2005년 인구주택 총 조사자료	• 일반 지역: 주민등록인구자료 • 아파트 지역: 아파트단지 시세 조사자료

층화변수	시·도(16개), 주택유형(일반, 아파트)
	* 내재적 층화변수: 연령대별 인구비율
		• 일반 지역: 시·도(16개)
		  * 내재적 층화변수: 동·읍·면별 성별 인구비율, 연령대별 인구비율, 인구수, 세대수
		• 아파트 지역: 시·도(16개)
		  * 내재적 층화변수: 동·읍·면별 평당 평균가격, 평균면적, 30평 이상 세대비율, 아파트 세대수

1차 추출단위	동, 읍, 면	• 일반 지역: 통·반·리 조사구 • 아파트 지역: 아파트단지 조사구
2차 추출단위	인구주택 조사구	가구
3차 추출단위	가구	

3) 조사 내용

국민건강영양조사의 조사 항목은 검진 조사, 건강설문 조사, 영양 조사의 3개 분야로 구성된다. 대상자의 연령에 따라 소아(1~11세), 청소년(12~18세), 성인(19세 이상)로 구분하여, 각 생애주기의 특성에 맞는 항목을 조사한다. [표 2-12]에 각 분야별 조사 내용을 요약하였다.

표 2-12 국민건강영양조사의 조사 내용

분야	내용
검진 조사	비만, 고혈압, 당뇨병, 이상지혈증, 간염(B형, C형), 만성 신부전, 빈혈, 중금속, 폐쇄성 폐질환, 치아우식증, 치주질환, 시력, 안질환, 청력, 이비인후질환, 결핵, 골관절염, 골다공증
건강설문 조사	가구 조사, 흡연, 음주, 신체활동, 이환, 의료 이용, 건강검진 및 예방접종, 활동제한 및 삶의 질, 사고 및 중독, 안전의식, 정신건강, 구강건강, 여성건강, 교육 및 경제활동
영양 조사	식품 및 영양소 섭취현황, 식생활 행태, 식이보충제, 영양지식, 식품안정성, 수유현황, 이유보충식, 식품섭취빈도

4) 영양 조사

국민건강영양조사의 영양 조사 분야는 우리나라 국민의 전반적인 식품섭취현황, 식행동 및 이에 영향을 미치는 요인, 주요 식품에 대한 섭취빈도 등을 조사함으로써 식품 및 영양소 섭취량, 주요 영양문제, 영양취약집단, 식사와 질병의 관련성에 대한 기초자료를 수집하고자 실시된다. 영양 조사 분야의 세부 조사항목과 조사 방법은 [표 2-13]과 같다.

표 2-13 국민건강영양조사의 영양 조사 내용

영역	조사항목	조사 방법/조사대상
식품 및 영양소 섭취현황	• 조사 1일 전 하루 동안 섭취한 음식의 종류 및 섭취량 • 가정에서 조리한 음식 레시피 • 식사조절 여부 및 일상적인 물 섭취량	가구 및 개인별 24시간 회상법 /만 1세 이상
식생활 행태	• 최근 2일간 끼니별 식사 여부 • 외식 빈도 • 끼니별 가족동반식사 여부	식생활 설문지/만 1세 이상
식이보충제	• 식이보충제 복용 경험 여부(최근 1년 이내, 최근 1개월 이내) • 식이보충제 복용현황(제품명, 섭취량 등)	
영양지식	• 영양교육 및 상담 수혜 여부 • 영양표시 인지 및 이용현황	
식품안정성	• 영양지원 프로그램 수혜 여부 • 식생활 형편에 대한 주관적 인식	
수유현황	• 모유 수유 여부, 수유 기간 • 조제분유 수유 여부, 수유 기간	
이유보충식	• 이유보충식 시작 시기	
식품섭취빈도	• 식품별 섭취빈도	식품섭취빈도법/만 12세 이상

2. 식이 자료 평가

다양한 방법으로 수집된 식이 자료를 바탕으로 식이섭취 상태를 파악하기 위해서는, 식이 자료를 기준치와 비교할 수 있는 형태로 가공하고 기준치를 타당하게 활용하는 과정이 필수적이다. 식이 자료 평가의 과정을 개인과 집단의 두 가지로 나누어 살펴보고자 한다.

(1) 개인의 식이 자료 평가

개인의 식이 평가는 평가에 활용되는 기준 잣대에 따라 크게 영양소 섭취에 초점을 둔 평가와 다양한 식품군의 섭취 양상에 초점을 둔 평가의 두 종류로 구분할 수 있다.

1) 영양소 섭취 평가

① 한국인 영양섭취기준

개인의 식이 자료를 영양소 섭취 측면에서 평가하고자 할 때 평가 잣대로서 한국인 영양섭취기준을 활용한다. 영양섭취기준이란 질병이 없는 대다수의 사람들이 건강을 최적 상태로 유지하는 데 필요한 영양소의 섭취수준을 말하며, 과학적으로 입증된 근거자료에 기초하여 정해지므로 주기적인 검토와 수정작업을 거친다. 한국인 영양섭취기준은 5년을 주기로 업데이트되고 있는데, 가장 최근의 것은 2010년에 발간되었다. 한국인 영양섭취기준은 각 연령, 성별의 대표 체위를 정하여 이를 바탕으로 영양섭취기준을 설정한다. [표 2-14]에 한국인 영양섭취기준 설정에 적용된 신장과 체중 기준치를 나타내었다.

표 2-14 한국인 영양섭취기준 설정을 위한 체위기준

연령		신장(cm)	체중(kg)
영아(개월)	0~5	60.3	6.2
	6~11	72.2	8.9
유아(세)	1~2	86.1	12.2
	3~5	107.0	17.2
남자(세)	6~8	122.2	25.0
	9~11	139.6	35.7
	12~14	158.8	50.5
	15~18	171.4	62.1
	19~29	173.0	65.8
	30~49	170.0	63.6
	50~64	166.0	60.6
	65~74	164.0	59.2
	75 이상	164.0	59.2

	6~8	121.0	24.6
	9~11	140.0	34.8
	12~14	155.9	47.5
	15~18	160.0	53.4
여자(세)	19~29	160.0	56.3
	30~49	157.0	54.2
	50~64	154.0	52.2
	65~74	151.0	50.2
	75 이상	151.0	50.2

영양소 섭취부족이 빈번한 영양문제였던 과거에는 영양섭취기준 대신 건강한 사람들의 필요량을 충족시키는 하나의 수치로 제시되는 영양권장량이 사용되었다. 하지만 현대사회에서는 영양부족문제와 더불어 비만과 만성 질환의 증가 및 영양보충제 과다섭취 등에 대한 우려가 높아지면서 영양부족뿐만 아니라 영양과잉에 대한 평가 기준이 필요한 실정이다. 이에 따라 영양섭취기준은 단일 기준치가 아닌 4가지 주요 구성요소(평균필요량, 권장섭취량, 충분섭취량, 상한섭취량)를 포함하고 있다.

평균필요량은 대상 집단을 구성하는 사람들의 절반에 해당하는 사람들의 일일필요량을 충족시키는 값으로 대상 집단의 필요량 분포치 중앙값으로 설정된다. 평균필요량을 설정하려면 영양소 섭취 상태를 민감하게 반영하는 기능적 지표가 확립되어 있고 영양 상태의 적절성을 판정할 수 있어야 하는 등 필요한 기초자료가 많다. 따라서 모든 영양소에 대하여 평균필요량이 설정되어 있지는 않다. 에너지의 경우에는 평균필요량 대신 필요추정량이라는 용어를 사용하여 건강한 사람들 중 절반에 해당하는 사람들의 일일필요량을 충족시키는 값을 제시하고 있다.

권장섭취량은 건강한 인구 집단의 거의 모든 사람들(전체의 97~98%)의 영양소 필요량을 충족시키는 추정치로 평균필요량에 표준편차의 2배를 더하여 설정된 값이다. 만약 표준편차를 알기 어려운 경우 평균필요량의 10%를 표준편차로 가정하여 산출한다. 권장섭취량은 평균필요량에 근거하여 산출되므로 평균필요량이 설정된 영양소에 한하여 제시된다. 평균섭취량 설정에 필요한 기초자료가 빈약하여 권장섭취량을 정할 수 없는 영양소에 대하여는 권장섭취량 대신 충분섭취량이 제시된다. 충분섭취량은 대규모 인구집단에 대한 식이 조사에서 관찰된 건강한 사람들의 영양소 섭취량의 중앙값으로 정해진다.

마지막으로 상한섭취량은 인체 건강에 유해한 영향이 나타나지 않는 최대 영양소 섭취수준을 의미한다. 과잉섭취 시 건강에 위험성이 있다는 근거자료가 있는 영양소에 한하여 제시되며, 개인 차이와 불확실성 등을 충분히 감안하여 보수적으로 설정된다. 한국인 영양섭취기준은 나트륨에 대하여 상한섭취량에 더하여 목표섭취량을 제시하고 있다. 이는 한국인의 현 나트륨 섭취수준이 상한섭취량을 상당히 초과한 실정임을 고려하여, 나트륨 섭취 감소를 유도하기 위한 현실적인 기준치로서 목표섭취량을 설정하게 되었다.

[그림 2-5]는 영양소 섭취기준의 4가지 구성요소와 영양소 섭취부족 또는 과잉 위험의 연관성을 나타낸 것이다. 권장섭취량과 상한섭취량 사이의 범위가 영양문제의 위험률이 가장 낮은 적정한 섭취 범위이며, 상한섭취량보다 섭취량이 높아질수록 과잉섭취의 위험이 증가한다. 마찬가지로 권장섭취량보다 섭취량이 낮아질수록 영양부족의 위험이 증가하는데 평균필요량을 기점으로 영양결핍의 위험이 50%를 상회한다. 따라서 개인의 일일 영양소 섭취량은 각 영양소의 권장 또는 충분섭취량 이상이 되도록, 그러나 상한섭취량을 넘지 않도록 섭취하는 것을 목표로 삼는다.

표 2-15 한국인 영양섭취기준 구성요소의 정의	
구성요소	**정의**
평균필요량 (estimated average requirement, EAR)	• 대상 집단을 구성하는 사람들의 절반에 해당하는 사람들의 일일필요량을 충족시키는 값으로 대상 집단의 필요량 분포치 중앙값
권장섭취량 (recommended nutrient intake, RNI)	• 성별, 연령군별로 건강한 인구 집단의 거의 모든 사람들(97~98%)의 영양소 필요량을 충족시키는 추정치로 평균필요량에 표준편차의 2배를 더한 값 • 평균필요량이 정해진 영양소에 한해서만 권장섭취량이 정해짐
충분섭취량 (adequate intake, AI)	• 영양소 필요량에 대한 정확한 자료 등이 부족하여 권장섭취량을 정할 수 없는 경우 역학 조사에서 관찰된 건강한 사람들의 영양소 섭취량의 중앙값
상한섭취량 (tolerable upper intake level, UL)	• 과잉섭취로 인한 건강상의 위험이 나타날 수 있는 경우 인체에 건강유해 영향이 나타나지 않는 최대영양소 섭취수준 • 개인 차이와 불확실성 등을 충분히 감안하여 설정

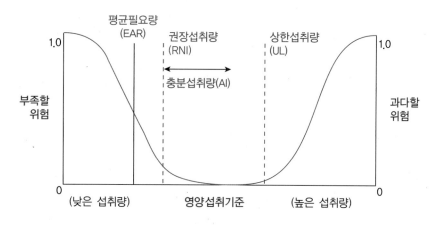

[그림 2-5] 영양섭취기준과 영양위험의 연관성

② 영양소 섭취량 산출

ㄱ. 식품성분표

영양섭취기준과 비교하여 개인의 식이섭취 상태를 평가하려면 식이 자료로부터 영양소 섭취량을 산출해야 한다. 다양한 방법으로 수집되는 식이 자료는 대부분 대상자가 섭취한 음식 및 식품에 대한 섭취 정보이므로 이를 영양소 섭취량 자료로 환산하려면 우선 개별 식품이 함유하고 있는 영양소 함량을 나열한 식품성분표가 필요하다. 현재 우리나라에서 발간되는 대표적인 식품성분표로는 농촌진흥청 국립농원과학원의 식품성분표를 들 수 있다. 농촌진흥청은 1970년에 식품분석표라는 명칭으로 초판을 발간한 이래, 1981년부터 5년 주기로 내용과 체제가 보완·발전된 개정판을 발간해 왔다. 2006년에 발간된 식품성분표 제7차 개정판은 총 2,505종의 식품에 대하여 일반성분, 무기성분, 비타민을 수록한 제Ⅰ편과 아미노산, 지방산, 식이섬유 함량을 수록한 제Ⅱ편으로 구성되었다. 2011년에 개정한 제8차 개정판에서는 제7차 개정판의 제Ⅰ편에 해당하는 일반성분, 무기성분, 비타민 성분을 총 2,757종의 식품에 대하여 수록하였다. 기존 제Ⅱ편에 수록되었던 영양성분은 각 성분별로 별도의 특수성분표로 발간하였다. 현재까지 발간된 특수성분표에는 콜레스테롤 성분표, 지용산 성분표, 아미노산 성분표, 기능성 성분표가 있다. 국내에서 처음으로 발간된 기능성 성분표는 비영양성분이지만 체내 활성을 가지는 것으로 알려진 식물유래 생리활성물질들의 함량 정보를 제공한다. 식품성분표 제8차 개정판은 전체 식품을 곡류, 감자 및 전분류, 당류, 두류, 견과 및 종실류, 채소류, 버섯류, 과일류, 육류, 난류, 어류, 패류, 어류 기타, 해조류, 우유 및 유제품류, 유지류, 음료류, 주류, 조미료류, 조리가공식품류, 기타의 총 22개의 식품군으로 나누어 배열하고 있다.

ㄴ. 음식 레시피 데이터베이스

한국인의 식사는 다양한 식품재료로 구성된 음식을 많이 포함하고 있어 식이 자료로부터 영양소 섭취량을 산출하려면 식품성분표 이외에 음식 레시피 데이터베이스도 필요하다. 음식 레시피 데이터베이스란 음식 종류별로 1인 분량에 대한 표준 레시피를 정리해 놓은 것이다. 즉, 불고기 1인분에 포함된 각 식품재료의 종류, 형태, 분량 등을 수록한 자료이다. 우리나라의 음식 레시피 데이터베이스로는 보건복지부와 한국보건산업진흥원이 2000년에 개발한 데이터베이스가 대표적이다. 국민건강영양조사도 이 데이터베이스를 사용하고 있다. 음식 레시피 데이터베이스가 국민의 식생활을 타당하게 반영하려면 지속적인 갱신이 요구된다. 따라서 우리나라는 2006년 이후 단체급식 레시피, 외식 레시피, 가정식 레시피 등에 대한 꾸준한 기초자료 구축 및 수정·보완 작업을 진행해 오고 있다.

ㄷ. 영양소 섭취량 산출 소프트웨어

식품성분표와 음식 레시피 데이터베이스를 활용하여 식이 자료로부터 영양소 섭취량을 산출하는 과정은 섭취 식품과 계산 대상 영양소의 종류가 많아 수작업으로 하기에는 상당히 복잡하고 시간이 많이 소요된다. 따라서 영양소 섭취량을 산출하기 위한 컴퓨터 소프트웨어가 개발되어 활발히 이용되고 있다. 영양소 섭취량 산출 소프트웨어는 입력된 식이 자료와 소프트웨어에 내재된 식품성분표와 음식 레시피 데이터베이스를 연동하여 조사 대상자의 영양소 섭취량을 산출하는 프로그램이다. 현재 우리나라에서 가장 많이 사용되고 있는 프로그램은 한국영양학회의 영양정보센터에서 개발한 CAN 프로그램이다. CAN 프로그램은 사용 대상에 따라 전문가용인 CAN-Pro와 일반인용인 CAN의 두 종류로 나누어 개발되었으며, 영양섭취기준의 개정, 데이터베이스의 갱신, 그리고 기능의 향상 등을 목적으로 주기적으로 새로운 버전이 출시되고 있다. 가장 최근의 버전은 2010 한국인 영양섭취기준을 적용하여 2012년도에 출시된 CAN 4.0이다.

CAN-Pro 4.0은 우선 개인정보를 입력한 후 식이 자료 입력 화면으로 가게 되는데, 24시간 회상법, 식사기록법, 식품섭취빈도법으로 수집된 자료를 모두 입력할 수 있도록 개발되었다. 24시간 회상 또는 식사기록자료 입력에서는 각 식사종류별로 대상자가 섭취한 음식을 선택하면 소프트웨어에 탑재된 표준 레시피가 자동으로 나온다. 이 표준 레시피를 대상자가 섭취한 레시피와 비교하여 각 식재료의 종류와 분량을 조정할 수 있다. 식품섭취빈도자료 입력은 조사에 사용된 식품섭취빈도지에 포함된 음식·식품, 섭취빈도, 섭취량 항목을 반영하도록 설문지 내용을 자유롭게 작성하여 진행한다. CAN-Pro 4.0은 영양전문가가 연구나 영양상담 등에 활용할 수 있도록 총 36종의 다양한 영양성분에 대하여 섭취량 자료를 제공한다. 아울러 프로그램에 탑재된 식품성분표와 음식 레시피 데이터베이스는 새로운 항목의 추가 및 수정이 가능하며, 산출된 자료는 자동으로 엑셀파일로 전환되어 추가적인 분석 작업이 용이하다. [그림 2-6]은 CAN-Pro 4.0을 활용한 식이 자료 입력 및 결과 출력 화면의 예이다.

일반인 대상의 CAN 4.0은 CAN-Pro에 비하여 쉽게 활용할 수 있도록 고안되었다. 총 1,296가지의 한국 대표음식 자료를 탑재하고 있는데, 자료 입력 시 음식을 선택하면 1회 분량의 사진이 나와 개인이 섭취한 음식과 비교하여 섭취량 자료를 조정할 수 있다. [그림 2-7]은 CAN 4.0을 활용한 식이 자료 입력 및 결과지 화면의 예이다.

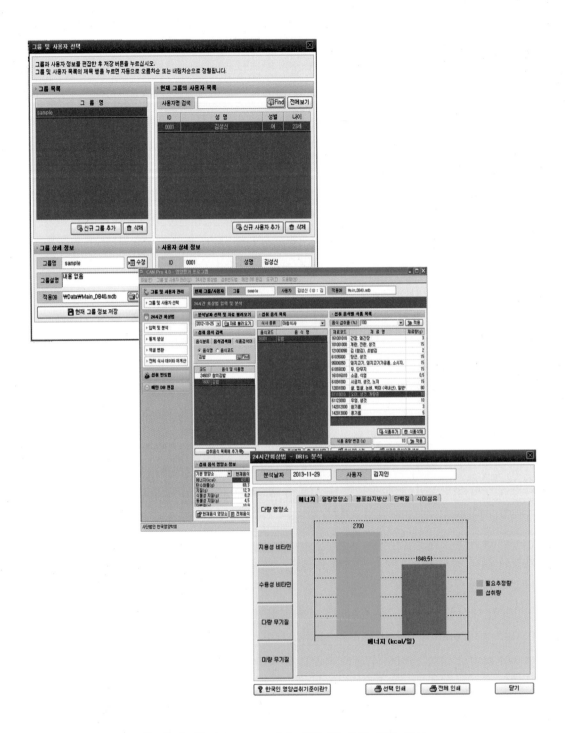

[그림 2-6] CAN-Pro 4.0 입력 및 출력 화면 예시

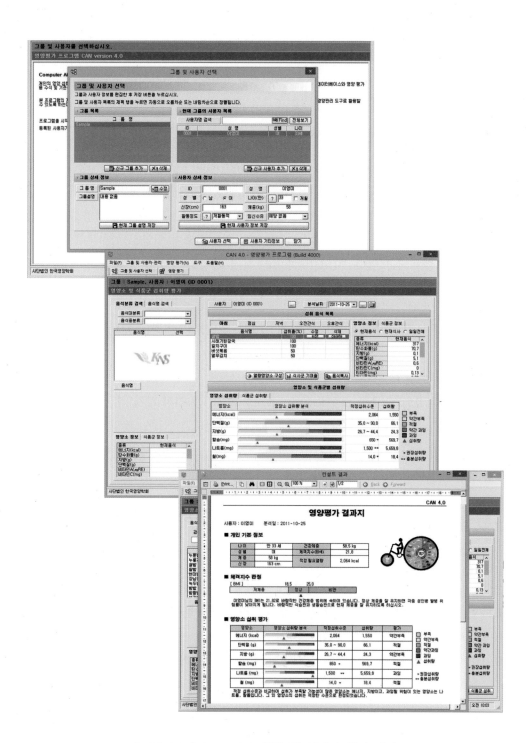

[그림 2-7] CAN 4.0 입력 및 결과지 화면 예시

③ 영양소 섭취수준 평가 방법

개인의 영양소 섭취수준에 대한 평가는 영양소 섭취량 자료와 영양섭취기준의 비교를 통하여 실시되는데, 이에는 영양소 적정섭취비, 평균 영양소 적정섭취비, 영양소 밀도, 영양밀도지수 등의 다양한 방법이 있다.

ㄱ. 영양소 적정섭취비

영양소 적정섭취비(nutrient adequacy ratio, NAR)란 권장섭취량 또는 충분섭취량에 대한 개인의 섭취량의 비율을 의미한다. 섭취량이 권장(충분)섭취량보다 높은 경우에는 계산 값이 1보다 커지지만, 이 경우 NAR을 1로 정한다. NAR을 기준으로 영양부족 위험을 판정하는 기준이 정해져 있지는 않으나, 대개 0.7~0.8 정도가 영양소 섭취부족 위험을 구분하는 경계로 활용되고 있다. NAR은 개인의 특정 영양소 섭취량에 대한 양적 평가지표라고 할 수 있다.

NAR = 개인의 특정 영양소 섭취량/특정 영양소의 권장(충분)섭취량

ㄴ. 평균 영양소 적정섭취비

평균 영양소 적정섭취비(mean adequacy ratio, MAR)는 여러 가지 영양소 섭취량으로부터 산출된 적정섭취비 값들의 평균값으로 계산된다. 개인의 전반적인 영양소 섭취량 수준을 간단하게 평가할 수 있는 지수이다. NAR과 마찬가지로 0.7~0.8 미만일 때 영양소 섭취가 부족할 위험이 있다고 판정할 수 있다.

MAR = 여러 영양소의 NAR의 합 / 영양소의 개수

ㄷ. 영양소 밀도

영양소 밀도(nutrient density, ND)는 개별 영양소의 섭취량을 에너지 섭취량과 비교한 지표로서, 권장(충분)섭취량에 대한 특정 영양소의 섭취비를 에너지 필요량에 대한 에너지 섭취량의 비로 나눈 값으로 산출된다. 영양소 밀도가 1 이상이 되면 개인의 에너지 섭취량이 필요량을 충족할 때 특정 영양소의 섭취량이 권장(충분)섭취량을 충족한다는 것을 나타낸다. 즉, NAR과 달리 식사가 포함하고 있는 영양소 함량의 질적 측면을 반영하는 척도이다.

ND = 특정 영양소의 권장(충분)섭취량 대비 섭취량의 비
/ 에너지 필요량 대비 에너지 섭취량의 비

ㄹ. 영양 밀도지수

영양 밀도지수(index of nutritional quality, INQ)는 영양소 밀도와 관련성이 높은 척도로서, 개인의 식사 1,000kcal에 포함된 특정 영양소의 양을 이 영양소의 권장(충분)섭취량에 충족하고자 할 때 1,000kcal의 식사가 포함해야 하는 영양소의 양으로 나눈 값이다. 다시 말해 에너지 섭취량이 충족될 때 특정 영양소의 섭취수준 정도를 나타내는 지표로서, 개인의 식사의 질을 반영한다.

$$INQ = \text{식사 1,000kcal 당 특정 영양소 섭취량} / \text{식사 1,000kcal 당 특정 영양소 권장(충분)섭취량}$$

이상의 다양한 지수 이외에 영양섭취기준의 각 구성요소는 개인의 영양소 섭취량이 부족하거나 과도할 확률을 평가하는 데에 활용될 수 있다. [표 2-16]에 영양섭취기준의 이러한 활용방안을 요약하였다.

표 2-16	개인의 식이 평가에서 한국인 영양섭취기준의 활용
구성요소	**활용방안**
평균필요량	• 일상 섭취량이 평균필요량보다 낮으면 섭취량이 부족할 확률이 50% 이상임 • 일상 섭취량이 평균필요량보다 낮으면 부족할 확률이 높아지고, 반대로 평균필요량보다 높으면 부족할 확률이 낮아짐
권장섭취량	• 일상 섭취량이 권장섭취량보다 높으면 부족하게 섭취할 확률이 낮음
충분섭취량	• 일상 섭취량이 충분섭취량보다 높으면 부족하게 섭취할 확률이 낮음
상한섭취량	• 일상 섭취량이 상한섭취량보다 높으면 과잉섭취로 인한 건강장애의 위험이 있음 • 일상 섭취량이 상한섭취량보다 높으면 과잉섭취로 인한 건강장애의 위험이 높음

2) 식품군 섭취 평가

① 식사구성안

영양섭취기준은 개인이 건강을 최적 상태로 유지하고 질병을 예방하기 위해 필요한 적절한 영양소의 섭취량을 설정한 것이다. 그러나 우리의 일상 식생활은 영양소를 직접 섭취하는 것이 아니라 다양한 식품과 음식을 통하여 영양소를 섭취하는 형태이다. 이에 따라 여러 필수 영양소를 전반적으로 충분히 함유하는 식사를 계획할 수 있는 기본 틀로서 식사구성안이 개발되었다. 즉, 식사구성안은 에너지 필요량에 따라 적절한 수준의 영양소 섭취를 할 수 있도록 식품군별 1회 분량의 섭취횟수를 제시한 것이다. 2010년에 개정된 식사구성안의 영양목표는 [표 2-17]과 같다. [그림 2-8]의 식품구성자전거는 식사구성안의 전체적인 개념을 한눈에 이해하기 쉽도록 시각적으로 표현한 것이다. 식품구성자전거에 나타난바와 같이 식사구성안의 식품군은 곡류, 고기 · 생선 · 계란 · 콩류, 채소류, 과일류, 우유 ·유제품류, 유지 · 당류의 총 6개 군으로 분류된다. 2005년도 제정되었던 식사구성안에서유지류, 당류와 같은 군에 속하였던 견과류는 2010년도 개정 시 고기 · 생선 · 계란 · 콩류로 변경되었다.

표 2-17	식사구성안 영양목표	
적절한 섭취	에너지	100% 에너지 필요추정량
	단백질	총 에너지의 15% 정도
	비타민	100% 권장섭취량 또는 충분섭취량, 상한섭취량 미만
	무기질	100% 권장섭취량 또는 충분섭취량, 상한섭취량 미만
	식이섬유	100% 충분섭취량
섭취의 절제	지방	총 에너지의 15~25% 정도
	나트륨	소금 5g 이하
	당류	설탕, 물엿 등의 첨가당은 되도록 적게

[그림 2-8] 식품구성자전거

권장식사패턴이란 개인의 에너지 필요량에 맞추어 식사를 계획하거나 평가할 수 있도록 각 식품군별 일일 섭취횟수를 구체적으로 제안한 것이다[표 2-18]. 권장식사패턴은 각 에너지 섭취량 별로 어린이 및 청소년을 위한 A형, 성인을 위한 B형의 두 가지 형태로 구분된다. A형과 B형의 주요 차이는 A형에는 성장기의 특징을 반영하여 우유·유제품류를 2회, B형은 우유·유제품류를 1회 배치한 점이다.

표 2-18 식사구성안의 권장식사패턴

에너지 (kcal)	곡류	고기, 생선 계란, 콩류	채소류	과일류	우유 유제품류	유지 당류
A1000	1	2	3	1	2	2
A1100	1.5	1.5	3	1	2	2
A1200	1.5	2	4	1	2	2
A1300	1.5	2.5	5	1	2	3
A1400	2	3	5	1	2	2
A1500	2	3	5	1	2	3
A1600	2.5	3	5	1	2	3
A1700	2.5	3	5	1	2	4
A1800	3	3	5	1	2	3
A1900	3	4	6	1	2	3
A2000	3	4	6	2	2	4
A2100	3	5	6	2	2	4
A2200	3.5	5	6	2	2	3
A2300	3.5	5	7	2	2	4
A2400	3.5	6	7	2	2	4
A2500	4	6	7	2	2	3
A2600	4	6	7	2	2	5
A2700	4.5	6	7	2	2	4
A2800	4.5	6	7	3	2	5

에너지 (kcal)	곡류	고기, 생선 계란, 콩류	채소류	과일류	우유 유제품류	유지 당류
B1000	1.5	1.5	5	1	1	2
B1100	1.5	2	5	1	1	3
B1200	2	2	5	1	1	2
B1300	2	2.5	5	1	1	3
B1400	2.5	2.5	5	1	1	2
B1500	2.5	2.5	5	1	1	3
B1600	3	2.5	6	1	1	3
B1700	3	3	7	1	1	3
B1800	3	3.5	7	1	1	4
B1900	3	4	7	2	1	4
B2000	3.5	4	7	2	1	4
B2100	3.5	4.5	7	2	1	4
B2200	3.5	5	7	2	1	5
B2300	4	5	7	2	1	4
B2400	4	5	7	2	1	5
B2500	4	6	7	2	1	5
B2600	4	6.5	8	2	1	6
B2700	4.5	6.5	8	2	1	5

　　권장식사패턴이 제시하는 섭취횟수는 각 식품군별 1회 분량에 대한 섭취횟수를 의미한다. 6개 식품군별 주요 식품에 대한 1회 분량을 다음 페이지에 제시하였다. 곡류 1회 분량의 에너지 기준은 약 100kcal이며, 고기 · 생선 · 계란 · 콩류는 1회 분량은 에너지 약 100kcal, 단백질 10g을 기준으로 한다. 채소류 1회 분량은 에너지 약 15kcal, 과일류는 약 50kcal, 우유 · 유제품류는 에너지 약 125kcal, 칼슘 200mg, 유지 · 당류는 에너지 약 45kcal를 기준으로 설정되었다.

식품군별 대표식품의 1인 1회 분량

식품군	1인 1회 분량					
곡류	밥 1공기 (210g)	백미 (90g)	국수 1대접 (건면 100g)	냉면국수 1대접 (건면 100g)	떡국용 떡 1인분(130g)	식빵 2쪽 (100g)

품목		식품명	분량(g)[1]	비고	섭취횟수
곡류 (300kcal)	곡류	쌀, 보리쌀, 찹쌀, 현미, 혼합 잡곡	90		1회
		쌀밥, 보리밥	210	1공기	1회
	면류	삶은 면	300	1대접	1회
		생면-우동, 칼국수	200		1회
		건면-국수용	100	국수묶음 두께 2.5cm	1회
		냉면국수, 메밀국수	100	국수묶음 두께 2.5cm	1회
	떡류	흰떡-떡국용	130	1컵(썬 것)	1회
		찹쌀떡, 시루떡	130		1회
	빵류	식빵, 빵류	100	큰 것 2쪽, 1개	1회
	씨리얼류	콘푸레이크 등	40[2]		0.5회
	감자류	감자	130[2]	중 1개	0.5회
		고구마	130[2]	중 1/2개	0.5회
	기타	메밀묵	200[2]		0.5회
		밤	100[2]	큰 것 5개	0.5회

1) 분량(g): 가식부 무게임
2) 씨리얼 · 감자 · 묵 · 견과류 1회 분량 에너지는 다른 곡류 1회 분량의 1/2이므로 식단 작성 시 0.5회로 간주함

식품군	1인 1회 분량					
고기·생선·계란·콩류	육류 1접시 (생 60g)	닭고기 1조각 (생 60g)	생선 1토막 (생 60g)	콩 (20g)	두부 2조각 (80g)	계란 1개 (60g)

품목		식품명	분량(g)[1]	비고	섭취횟수
고기·생선·계란·콩류 (100kcal)	육류	쇠고기[2]	60		1회
		돼지고기[3]	60		1회
		닭고기	60		1회
		햄	60		1회
	어패류	갈치, 삼치, 꽁치, 고등어, 동태, 가자미, 조기, 넙치, 참치, 참치통조림, 어묵, 미꾸라지, 민물장어	60	작은 것 한 토막	1회
		생굴, 조갯살, 꽃게	80		1회
		오징어, 낙지, 새우	80		1회
		건멸치, 건조기, 건오징어	15		1회
	난류	계란, 메추리알	60	계란(중) 1개, 메추리알 5개	1회
	콩류	검정콩, 대두	20		1회
		두부	80		1회
		두유	200		1회
	견과류	땅콩	10[4]	15알 내외	0.5회
		깨	10[4]	1스푼	0.5회
		호두	10[4]		0.5회

1) 분량(g): 가식부 조리 전 무게
2) 한우등심(살코기 기준)
3) 한돈(살코기 기준)
4) 견과류 1회 분량 에너지는 다른 고기·생선·계란·콩류 1회 분량의 1/2이므로 식단 작성 시 0.5회로 간주함

식품군	1인 1회 분량					
채소류	콩나물 1접시 (생 70g)	시금치 나물 1접시(생 70g)	배추김치 1접시(생 40g)	오이소박이 1접시(생 60g)	버섯 1접시 (생 30g)	물미역 1접시 (생 30g)

품목		식품명	분량(g)[1]	비고	섭취횟수
채소류 (15kcal)	채소류	고구마줄기, 고사리, 시금치, 풋고추, 근대, 깻잎, 무청, 부추, 돌미나리, 배추, 상추, 쑥, 쑥갓, 아욱, 취나물, 애호박, 두릅, 오이, 콩나물, 숙주나물, 머위, 무, 배추, 양배추, 양파, 가지, 당근, 늙은호박, 토마토	70	1접시	1회
		나박김치, 오이소박이, 동치미	60		1회
		갓김치, 깍두기, 배추김치, 열무김치, 총각김치, 단무지	40		1회
		우엉, 도라지, 파, 파김치	25		1회
		마늘	10		1회
		토마토주스	100		1회
	해조류	다시마, 미역, 파래(생것)	30		1회
		김	2	1장	1회
	버섯류	느타리, 양송이, 팽이, 표고(생것)	30		1회

1) 분량(g): 가식부 조리 전 무게

식품군	1인 1회 분량					
과일류	사과(중) 1/2개 (100g)	귤(중) 1개 (100g)	참외(중) 1/2개 (200g)	포도 1/3송이 (100g)	수박 1쪽 (200g)	오렌지주스 1/2컵(100mL)

품목		식품명	분량(g)[1]	비고	섭취횟수
과일류 (50kcal)	과일류	딸기, 수박, 참외	200	딸기 10개	1회
		귤, 감, 바나나, 망고, 키위, 사과, 배, 복숭아, 오렌지, 포도, 파인애플	100	귤 중 1개, 사과 중 1/2개	1회
	주스류	오렌지주스, 귤주스, 사과주스, 포도주스	100	1/2컵	1회

1) 분량(g): 가식부 무게

식품군	1인 1회 분량				
우유 · 유제품류	우유 1컵 (200mL)	치즈 1장 (20g)	호상요구르트 1/2컵(100g)	액상요구르트 3/4컵(150g)	아이스크림 1/2컵(100g)

품목		식품명	분량(g)[1]	비고	섭취횟수
우유 · 유제품류 (125kcal)	우유	우유	200	1컵(1개)	1회
	유제품	치즈	20[2]	1장	0.5회
		요구르트(호상)	100	1/2컵(1개)	1회
		요구르트(액상)	150	3/4컵(1개)	1회
		아이스크림	100	1/2컵(1개)	1회

1) 분량(g): 가식부 무게
2) 치즈 1회 분량 에너지는 다른 우유 · 유제품류 1회 분량의 1/2이므로 식단 작성 시 0.5회로 간주함

식품군	1인 1회 분량					
유지 · 당류	식용유 1작은술 (5g)	버터 1작은술 (5g)	마요네즈 1작은술(5g)	커피믹스 1회 (12g)	설탕 1큰술 (10g)	꿀 1큰술 (10g)

품목		식품명	분량(g)[1]	비고	섭취횟수
유지 · 당류 (125kcal)	유지류	버터, 마요네즈, 커피프림, 참기름, 콩기름, 들기름, 옥수수기름	5	1작은술	1회
		커피믹스	12	1봉	1회
	당류	꿀, 설탕, 당밀/시럽, 사탕	10	1큰술	1회

1) 분량(g): 가식부 무게

② 권장식사패턴과 비교

개인의 식이 자료를 식품군의 섭취 양상에 초점을 두어 평가하고자 할 때 식사구성안에서 제시하는 권장식사패턴을 적용할 수 있다. 하루 동안 섭취한 식품들을 6개 식품군으로 분류한 후 각 식품 항목의 섭취량을 1회 분량에 대한 섭취횟수로 환산하여 식품군별로 합

산하면 개인의 식품군별 섭취횟수를 파악할 수 있다[표 2-19]. 식품항목의 섭취량을 1회 분량에 기준하여 섭취횟수로 환산하는 과정은 섭취량이 기록되어 있는 형식에 따라 명확한 경우도 있지만 그렇지 않은 경우도 빈번하다. 가령, 시금치나물을 약 7젓가락 정도 섭취하였다고 작성된 식사일기자료의 경우 사람마다 나물 1젓가락의 분량이 다르므로 판단이 어렵다. 이때 표준화된 과정을 통하여 목측량 값을 부피 또는 무게로 환산한 자료집을 활용하면 도움을 받을 수 있다. 보건복지부와 보건산업진흥원은 2007년에 식이 조사 및 섭취량 산출을 위한 기초자료로서 다양한 식품 및 음식의 여러 가지 형태의 눈대중량을 부피와 무게로 환산하여 수록한 자료집을 발간하였다[표 2-20]. 개인의 식품군별 섭취횟수 자료를 대상자의 에너지 필요량에 대한 권장식사패턴과 비교하면 전반적인 식품군별 섭취 양상의 적정성 여부를 평가할 수 있다. 앞서 소개한 일반인용 CAN 4.0 프로그램의 결과화면은 [그림 2-9]와 같은 형식으로 식품군 섭취 평가 자료를 제시한다. 권장식사패턴에서 제시한 섭취횟수에 대한 실제 섭취횟수의 비율을 산출하여, 이를 나타낼 때 간략한 표와 각 식품군을 꼭짓점으로 하는 정육각형 모양의 도표를 활용하고 있다.

표 2-19 **1일 식이섭취 자료의 식품군별 섭취횟수 산출**

식품군 및 섭취횟수		아침	점심	저녁	간식
	식단	시리얼 단호박 구이 삶은 계란 저지방우유	잡곡밥, 미역국 소불고기 오징어볶음 연근조림 얼갈이배추 겉절이	잡곡밥 팽이버섯 왜된장국 돼지고기구이 상추쌈, 두부조림 취나물, 깍두기	사과 1/2개
곡류	2.5회	시리얼 30g ❶	잡곡밥 1/2공기 ⓪⑤	잡곡밥 1공기 ❶	
고기 · 생선 · 계란 · 콩류	5회	삶은 계란 1개 ❶	쇠고기 60g ❶ 오징어 70g ❶	돼지고기 60g ❶ 두부 1/5모 ❶	
채소류	8회	단호박 1/10개 ❶	미역 30g ❶ 연근 40g ❶ 얼갈이배추 70g ❶	팽이버섯 30g ❶ 취나물 70g ❶ 상추 70g ❶ 깍두기 40g ❶	
과일류	1회				사과 1/2개 ❶
우유 · 유제품류	1회	저지방우유 1컵			
유지 · 당류	4회		식용유 2작은술 참기름 1작은술 ❸	참기름 1작은술 ❶	

표 2-20						**목측량의 부피 및 중량 환산 기초자료 중 일부 내용**										
음식명	상세음식명	눈대중일련번호	조리/구매	그릇/형태	분량	부피(mL)	중량(g)	가식부부피(mL)	가식부중량(g)	부피측정방법	지름(cm)	길이/두께	가로(cm)	세로(cm)	높이(cm)	개수(cm)
닭조림/닭도리탕	닭조림	2	조리	식판	1컵	200.0	132.0	176.0	118.1	컵			2.5	4.0	2.0	3
닭조림/닭도리탕	닭조림	3	조리	접시	1접시	215.0	188.0	190.0	168.2	컵			2.5	4.0	2.0	5
두부조림	두부조림	1	조리	식판	레시피 1인분	117.5	116.2			계산			5.0	4.7	1.0	5
두부조림	두부조림	2	조리	식판	수북이	164.5	160.6			계산			5.0	4.7	1.0	7
어묵조림	어묵조림	1	조리	식판/접시	레시피 1인분	100.0	62.0			컵						
어묵조림	어묵조림	2	조리	식판	수북이	200.0	124.0			컵						
연근조림	연근조림	1	조리	식판/접시	레시피 1인분 (3조각)	41.2	37.0			계산	5.0	0.7				3
연근조림	연근조림	2	조리	식판	수북이	82.4	74.0			계산	5.0	0.7				6
오징어포조림	오징어포조림	1	조리	식판/접시	레시피 1인분	40.0	29.0			컵						
오징어포조림	오징어포조림	2	조리	식판	수북이	80.0	58.0			컵						
오징어포조림	오징어포조림	3	조리		1컵	200.0	145.0			컵						
오징어포조림	오징어포조림	4	조리	접시	1젓가락	40	3.0			컵						

식품군 섭취 평가

영양소	권장 섭취횟수	섭취횟수	섭취비율(%)
곡류 및 전분류	3.5	3.2	94.1
채소류	7.0	14.0	200.0
과일류	2.0	2.3	115.0
고기, 생선, 계란, 콩류	5.0	6.0	120.0
우유 및 유제품류	1.0	1.0	100.0
유지, 견과 및 당류	4.0	3.7	92.5

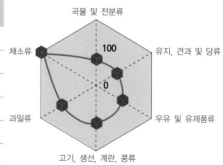

[그림 2-9] 식품군 섭취 평가에 대한 CAN 4.0 결과 화면 예시

(2) 집단의 식이 자료 평가

국가의 보건영양정책을 계획 및 평가하거나 지역사회 내에서 시행되는 영양증진사업을 체계적으로 계획하려면, 집단의 전반적인 식이섭취 현황을 평가할 필요가 있다. 주로 집단 내에서 일상적인 영양섭취량이 부족하거나 과다한 대상자의 비율을 파악하여 집단의 식이섭취를 평가하게 되는데, 이때 개인의 식이섭취를 평가하는 방법을 그대로 적용하면 오류가 따른다. 같은 성별 및 연령군에 속하더라도 각 개인의 필요량은 개인에 따라 다르므로, 집단 전체의 평균섭취량을 대부분 사람의 필요량을 충족시키는 수준으로 설정된 권장섭취량과 비교하면 영양소를 부족하게 섭취하는 대상자의 비율을 과대 평가할 우려가 있다. 따라서 집단 내에서 영양소를 부족하게 섭취하는 대상자의 비율을 추정하는 데에는 권장섭취량 또는 충분섭취량 대신 평균필요량을 이용하는 것이 타당하다. 집단의 식이섭취 평가에서 영양섭취기준의 각 구성요소의 용도를 [표 2-21]에 제시하였다.

표 2-21	집단의 식이섭취 평가에서 한국인 영양섭취기준의 활용
구성요소	**활용방안**
평균필요량	• 집단 내에서 부적절하게 섭취하는 사람들의 비율을 추정하는 데 사용
권장섭취량	• 집단의 영양섭취 상태를 평가하는 데 이용하지 않음 • 영양부족의 위험률을 과대 평가할 우려가 있음
충분섭취량	• 집단의 평균섭취량이 충분섭취량 이상이면 섭취량이 부족한 사람들의 비율이 낮음을 의미
상한섭취량	• 집단 내에서 과잉섭취로 인한 위험에 있는 사람들의 비율을 추정하는 데 사용

집단 내에서 영양 섭취가 부족하거나 과잉인 대상자의 비율을 정확하게 산출하려면 각 개인의 영양소 필요량과 일상적인 섭취량 자료가 필요하지만 이는 현실적으로 가능하지 않다. 따라서 통계적인 접근 방법을 활용하는데 이에는 Cut-point 방법과 확률적 접근 방법의 두 가지가 있다.

1) Cut-point 방법

개인의 필요량에 비하여 평균적인 섭취량이 부족한 사람들의 비율을 추정하는 데 영양섭취기준의 평균필요량을 기준점으로 활용할 수 있다. 집단의 영양소 섭취량 분포를 파악한 후 평균필요량보다 적게 섭취하는 사람들의 비율을 구하는 방법이다[그림 2-10]. Cut-point 방법은 이용이 간편하여 빈번하게 활용되고 있는 편이지만, 이 방법을 정확하게 적용하기 위해서는 몇 가지 조건이 충족되어야 한다. 우선 조사 대상자들의 일상섭취량 자료가 필요하고, 이들의 일상섭취량이 정규분포의 양상을 갖추어야 한다. 또한 영양소 섭취량과 필요량이 상관관계가 없어야 한다. 에너지의 경우 실제 섭취량과 개인의 필요량 간 상관성이 높아 이 방법을 적용하는 것에 제한이 따른다. 대상자들로부터 수집된 식이 자료의 조사일수가 적어 일상적인 섭취량을 반영하지 못하는 경우 집단의 영양소 섭취량 분포의 분산이 커지게 되어 영양섭취 부족인 대상자의 비율이 실제보다 과다하게 추정될 수 있다.

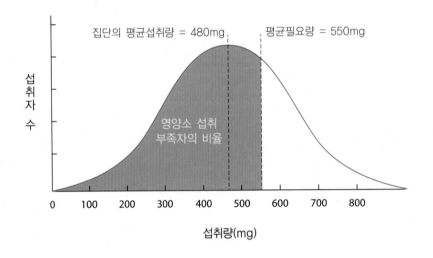

[그림 2-10] 평균필요량을 이용한 Cut-point 방법

일상적인 섭취량 과다로 인하여 건강상 위험에 있는 사람들의 비율을 추정하는 데에는 영양섭취기준의 상한섭취량이 활용된다. 즉, 개인의 평균섭취량이 상한섭취량보다 높은 대상자의 비율로서 과잉섭취위험의 인구비율을 추정한다.

2) 확률적 접근 방법

확률적 접근 방법은 집단 내에서 일상적인 섭취량이 개인의 필요량에 비하여 부족한 사람들의 비율을 보다 정확하게 추정하기 위해 고안된 방법이다. 이 방법은 집단의 영양소 필요량에 대한 분포와 평균섭취량의 분포를 통합하여 영양소 섭취부족자의 비율을 산출한다. [표 2-22]에 확률적 접근 방법을 적용하여 영양소 섭취부족률을 산출한 예를 제시하였다. 영양소 섭취량을 임의의 구간으로 나눈 후, 일상적인 섭취량이 각 구간에 해당하는 사람의 비율과 각 구간에 속한 대상자가 자신의 필요량보다 부족하게 섭취하게 될 확률을 구한다. 이 두 종류의 백분율 수치를 곱하면 각 구간별 영양소 섭취부족자 비율의 추정치를 얻을 수 있으며, 각 구간별 추정치를 모두 더하여 최종적으로 전체 집단 내 영양소 섭취부족자의 비율이 산출된다.

표 2-22 확률적 접근 방법의 적용 예시

단백질 섭취량 구간 (g/일)	각 구간에 속한 사람의 비율(%)	각 구간별 단백질 섭취부족 확률(%)	각 구간별 단백질 섭취부족률 추정치(%)
<24	0.4	1.0	0.4
24~28	0.1	0.995	0.1
28~32	0.2	0.97	0.19
32~36	0.2	0.90	0.18
36~40	0.5	0.74	0.37
40~44	0.9	0.50	0.45
44~48	1.1	0.26	.29
48~52	1.3	0.10	0.13
52~56	1.8	0.08	0.05
56~60	3.5	0.005	0.02
>60	91.0	0	0
			합계 2.29

영양판정 이론편

CHAPTER

03
신체계측 조사와 영양판정

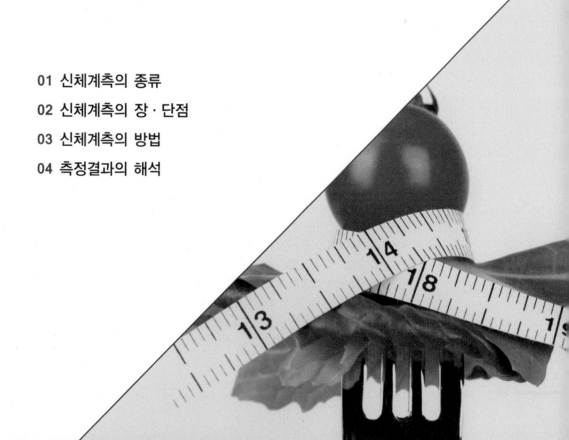

김○○씨는 10세 된 아들을 둔 42세의 엄마이다.

남편과 맞벌이를 하다 보니 평소에 가족들과 화목한 시간을 갖기 어렵다.

어린 아들에게도 신경을 잘 써주지 못하는 부분이 많아 늘 안쓰럽다.

어느 날 아들이 다니는 초등학교에서 신체 검사 결과표를 받아보니

건강하다고만 생각했던 우리 아들이 비만이라고 적혀 있었다.

소아비만은 더욱이 좋지 않다고 들었는데 어떡하면 좋을까?

학습목표

- **영양판정이란 무엇인가를 파악한다.**
- **신체계측조사의 종류와 장·단점을 파악한다.**
- **영양판정의 방법으로서의 신체계측조사 방법을 이해한다.**
- **신체계측조사를 통해 성장의 정도를 측정·판정한다.**
- **신체계측조사를 통해 신체의 구성을 측정·판정한다.**
- **기기를 이용한 신체구성성분 측정 방법을 파악한다.**

신체 각 부분의 성장이나 구성 정도는 유전인자와 환경인자의 영향을 크게 받는다. 환경 인자 중 가장 많은 영향을 주는 요소는 무엇보다도 개인이 섭취한 영양소의 질과 양이다. 즉, 신체를 계측하여 성장과 발육 정도, 비만의 유무나 비만 정도, 체격의 유형 및 체조직 의 조성비율을 판별하고 이를 표준치와 비교함으로써 영양 상태를 평가할 수 있다. 영양 상태를 평가하기 위한 여러 방법 가운데 신체계측을 통하여 평가하는 방법은 다른 방법에 비하여 용이하고 재현성이 높으며, 경제적이기 때문에 비교적 널리 사용되는 방법이다. 따 라서 올바른 영양 상태의 평가를 위해서는 표준화된 신체계측 방법의 사용과 이에 대한 측 정결과의 해석이 필수적이다.

1. 신체계측의 종류

신체계측은 크게 신장, 흉위 등 신체 전체 혹은 일부의 크기 및 체중측정을 통한 신체 크 기 측정과 체지방량 및 제지방량 측정 등을 통한 신체조성 측정의 두 종류로 나눌 수 있다.

(1) 신체 크기 측정

영양 상태가 좋은 경우 발육 상태가 우수하다. 그러므로 어린이의 경우 성장 정도를 측정 한 자료를 기준이 되는 비교집단의 표준치와 비교하여 영양 상태가 양호한가 혹은 불량한 가를 판정할 수 있다. 신체 크기에 대한 척도로 사용되는 것으로는 신장과 체중, 두위, 흉 위, 앉은키 등이 주로 측정된다. 성인의 경우 신체측정 수치를 동일 연령층의 평균치 혹은 건강지향 기준치와 비교하여 평가한다. 저영양 상태는 체중뿐만 아니라 신장의 측정치도 불량하므로 체중과 신장은 다른 측정치에 우선하여 영양 상태를 나타내는 좋은 지표로 이 용될 수 있다. 과잉 영양 여부나 그 정도의 평가에 체중과 키의 측정값이 활용되는 것은 현 재 보편화되어 있다.

(2) 신체 구성 측정

영양 상태에 따라 신체 조직의 구성 상태가 다르다는 점을 근거로 하여 주로 체지방량과 제지방량을 측정한다. 특히, 과잉영양이나 영양 섭취의 불균형으로 인하여 체지방의 축적 도가 건강을 진단하는 데 중요한 지표로 사용되고 있다. 상완위의 둘레나, 피부 두겹 집기, 허리와 엉덩이 둘레를 직접 측정한 자료와 허리-엉덩이 둘레의 비나 체중과 키로부터 계 산되는 여러 가지 신장-체중 지수 등은 영양의 과·부족을 진단하고 대사성 질환의 발병 가능성을 예측하는데 중요한 지표로 사용되고 있다. 체지방량과 제지방량은 이러한 측정치를 회귀 방정식에 적용하여 추정해 낸 자료이다.

체지방량 측정은 각종 신체 검사에 있어 건강 평가의 필수적 요소로 시행된다. 신체 내의 총 지방량 혹은 체밀도를 추정하면 장기간에 걸친 열량의 과잉섭취 혹은 섭취부족을 알 수 있다. 신체 내의 총 근육량, 단백질-에너지 결핍증, 비만도, 특정 질병의 치료 및 영양처방의 실시 도중에 일어나는 영양 상태의 변화, 각 개인의 건강유지 정도 등을 측정하는 것이 가능하다.

표 3-1 신체계측의 종류	
신체 크기 측정	**신체 조성 측정**
신장, 체중, 흉위, 두위, 팔꿈치 넓이, 팔목 둘레, 비만도, 체질량 지수, 폰데랄 지수, 뢰러 지수, 카우프 지수	상완둘레, 상완 근육둘레, 상완 근육면적, 상완 지방면적, 허리-엉덩이 둘레비, 피부 두겹 두께, 장딴지 둘레, 허벅지 둘레, 밀도법, 총 체수분량 측정법, 총 칼륨양 측정법, 중성자 활성분석법, 요 중 크레아틴량 측정법, 3-메틸히스티딘량 측정법, 전기전도법, 적외선 간섭법, 초음파, 단층 촬영법, 자기공명 영상 장치법, 이중에너지 X-선 흡광법 등

한편, 신체계측을 통한 영양 상태를 측정하기 위해서는 주로 신장과 체중이 가장 많이 측정되지만, 연구의 목적이나 조사 대상자의 수, 연령 등에 따라 측정하는 부위가 달리 선택되기도 한다. 세계보건기구(WHO)에서는 영양조사의 목적에 따라 연령에 따른 신체계측 부위를 [표 3-2]와 같이 권장하고 있다.

표 3-2 세계보건기구(WHO)에서 권장하는 연령별 신체계측 부위		
나이(세)	**일반적인 영양조사**	**정밀한 영양조사**
0~1	체중 신장	앉은키 머리 둘레, 가슴 둘레 뼈 넓이(어깨, 엉덩이) 피부 두겹 두께(삼두근, 견갑골 하부, 가슴)
1~5	체중 신장 이두근 피부 두겹 두께 삼두근 피부 두겹 두께 상완둘레	앉은키 머리 둘레, 가슴 둘레 뼈 넓이(어깨, 엉덩이) 피부 두겹 두께(견갑골 하부, 가슴) 장딴지 둘레 손과 손목의 X-선 촬영

5~20	체중 신장 삼두근 피부 두겹 두께	앉은키 뼈 넓이(어깨, 엉덩이) 피부 두겹 두께(삼두근 이외의 부위들) 상완둘레, 장딴지 둘레 손과 손목의 X-선 촬영
20 이상	체중 신장 삼두근 피부 두겹 두께	피부 두겹 두께(삼두근 이외의 부위들) 상완둘레, 장딴지 둘레

2. 신체계측의 장·단점

(1) 신체계측의 장점

- 방법 자체가 비교적 간단하며, 안전하고, 피상담자에게도 불편함이 덜하다. 따라서 일 반인뿐 아니라 어린이나 환자의 영양조사에도 용이하며 많은 대상자의 영양 평가에 도 유용하다.
- 계측 기구가 비교적 저렴하고, 운반이 용이하며, 오래 사용할 수 있다.
- 계측 방법의 훈련이 쉬우며 신장 및 체중 측정 등의 경우 다른 조사 방법에 비하여 비 훈련된 인원으로도 측정이 가능할 수 있다.
- 표준화된 방법을 지켜 측정하면 비교적 정확하다.
- 장기간에 걸친 영양 상태에 대한 정보를 얻을 수 있으며, 세대 간에 걸친 계속된 영양 상태 변화를 평가할 수 있다.
- 심한 영양불량 상태나 중등도의 영양불량 상태를 판정하는 데 도움을 준다.
- 대규모 집단을 대상으로 한 선별조사에 적합하며, 영양불량에 대한 고위험도 개개인 을 찾아내기 위한 선별 검사에도 사용될 수 있다.

(2) 신체계측의 단점

- 단기간의 영양 상태의 변화를 찾아내기가 어렵다.
- 어떤 특정 영양소의 결핍을 규명해 내는 데 문제가 있다. 예를 들어 성장 부진 및 체구 성 변화가 단백질이나 열량 섭취에서 오는 결과인지, 미량 원소의 결핍에서 오는 결 과인지 구별할 수 없다.
- 식사요인이 아닌 질병, 유전적 요소, 여성의 월경주기 등에 따른 변화에 의하여 예민 도나 정밀도에 영향을 받는다.

이외에도 신체계측을 통한 영양 상태의 평가는 조사자의 오차, 대상자의 체조직 구성변화, 신체계측 결과의 잘못된 적용으로 인한 오차의 문제가 발생할 수 있다는 제약이 따르기 때문에 시행과 해석에 있어 주의가 필요하다. 원인별 오차의 문제에 대한 요약은 다음과 같다.

① 조사자의 오차

동일한 조사자의 반복 계측 시 나타나는 오차와 조사자 간의 오차를 말한다. 이를 방지하기 위해서는 같은 조사 대상자에 대해 3번 이상 반복 측정하고 그 평균치를 사용하거나 숙련자의 계측치와 비교 훈련함으로써 한 조사원이 같은 항목을 측정하는 방법 등이 있다.

② 대상자의 체조직 구성 변화에 의한 오차

노화 혹은 조직의 수화 정도 변화에 따라 기인하는 오차이다. 건강한 사람이라도 여성의 경우 월경주기에 따라 체조직의 수분 변화가 생겨 체중이 변할 수 있으며, 나이와 측정 부위에 따라 피부 두겹 두께가 달라질 수도 있다. 체지방과 체단백질은 저하하지만 체수분이 증가하여 체중에 변화가 오지 않는 경우도 있을 수 있으며 일반적인 신체계측 시에는 이러한 변인을 고려하기가 어렵기 때문에 생길 수 있는 오차이다.

③ 신체계측 결과의 오적용에 의한 오차

신체계측 결과의 비특이성에 기인하여 타당하지 못한 가설 설정에 의해 생기는 오차이다. 예를 들어 신체계측치를 이용하여 체구성성분을 산정하는 것은 매우 큰 오차를 나타낼 수 있으며, 피부 두겹 두께를 이용하여 체지방량을 산정한다 하더라도 실제 피하지방과 내장지방의 양은 정비례하지 않는다.

3. 신체계측의 방법

(1) 성장의 정도를 측정하는 방법

이 방법은 쉽고 단시간 내에 행할 수 있으며, 세계보건기구(WHO)에서는 어린이의 경우 과거와 현재의 영양 상태 판정에 가장 먼저 사용하도록 권장하고 있다. 병원에 입원한 환자나 일반인에게 있어서는 단백질-에너지 결핍 여부, 비만, 영양 처방 후의 변화도 파악을 모니터하는 데 사용될 수 있다.

1) 두위(머리 둘레)

출생 후 2년까지의 머리 둘레는 만성적인 단백질-에너지 결핍 여부 및 정도를 판정할 수 있는 지표이다. 이는 임신 중 또는 출생 후 2년 동안의 영양불량이 뇌의 성장을 지연시키기 때문이다. 따라서 출생 초기의 심각한 영양불량 시에는 측정 수치가 표준 수치보다 낮을 수 있으며, 뇌의 성장이 거의 완성되므로 머리 둘레의 성장이 느려지는 2세 이후의 영양 상태 측정에는 비효율적일 수 있다. 머리 둘레는 영양 상태뿐 아니라 질병, 유전, 관습 등에 의해서도 영향을 받을 수 있으므로 이에 대한 고려도 해야 할 필요가 있다.

측정은 프랑크포르트 수평면(Frankfort horizontal plane)을 유지한 편안한 자세에서 눈썹 바로 위 튀어나온 부분과 머리 뒷부분의 가장 튀어나온 부분의 둘레를 줄자를 이용하여 mm의 단위로 측정한다. 줄자는 폭 6mm 정도의 유연하고 늘어지지 않는 것을 사용하도록 하며, 측정된 수치는 한국 소아·청소년 표준 성장도표(2007)의 연령별, 성별, 한국 소아 발육 표준치와 비교하여 백분위수 범주를 확인·평가하도록 한다.

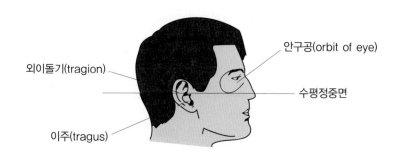

[그림 3-1] 프랑크포르트 수평면

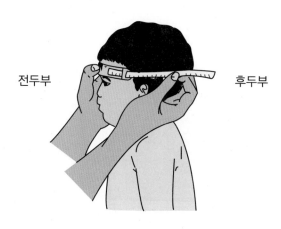

[그림 3-2] 두위의 측정

2) 신장

연령별 키의 측정치는 그 집단 내에서 개인의 영양 상태를 반영하는 간접 지표로 이용될 수 있다. 키가 작은 경우 일반적으로 영양불량임을 알 수 있으나 유전적인 요인을 반드시 고려해야 한다. 영아와 2세 미만의 유아는 누운 키를 측정하고, 2세 이상의 유아와 성인은 선키를 측정한다. 신장계의 사용이 불가능한 노인, 거동이 불편한 사람 또는 척추만곡증이 있는 사람은 무릎높이로 신장을 계산하기도 한다.

① 누운 키 측정

영 · 유아용 신장계(length board)를 이용한다. 이 신장계는 고정된 머리판과 유동적 발판이 있어, 발판을 조정하여 눈금을 읽을 수 있도록 고안되어 있다. 신장계의 중심에 대상자를 눕히고, 머리를 똑바로 세워 머리 꼭대기가 머리 판에 닿게하여 어깨와 엉덩이가 뒤판에 닿게 한다. 발꿈치는 발판에 닿도록 하며, 무릎은 살짝 눌러 준 상태에서 측정한다.

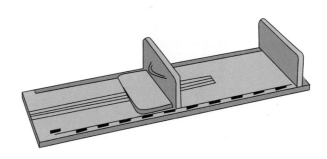

[그림 3-3] 영 · 유아용 신장계(length board)

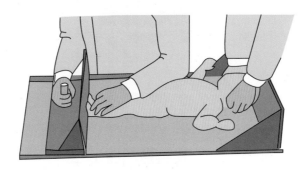

[그림 3-4] 영아의 신장 측정

② 선키 측정

맨발 상태에서 어깨는 자연스럽게 내려뜨리고, 엉덩이와 발꿈치는 신장계나 벽의 수직면에 닿도록 한 뒤 측정한다. 머리는 똑바로 세워 정수리가 머리 판에 닿으면서 머리 판과 신장계의 각이 직각이 되도록 한다. 측정자는 측정치를 읽을 때 머리 판의 높이에 눈높이를 맞추도록 해야 한다. 어린이의 선키를 측정할 때에는 보조원이 어린이의 무릎을 살짝 눌러 하지에 굴곡이 없게 하고, 발 윗부분을 눌러 발꿈치가 들리지 않도록 해준다. 측정치는 연령별로 한국 소아 · 청소년 표준 성장도표(2007)의 연령별, 성별 한국 소아 발육 표준치 또는 한국인 체위기준치와 비교한다.

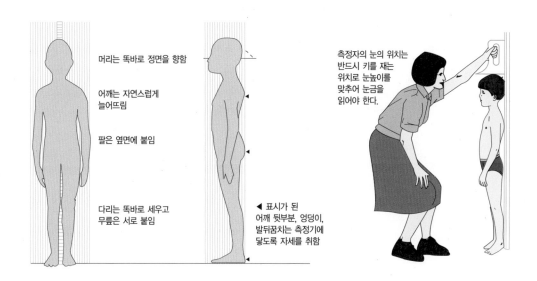

머리는 똑바로 정면을 향함

어깨는 자연스럽게 늘어뜨림

팔은 옆면에 붙임

다리는 똑바로 세우고 무릎은 서로 붙임

◀ 표시가 된 어깨 뒷부분, 엉덩이, 발뒤꿈치는 측정기에 닿도록 자세를 취함

측정자의 눈의 위치는 반드시 키를 재는 위치로 눈높이를 맞추어 눈금을 읽어야 한다.

[그림 3-5] 2세 이상 어린이 및 성인 선키 측정

③ 선키를 측정할 수 없는 사람의 신장 추정

누워 있는 환자 및 움직이지 못하거나 척추만곡증이 심하여 선키를 측정할 수 없는 사람의 경우 [표 3-3]과 같은 추정식들에 의하여 신장을 추정할 수 있다. 양팔을 한껏 벌렸을 때의 너비란 양손을 좌우로 빗장뼈 높이까지 수평으로 펼쳤을 때, 오른손 중지 끝에서부터 왼손 중지 끝까지의 길이를 말한다. 무릎 높이를 이용한 신장 추정 시, 조사 대상자는 누워 있는 상태에서 왼쪽 다리를 구부려 무릎의 각도가 90° 가 되도록 해야 하며, 캘리퍼의 한쪽 날은 무릎 슬개골 꼭대기에 닿게 하고 다른 한쪽 날은 발꿈치 밑에 닿도록 해야 한다.

표 3-3	기타 측정치를 이용한 신장 추정식
양팔을 한껏 벌렸을 때의 너비에 의한 추정	키(cm) = 양팔을 한껏 벌렸을 때의 너비(cm)
앉은키에 의한 추정	키(cm) = 앉은키(cm)×11÷6
무릎 높이에 의한 추정	남자: 키(cm) = [2.02×무릎 높이(cm)]−(0.04×나이)+64.19 여자: 키(cm) = [1.83×무릎 높이(cm)]−(0.24×나이)+84.88

신체의 일부가 없을 때의 체중

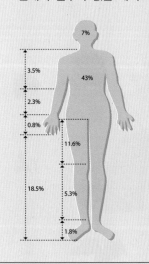

그림은 총 체중에 대한 신체 각 부위의 비율을 나타낸다. 팔, 다리 등의 절단으로 인해 신체 일부가 없을 때에는 그림에서 나타내는 각 부위의 비율을 참고하여 절단된 부위의 비율을 고려하여 체중을 계산해야 한다. 조정된 체중은 BMI 등을 산출하고 비만도 등을 평가하는 데 이용될 수 있다.

조정된 체중 = 실측체중 / (100-% 절단부위) × 100

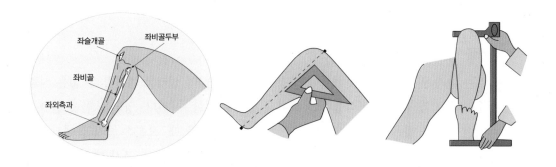

[그림 3-6] 무릎 높이의 측정

④ 체중

되도록이면 공복 시 일정한 시간에 측정하도록 한다. 옷을 벗은 상태에서 측정하도록 하며, 측정 전에는 부종이 있는지 사전에 관찰한다. 체중만으로는 영양 상태의 판정에 무리가 있으며, 측정값의 대상자가 속하는 연령 및 신장 측정치와 연관시켜 영양판정지수로 많이 이용한다. 체중의 변화량은 신체구성성분 변화를 의미하는 것으로, 영양소 섭취의 부족이나 지속적인 과다섭취를 진단할 수 있다. 체중계는 바닥이 단단하고 평평한 곳에 흔들리지 않게 두고 0점에 맞추어야 한다. 흔히 상용되는 전자저울은 체중을 소수 둘째 자리까지 보여주어 정밀한 체중 측정이 가능할 수 있도록 해 준다. 영아 및 2세 미만 유아의 체중은 소아용 체중계를 사용하는 것이 바람직하나, 소아용 저울이 없을 경우 어머니가 유아를 안고 체중을 잰 후 측정치에서 어머니의 체중을 빼는 방법으로 유아의 체중을 산출하도록 한다.

[그림 3-7] 영아 및 2세 미만 유아의 체중 측정

누워있는 환자, 걸을 수 없는 사람의 경우에는 저울에 혼자 올라설 수 없다. 따라서 이러한 사람들은 침대 저울이나 의자저울을 이용하여 체중을 측정해야 한다. 조사 대상자의 체중이 침대 또는 의자에 고루 분산되도록 편안히 눕히거나 앉힌 후 흔들림이 없을 때 측정치를 읽도록 한다.

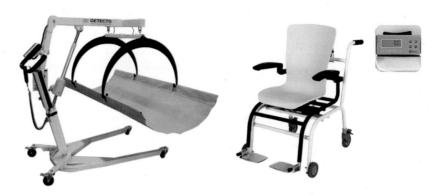

[그림 3-8] 침대 저울을 이용한 체중측정(좌), 의자저울(우)

⑤ 체격

팔꿈치 넓이와 손목 둘레를 측정하여 체격 크기를 구분할 수 있다. 어깨 쪽 두 견봉 간 넓이, 가슴 넓이, 무릎 및 손목 넓이 등이 체격 크기를 구분하는 방법으로 제시되어 오기도 했지만 이러한 방법들을 측정상의 어려움뿐 아니라 지방조직의 영향 등으로 보편화되지 못하고 있다.

ㄱ. 팔꿈치 넓이

상완골의 넓이를 특수 캘리퍼를 이용하여 측정한다. 대상자는 바로 선 상태에서 한쪽 팔의 팔꿈치가 직각이 되고, 들어 올린 손바닥이 몸 쪽을 향하게 팔을 들어올린다. 팔꿈치의 가장 넓은 뼈 넓이를 측정하며, 성인의 팔꿈치 넓이를 기준으로 골격 크기를 나누어 [표 3-4]와 같이 신체 골격 크기에 대한 판정을 한다. 골격의 크기에 따른 체격의 판정은 건강 분야에서 이상 체중 제시에 활용된다. 신장에 대한 바람직한 체중을 제시할 경우 골격의 크기를 고려하는 것이 이상적이다.

팔을 바닥과
수평되게 든다.

팔꿈치를 90도로 굽힌다.

팔꿈치의 가장 넓은 부분에
캘리퍼를 대고 단단히 조여 측정한다.

[그림 3-9] 팔꿈치 넓이 측정(측정기기 옆면에서 본 모습)

표 3-4	팔꿈치 넓이에 근거한 체격판정 기준		
나이(세)	골격 크기(단위: cm)		
	소	중	대
남자			
18~24	≤6.6	6.6 초과~7.7 미만	≥7.7
25~34	≤6.7	6.7 초과~7.9 미만	≥7.9
35~44	≤6.7	6.7 초과~8.0 미만	≥8.0
45~54	≤6.7	6.7 초과~8.1 미만	≥8.1
55~64	≤6.7	6.7 초과~8.1 미만	≥8.1
65~74	≤6.7	6.7 초과~8.1 미만	≥8.1
여자			
18~24	≤5.6	5.6 초과~6.5 미만	≥6.5
25~34	≤5.7	5.7 초과~6.8 미만	≥6.8
35~44	≤5.7	5.7 초과~7.1 미만	≥7.1
45~54	≤5.7	5.7 초과~7.2 미만	≥7.2
55~64	≤5.8	5.8 초과~7.2 미만	≥7.2
65~74	≤5.8	5.8 초과~7.2 미만	≥7.2

ㄴ. 손목 둘레

줄자를 이용하여 손목 둘레를 측정 후 이 수치와 신장의 비로 신체 골격의 크기를 추정할 수 있다. 한쪽 손을 펴서 힘을 뺀 다음 손목의 가장 가는 부위를 측정한다. 신장을 손목 둘레로 나누어 산출된 값을 아래의 판정 기준치와 비교한다. 동일 체중을 가진 A와 B가 A는 소형 골격형으로 B는 대형 골격형으로 판정된다면 이는 A는 골격을 제외한 체근육이나 체지방 조직이 B보다 많음을 의미한다.

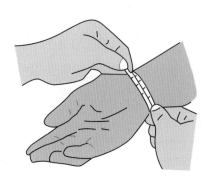

[그림 3-10] 손목 둘레의 측정

표 3-5	손목 둘레-신장 비에 의한 체격 판정 기준	
신체 골격 크기	남	여
작은 체격	>10.4	>10.9
중간 체격	10.4~9.6	10.9~9.9
큰 체격	<9.6	<9.9

(2) 성장 측정 판정지수

성장 측정치는 한 가지의 측정치보다 몇 가지 수치를 복합하여 영양 상태의 진단이 가능한 영양 상태 판정지수를 만들어 사용하고 있다. 환산되는 산출지표는 신체계측치의 해석에 있어서 만성 질환의 유병률 예측 등에 필수적인 요소로 활용되고 있다. 영양 상태의 판정에 이용하는 산출지표로는 다음과 같은 것들이 있다.

1) 비만도

① 비만지수

현재 체중과 표준 체중 간 차이를 표준 체중과 비교하여 백분율로 나타낸 것이다. 비만도가 ±10%의 범위에 있을 경우 정상체중, 10~20%의 범위에 있을 경우 과체중, 20% 이상의 범위에 있을 경우 비만으로 판정된다. 이는 자신의 체중이 표준 체중과 비교하여 몇 %가 더 나가는지를 의미하는 값이다.

$$비만지수 = [실제\ 체중(kg) - 표준\ 체중(kg)]\ /\ 표준\ 체중(kg) \times 100$$

② 상대체중

상대체중(relative weight, percent of ideal body weight, PIBW)이란 현재 체중을 표준 체중으로 나눈 값에 100을 곱해서 백분율로 나타낸 값이다. 계산된 값이 90~110%이면 정상, 110% 이상이면 과체중, 120% 이상이면 비만으로 판정한다.

$$상대체중\ PIBW = 실제\ 체중(kg) / 표준\ 체중(kg) \times 100$$

표 3-6	비만지수 및 상대체중에 의한 판정	
비만지수(%)	상대체중(%)	구분
<-20	<80	매우 마름
$-20\sim<-10$	$80\sim<90$	마름, 저체중
$-10\sim<+10$	$90\sim<110$	정상 체중
$+10\sim<+20$	$110\sim<120$	과체중
$\geq+20$	≥120	비만

표준 체중 산출 방법

브로카(Broca) 변법

신장이 160cm 이상인 경우: 표준 체중(kg) = [신장(cm)−100]×0.9

신장이 150~160cm 미만인 경우: 표준 체중(kg) = [신장(cm)−150]÷2+50

신장이 150cm 미만인 경우: 표준 체중(kg) = [신장(cm)−100]

BMI 체질량 지수 이용

남자: 표준 체중(kg) = 키$(m)^2$×22

여자: 표준 체중(kg) = 키$(m)^2$×21

2) 체중의 변화

체중의 변화는 특히 영양소의 과부족에 의하여 영향을 받는 변수이다. 이를 통해 현재의 영양 섭취 정도가 과거에 비하여 어느 정도인가를 간접적으로 알 수 있다. 열량의 과잉섭취가 계속되면 체중이 증가하며, 열량 섭취부족이 계속되면 체지방과 체단백의 감소로 인하여 체중 감소가 관찰될 수 있다.

$$\% \text{ 평소 체중} = \frac{\text{현재 체중}}{\text{평소 체중}} \times 100$$

$$\% \text{ 체중 감소} = \frac{\text{평소 체중} - \text{현재 체중}}{\text{평소 체중}} \times 100$$

$$\text{체중 변화율(kg/일)} = \frac{\text{현재 체중} - \text{초기 측정 체중}}{\text{현재 날짜} - \text{초기 측정 날짜}}$$

표 3-7	단위 기간에 따른 체중 변화 정도에 의한 영양판정기준	
기간	유의적인 체중 감소	심한 체중 감소
1주일	1~2%	>2%
1개월	5%	>5%
3개월	7.5%	>7.5%
6개월	10%	>10%

3) 체중/신장지수

① 비체중

비체중이란 신장에 대비한 체중의 백분율이다. 비체중과 신장과의 분포도로 집단의 발육 상태를 파악할 수 있다.

$$비체중 = \frac{체중(kg)}{신장(cm)} \times 100$$

② 체질량 지수

체질량 지수(quetelet's index, BMI)란 신장과 체중을 이용한 판정지수로, 체지방과 높은 상관관계를 가지고 신장의 영향을 적게 받으며, 체질량을 잘 반영하여 비만 판정에 유용한 지표이다. 우리나라는 현재 세계보건기구(WHO, 1998)와 대한비만학회(2000)의 체질량 지수 판정기준이 혼용되어 사용되고 있다.

$$BMI = \frac{체중(kg)}{신장(cm)^2}$$

표 3-8	세계보건기구(WHO)의 BMI에 의한 영양 상태 평가기준치		
WHO		WHO 서태평양지역 기준	
BMI 계산 값	평가	BMI 계산 값	평가
<18.5	저체중	<18.5	저체중
18.5~24.9	정상	18.5~22.9	정상
25.0~29.9	과체중	23.0~24.9	과체중
30.0~34.9	경도비만	25.0~29.9	경도비만
35.0~39.9	중등도비만	30.0~34.9	중등도비만
≥40.0	고도비만	≥35.0	고도비만

표 3-9	BMI와 건강위험도 평가
BMI	**평가**
<19	저체중으로 인한 건강장애가 일부에서 나타날 수 있음
19~23	질병의 위험이 적은 바람직한 정상범위
23~25	과체중으로 인한 건강장애가 일부에서 나타날 수 있음
>25	비만으로 인하여 심장병, 고혈압, 당뇨병 등 건강장애 발생위험도가 증가함

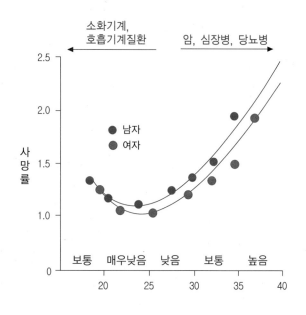

[그림 3-11] BMI와 사망위험률

③ 폰데랄 지수

폰데랄 지수(Ponderal index)가 높을수록 마른 체형을 나타내며, 많은 연구에서 심장순환계 질환과 그 관련성이 높은 것으로 제시되고 있다. 환산치 12 이하는 심장순환계 질환의 위험도가 높은 것으로 판정한다.

$$\text{폰데랄 지수} = \frac{\text{키(inch)}}{\sqrt[3]{\text{체중(lb)}}}$$

④ 뢰러 지수

뢰러 지수(Röhrer index)란 학동기 어린이의 영양 상태를 나타내는 신체충실지수이다. 키에 따라 판정에 차이가 있으며 신장이 110~129cm에서는 180 이상, 130~149cm 범위에서는 170 이상, 150cm 이상에서는 160 이상을 비만으로 판정한다.

$$뢰러\ 지수 = \frac{체중(kg)}{신장(cm)^3} \times 10^7$$

⑤ 카우프 지수

카우프 지수(Kaup index)는 어린이(5세 미만의 어린이 중 특히 2세 미만)의 영양판정에 많이 이용된다. 13 이하는 고도 수척, 13~15는 수척, 15~19는 정상, 19~22는 과다체중, 22 이상은 비만으로 판정된다.

$$카우프\ 지수 = \frac{체중(g)}{신장(cm)^2} \times 10$$

(3) 신체 구성을 측정하는 방법

신체 구성성분을 측정하는 것에는 크게 체지방량을 측정하는 것과 무지방량을 측정하는 것으로 나눌 수 있다. 체지방량은 열량의 과잉섭취와 상관성이 있으며, 무지방량의 경우 체내 저장 단백질량을 추정하여 영양결핍 여부를 추정하는 것으로 그 의미를 갖는다. 정확히 측정하는 방법에는 수중측정법, 방사선 동위원소를 이용하는 희석법과 근육과 지방 사이의 전기전도율의 차이를 이용한 BIA(bioelectrical impedance analysis), TOBEC(total body electrical conductivity), 각 조직의 빛의 흡수와 반사 정도의 차이를 이용한 NIR(near infrared interactance), 기타의 방법으로 신체 각 부위를 초음파나 X-ray등으로 단층 촬영하여 분석하는 CT(computer tomography), MRI(magetic resonance imaging), DPA(dual-photon absorptiometry), DEXA(dual-energy X-ray absorptiometry) 등이 있으나 방법 자체가 번거롭거나 측정기기가 비싸므로 많이 이용되지 못하고 있다. 따라서 기존에 많이 행한 방법은 피부 두겹 집기 및 신체 각종 부위의 둘레를 측정한 후 이들 측정치를 이용하여 고안된 방정식으로 체지방량 및 무지방량을 추정하는 것이다. 현재 많은 신체 검사에서는 BIA법으로 간단하게 체지방을 추정하는 기계를 비만도 판정에 사용하고 있다[그림 3-12].

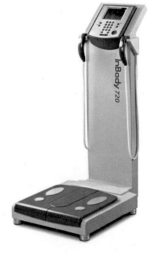

[그림 3-12]
체지방을 측정하는 기계

1) 신체 구성성분 산정을 위한 체위 계측

① 부위별 둘레 측정

신체의 각 부위별 둘레 측정은 [그림 3-13]과 같다. 신체 각 부위의 둘레 측정값은 피부 두겹 두께의 측정을 위한 사전 작업이 되기도 하고, 피부 두겹 두께 측정값과 함께 근육둘레 및 근육면적 산출을 위한 필요 측정치가 되기도 한다.

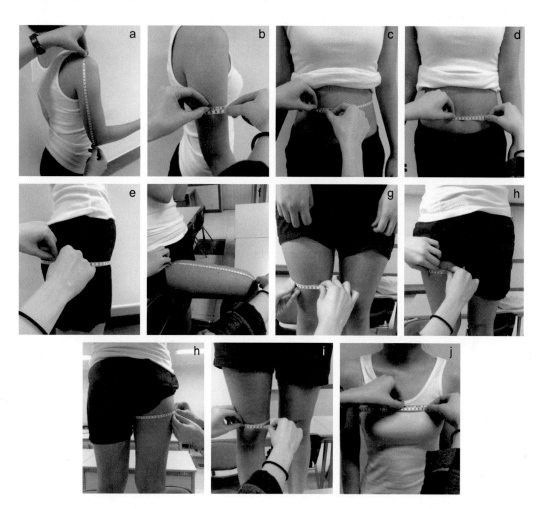

a: 상완 위의 중간점(midpoint) 찾기   b: 상완 위(mid arm circumference)
c: 허리 둘레 측정(waist)   d: 배 둘레 측정(abdomen)
e: 엉덩이 둘레(hip·buttocks)   f: 허벅지 중간점 찾기(피부 두겹 집기를 위한 사전 작업)
g: 허벅지 중간 둘레   h: 허벅지 윗부분 둘레(proximal thigh)
l: 허벅지 아랫부분 둘레(distal thigh)   j: 가슴 둘레

[그림 3-13] 신체 각 부위의 둘레 측정 방법

허리-엉덩이 둘레 비

체지방량, 특히 복부 지방량을 반영하는 지표이며 나이가 증가하고 체중이 많을수록 이 비율도 증가하는 추세다. 허리-엉덩이 둘레 비(waist-hip ratio, WHR)가 1.0 이상인 경우 대사성 질환의 발생과 이 질환으로 인한 사망률이 증가하는 것으로 관찰된 바 있다.

아래 그래프는 허리-엉덩이 둘레 비 및 연령에 따른 건강 위험도 사이의 관련성을 남녀별로 제시한 것이다. WHR 값이 여자의 경우 0.85 이상, 남자의 경우 0.95 이상이면 복부비만으로 판정한다.

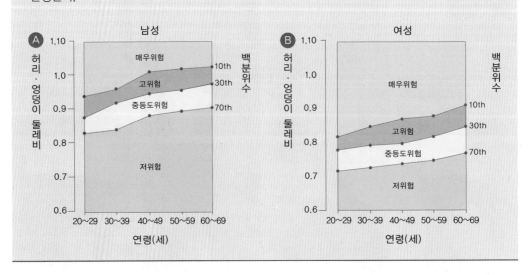

② 부위별 피부 두겹 두께 측정

　체지방량의 측정은 과체중 및 신체 지방의 과도한 축적을 판정하는 지수로 쓰이며, 주로 비만을 판정하는 척도로 많이 이용된다. 비만을 판정할 시에는 체내 지방량과 근육량을 상대적으로 적절히 측정하여야 한다. 축적 지방질의 상대적인 증가는 활동조직의 부담이 되며, 호흡 순환기 계통에 대하여 부담을 주어 개체의 작업 능률을 낮추게 된다. 피부 두겹 집기는 신체 체지방의 약 50%가 피하에 위치한다는데 근거하여 피하지방의 두께를 측정하여 신체 내에 저장된 체지방량을 측정하는 방법이다.

　피부 두겹 집기를 실시할 때는 몇 가지의 기본 가정 하에 실시한다는 것을 염두에 두고 측정치에 전적으로 의존하여 결과의 해석이 비약되지 않도록 한다. 첫째, 피하조직의 두께는 신체 조직에 있는 지방함량을 그대로 반영한다고 가정한다. 둘째, 어떤 일정한 부위를 선택하여 측정하여도 이것은 전체 피하지방조직의 두께에 대한 평균치로서 대표성을 갖는다는 가정 하에 측정되는 것이다. 그러나 개인에 따라 피하지방의 분포도가 다르고 각 조직마다 피하지방의 두께가 일정하지 않으므로 이러한 가정이 전적으로 옳은 것은 아니다.

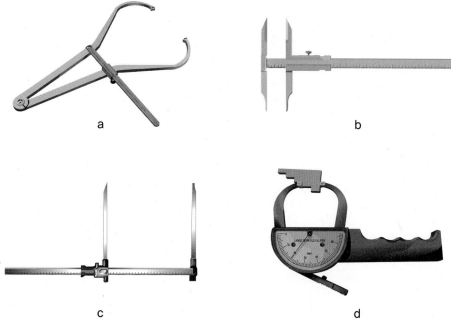

a. Spreading Caliper: 가슴 넓이, 가슴 깊이, 발목이나 팔목의 넓이를 측정할 때 사용
b. Small Sliding Caliper: 팔꿈치 넓이 측정 시 사용
c. Large Sliding Caliper: 무릎 높이나 엉덩이뼈의 넓이 등 신체의 큰 골격의 넓이를 측정 시 사용
d. Lange Caliper: 가장 보편적으로 사용되는 피부 두겹 집기용 캘리퍼

[그림 3-14] 신체 각 부위 측정 캘리퍼 종류

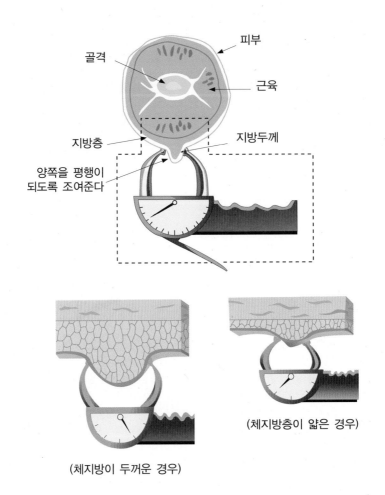

[그림 3-15] **피하지방 두께의 측정 모형**

ㄱ. 삼두근 피부 두겹 두께

삼두근 피부 두겹 두께(triceps skin fold thickness)를 측정할 때는 팔을 90°로 구부린 상태에서 어깨 꼭짓점과 팔꿈치의 중간점을 찾아 표시한 점이 측정점이 된다. 팔을 자연스럽게 내려뜨린 자세에서 측정점으로부터 1cm 떨어진 부위를 수직으로 잡고 측정한다.

ㄴ. 이두근 피부 두겹 두께

이두근 피부 두겹 두께(biceps skin fold thickness)는 삼두근과 같은 선상에 있는 팔의 앞면을 삼두근 피부 두겹 두께 측정과 같은 방법으로 측정한다.

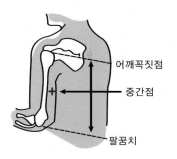

[그림 3-16] 삼두근 피부 두겹 두께의 측정

ㄷ. 가슴 피부 두겹 두께

가슴 피부 두겹 두께(chest skin fold thickness)는 앞쪽 겨드랑이 접히는 부위의 위쪽에서 젖꼭지까지의 축을 따라 피부층을 잡고, 손끝에서 1cm 떨어진 부위를 45°의 각도로 캘리퍼를 이용하여 측정한다.

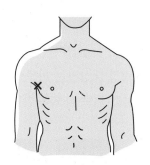

[그림 3-17] 가슴 피부 두겹 두께의 측정

ㄹ. 견갑골하부 피부 두겹 두께

견갑골하부 피부 두겹 두께(subscapular skin fold thickness)는 견갑골 안쪽 각진 곳 가장 밑 부분에서 1cm 아래 떨어진 곳을 45°의 각도로 비스듬히 잡고 측정한다. 측정하고자 하는 팔을 등 뒤로 올려봄으로써 정확한 견갑골의 위치를 확인할 수 있다.

[그림 3-18] 견갑골 피부 두겹 두께의 측정

ㅁ. 옆 중심선 부위 피부 두겹 두께

옆 중심선 부위 피부 두겹 두께(midaxillary skin fold thickness)는 옆 중심선과 흉골검 결합 부위가 만나는 지점의 1cm 떨어진 부위를 수평으로 잡아 측정한다.

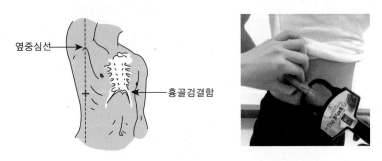

[그림 3-19] 옆 중심선 피부 두겹 두께의 측정

ㅂ. 장골상부 피부 두겹 두께

장골상부 피부 두겹 두께(suprailiac skin fold thickness)를 측정할 때는 장골 능 바로 위의 약간 앞쪽 지점이 측정점이다. 측정점에서 뒤쪽으로 1cm 떨어진 부위를 45°의 각도로 비스듬히 잡고 캘리퍼를 이용하여 측정한다. 이때 측정 대상자는 바로 선 자세에서 자연스럽게 팔을 내려뜨리고, 측정하고자 하는 쪽의 팔을 약간 뒤로 하도록 한다.

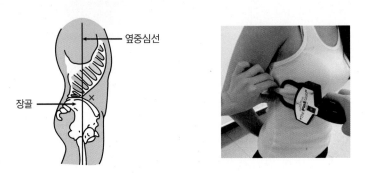

[그림 3-20] 장골 상부 피부 두겹 두께의 측정

ㅅ. 허벅지 피부 두겹 두께

허벅지 피부 두겹 두께(thigh skin fold thickness)는 사타구니와 무릎 뼈 사이의 중간 지점에서 위쪽으로 1cm 떨어진 부위를 수직으로 잡고 측정한다. 이때 체중은 측정하고자 하는 다리의 반대쪽에 실리게 하고, 측정하고자 하는 허벅지 쪽의 다리는 무릎을 약간 구부려 이완시킨다.

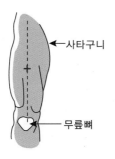

[그림 3-21] 허벅지 피부 두겹 두께의 측정

ㅇ. 장딴지 피부 두겹 두께

장딴지 피부 두겹 두께(medial skin fold thickness)를 측정할 때는 의자에 앉은 상태에서 무릎이 90°가 되도록 다리를 구부린다. 장딴지의 안쪽 중간 지점의 부위에 측정점을 표시한 후 위쪽으로 1cm 떨어진 부위를 수직으로 잡고 캘리퍼를 이용하여 두께를 측정한다.

[그림 3-22] 장딴지 피부 두겹 두께의 측정

ㅈ. 복부 피부 두겹 두께

복부 피부 두겹 두께(abdomen skin fold thickness)를 측정할 때는 양발에 체중이 고루 분산되도록 선 다음 편안하게 숨을 내쉰 상태에서 배꼽을 기준으로 오른쪽으로 3cm, 아래로 1cm 되는 지점을 그림과 같이 캘리퍼를 이용하여 측정한다.

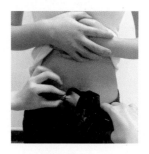

[그림 3-23] 복부 피부 두겹 두께의 측정

2) 체위 계측을 통한 신체구성성분 산정

① 피부 두겹 두께를 이용한 체지방량 산정

ㄱ. 한 부위 측정치에 의한 체지방량 비교

신체 내 피하지방은 측정하는 부위에 따라 그 분포의 정도가 상이하기 때문에 사실 한 부위 측정치만으로 전체 체지방량의 추정은 어렵다고 할 수 있다. [표 3-10]은 한국 성인의 삼두근 피부 두겹 두께 참고치를 나타낸 것이다. 한 부위 측정치에 의한 체지방량은 보통 참고치와의 비교를 통한 상대적 평가의 자료로 이용될 수 있는데, 삼두근의 부위가 가장 일반적으로 이용되는 부위인 것이다.

표 3-10 한국 성인의 삼두근 피부 두겹 두께 참고 (단위: mm)

연령	백분위수															평균	표준편차
	5	10	15	20	25	30	40	50	60	70	75	80	85	90	95		
남자																	
전연령	4.8	5.6	6.3	6.9	7.7	8.5	9.7	10.9	12.1	13.8	14.9	16.2	17.8	19.8	22.5	12.2	5.7
~24	4.5	5.5	6.1	6.6	7.1	7.7	8.7	9.8	11.7	12.9	13.9	15.5	16.4	18.6	19.9	11.3	5.0
25~34	4.6	4.9	5.5	6.1	6.8	7.3	8.4	9.6	10.8	12.1	12.9	14.3	16.1	18.1	19.7	10.8	5.1
35~44	5.3	5.7	6.4	6.8	7.3	7.9	9.4	10.6	11.8	13.0	14.4	15.6	16.9	18.7	22.3	11.9	5.5
45~54	5.4	6.7	7.8	9.0	9.8	10.5	11.7	12.7	13.8	15.7	16.7	18.0	19.6	21.6	23.9	13.8	5.8
55~64	4.4	5.6	6.6	7.3	8.0	8.8	10.3	11.8	13.0	15.0	16.8	18.5	20.3	22.0	25.0	13.3	6.4
65~	4.8	5.4	5.8	6.4	6.9	7.7	8.7	9.8	11.1	12.4	13.3	14.4	15.5	17.6	20.9	11.4	5.4
여자																	
전연령	8.6	10.5	12.0	13.7	14.8	15.9	17.7	19.6	20.9	22.9	23.8	24.9	26.8	29.0	31.5	20.0	7.2
~24	10.2	12.8	14.1	14.8	15.6	17.0	17.9	19.7	21.0	22.1	22.9	23.7	24.0	25.7	29.9	19.9	6.1
25~34	11.3	13.6	14.2	15.8	16.2	17.3	18.5	19.9	22.1	23.7	24.4	26.2	27.6	29.3	30.8	21.1	6.2
35~44	9.7	11.0	12.4	14.4	15.4	17.1	18.8	20.4	23.1	24.9	26.6	27.3	28.5	31.0	33.5	21.4	7.4
45~54	9.3	11.7	14.2	15.3	16.2	18.1	19.6	20.8	22.4	24.4	25.9	27.1	29.4	32.4	35.0	21.9	7.6
55~64	7.1	7.9	10.0	10.9	11.6	12.4	15.3	16.9	18.8	20.5	22.1	23.9	25.4	28.6	33.7	18.5	8.8
65~	5.2	6.7	8.3	9.4	10.4	11.6	13.7	15.2	16.8	18.8	20.1	21.2	23.1	24.7	27.3	16.1	6.8

ㄴ. 두 부위 측정치에 의한 체지방량 비교

일반적으로는 삼두근과 견갑골 하부의 합을 이용한다. [그림 3-24]는 두 부위의 측정치를 이용하여 체지방을 추정할 수 있는 6~17세의 기준표이다. 삼두근과 견갑골 하부의 피부 두겹 두께는 다른 부위의 측정치보다 비교적 신뢰도 및 객관도가 높다고 알려져 있다.

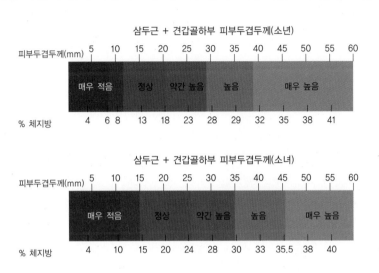

[그림 3-24] 두 부위 피부 두겹 두께 합을 이용한 체지방 기준(6~17세)

ㄷ. 여러 부위 측정치에 의한 체지방량 비교

여러 부위의 피부 두겹 두께 측정치로부터 다음의 추정식에 대입하여 신체 밀도나 체지방률을 추정할 수 있다.

- 브로젝(Brozek) 계산식: 체지방률(%)=(457÷신체밀도)-414
- 시리(Siri) 계산식: 체지방률(%)=(495÷신체밀도)-450

표 3-11		신체 밀도 및 체지방률 추정식
신체 밀도	남자	신체 밀도=1.10938−0.0008267(x_1)+0.0000016(x_1)^2−0.0002574(A)
	여자	신체 밀도=1.0994921−0.0009929(x_2)+0.0000023(x_2)^2−0.0001392(A)
체지방률	남자	% 체지방=0.465+0.180(x_3)−0.0002406(x_3)^2+0.06619(A)
	여자	% 체지방=6.40665+0.41946(x_4)−0.00126(x_4)^2+0.12515(H)+0.06473(A)

A: 연령   H: 허리 둘레(cm) X_1 =가슴, 복부, 허벅지 피부 두겹 두께(mm)의 합
X_2 =삼두근, 허벅지, 장골상부 피부 두겹 두께(mm)의 합
X_3 =가슴, 옆 중심선, 삼두근, 허벅지, 견갑골, 장골상부, 복부 피부 두겹 두께(mm)의 합
X_4 =삼두근, 장골상부, 허벅지 피부 두겹 두께(mm)의 합

② 상완둘레를 이용한 상완 근육둘레 및 면적 산정

이 방법은 신체 내의 단백질 저장 정도를 분석하는 데 비교적 예민도가 높은 방법으로 간주된다. 이 추정치는 삼두박근 부위의 피부 두겹 집기와 상완 위 둘레의 측정치로부터 계산될 수 있다. 임상에서는 환자의 단백질 영양 상태를 판정하는 자료로 이용할 수 있으나, 단기간의 영양처방의 효과나 영양결핍에 의한 변화를 모니터하기에는 예민도가 높은 방법은 아니며 장기간에 걸친 영양 상태를 판정하기에 적합하다. 계산 방법은 다음과 같다.

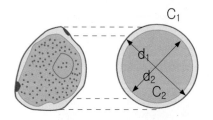

C_1: 상완 위
C_2: 상완 근육둘레
Tsk: triceps 피부 두겹 집기
d_1: 상완 위 지름
d_2: 상완근육부위 지름
π: 3.14

$(C_2) = (C_1) - (\pi \times Tsk)$
$Tsk = 2 \times$ 피하지방 두께 $= d_1 - d_2$
$C_1 = \pi d_1$
$C_2 = \pi d_2 = \pi\{d_1 - (d_1 - d_2)\} = \pi d_1 - \pi(d_1 - d_2) = C_1 - \pi \times Tsk$

구상완 근육면적을 추정하기 위해 다음 식이 사용되며 단위는 mm의 사용이 바람직하다.

$$\text{상완 근육 면적} = \frac{\{\text{상완위} - (\pi \times \text{상완근 피부 두겹 집기 두께})\}^2}{4\pi}$$

[그림 3-25] 상완 근육둘레 및 면적 산정

표 3-12	남녀별 상완 위 근육둘레(MUAMC)의 백분위수												(단위: mm)

연령군 (세)	남자							여자						
	5	10	25	50	75	90	95	5	10	25	50	75	90	95
1~1.9	110	113	119	127	135	144	147	105	111	117	124	132	139	143
2~2.9	111	114	122	130	140	146	150	111	114	119	126	133	142	147
3~3.9	117	123	131	137	143	148	153	113	119	124	132	140	146	152
4~4.9	123	126	133	141	148	156	159	115	121	128	136	144	152	157
5~5.9	128	133	140	147	154	162	169	125	128	134	142	151	159	165
6~6.9	131	135	142	151	161	170	177	130	133	138	145	154	166	171
7~7.9	137	139	151	160	168	177	190	129	135	142	151	160	171	176
8~8.9	140	145	154	162	170	182	187	138	140	151	160	171	183	194
9~9.9	151	154	161	170	183	196	202	147	150	158	167	180	194	198
10~10.9	156	160	166	180	191	209	221	148	150	159	170	180	190	197
11~11.9	159	165	173	183	195	205	230	150	158	171	181	196	217	223
12~12.9	167	171	182	195	210	223	241	162	166	180	191	201	214	220
13~13.9	172	179	196	211	226	238	245	169	175	183	198	211	226	240
14~14.9	189	199	212	223	240	260	264	174	179	190	201	216	232	247
15~15.9	199	204	218	237	254	266	272	175	178	189	202	215	228	244
16~16.9	213	225	234	249	269	287	296	170	180	190	202	216	234	249
17~17.9	224	231	245	258	273	294	312	175	183	194	025	221	239	257
18~18.9	226	237	252	264	283	298	324	174	179	191	202	215	237	245
19~24.9	238	245	257	273	289	309	321	179	185	195	207	221	236	249
25~34.9	243	250	264	279	298	314	326	183	188	199	212	228	246	264
35~44.9	247	255	269	286	302	318	327	186	192	205	218	236	257	272
45~54.9	239	249	265	281	300	315	326	187	193	206	220	238	260	274
55~64.9	236	245	260	278	295	310	320	187	196	209	225	244	266	280
65~74.9	223	235	251	268	284	298	300	185	195	208	225	244	264	279

③ 각종 기기를 이용한 측정

ㄱ. 초음파 이용법

기계로부터 초음파(ultrasound)가 방출되어 지방조직에 침투하면 지방과 근육조직 간 경계면으로부터 초음파 전달 차이를 통하여 체지방조직의 두께가 측정 가능하다. 이 방법을 통해 체지방의 두께 및 분포도를 알 수 있다. 기기에 따라 피하지방이 100mm 이상일 때 1mm까지의 정확도를 보인다. 의학에서 널리 쓰고 있는 방법으로, 방사능 노출 위험이 없어 안전하며 운반하기 용이하지만 기기 구매 비용이 많이 들고 측정기술과 해석에 있어서 숙련을 요한다. 특별한 경우 즉, 피부 두겹 두께로 측정하기 어려운 매우 비만한 사람이나 모순되는 결과의 설명을 위해서 사용하는 것이 좋다.

ㄴ. 총 전기 전도율 측정법

기계에 의하여 전자 자기장이 형성되고 측정기기 위에 측정자를 눕혀놓고 전자기장의 혼란 정도를 비교 측정한다. 즉, 지방 조직은 전도율이 낮고 무지방 조직은 전도율이 높다. 그 이유는 근육조직에서는 수분을 함유하는 데 근거한다. 이와 같이 전기전도율과 전기적 특성이 다른 것을 기초로 하여 체지방을 측정하는 총 전기 전도율 측정법(total body electrical conductivity, TOBEC)은 수중측정 방법보다 간단하고 빠르며 안전한 데 비하여 측정기구의 가격이 비싸며, 부종의 유무나 탈수 정도, 체격 유형이 달라짐에 따라 측정치가 영향을 받는다는 단점이 있다.

ㄷ. 생체 전기 저항 분석법

생체 전기 저항 분석법(bioelectrical impedence analysis, BIA)이란 인체에 전류를 통과시키면 물에 전해질이 녹아 있는 조직(대부분의 제지방조직)은 전류를 전도하나, 지방이나 세포막 같은 비전도성 조직에 의해서는 저항이 나타나는 것을 이용한 체지방량 측정 방법이다. 오른쪽 발목에서 오른쪽 팔목까지 소량의 전류($800\mu A$:50kHZ)를 인체에 흘려 전기 전도율을 측정하여 체지방 함량을 추정해 낸다. 주의할 점으로는 검사 직전에는(검사 전 24~48시간 전) 음주를 제한하여야 하며 심한 운동도 삼가해야 한다. 측정은 식사 후 2시간 후에 해야 하며, 검사 시 피검자는 가운을 입고 일체의 금속성 장신구를 신체로부터 제거해야 한다. 이후 쭉 편 자세로 누워서 손과 발에 전극을 부착하여 측정하게 된다. 측정 방법이 비교적 편리하며, 측정기기가 운반 가능하고 상대적으로 다른 기기에 비하여 저가의 장비이므로 대규모 집단을 대상으로 체지방 함량 분포의 범위가 넓은 집단을 조사할 경우에 적당하다.

ㄹ. 컴퓨터 단층 촬영법

컴퓨터 단층 촬영법(computerized tomography, CT)은 X-ray선(beam)을 이용하며, 빛이 신체의 밀도가 다른 일정 부위를 지날 때마다 가늘어지고 약화되는 상태로 검색기에 전달되는 원리를 이용하여 신체 각 부위 단면의 조직 밀도를 측정하게 된다. 2차원적인 영상도 가능하므로 지방 조직 면적의 측정을 통해 보다 정확한 자료를 얻을 수 있다. 최근 복부비만을 대상으로 내장지방량 측정에 적극 활용되며, 대사성 질환 환자의 복부비만도 판정과 환자 치료 및 교육에 이용되고 있다.

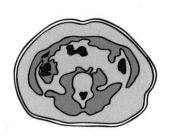 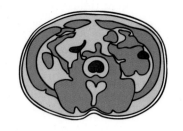

[그림 3-26] 복부비만 컴퓨터 단층 촬영의 예

ㅁ. 자기공명영상법

자기공명영상법(mangnetic resonance imaging, MRI)이란 인체에 가장 많이 존재하는 수소원자의 자기적 특성을 이용한 방법으로 조사대상자가 강력한 자기장이 생성된 원통 기기 속으로 들어가면 체내 수소원자가 체조직 조성에 따라 함유하게 되는 각기 다른 고주파 에너지를 분석하여 영상을 나타내는 것이다. 방사선 노출 없이 체지방의 분포 및 양을 측정하여 안전하고 효과적이나 고가의 장비이므로 일반적 신체계측을 위한 실용화에는 제약이 따른다.

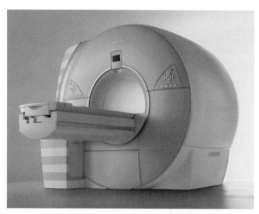

[그림 3-27] 자기공명영상장치

ㅂ. 총 칼륨량 측정법

총 칼륨량 측정법(total body potassium)은 인체 내 칼륨이 90% 이상 세포 내액의 양이온으로 제지방 조직에 존재하며, 체내 모든 칼륨의 0.012%는 자연적으로 칼륨 동위원소(^{40}K)로 존재하여 탐지가 가능한 극미량의 고에너지 Y-선을 방출한다는 점을 이용한다. Y-선 탐지기를 이용하여 총 칼륨량을 측정함으로써 신체조성을 알 수 있으나, 이는 예민한 측정기이므로 비용이 많이 들고 훈련된 기술을 요한다는 제약이 따른다.

ㅅ. 총 체수분량 측정법

총 체수분량 측정법(total body water, TBW)은 체지방 조직에는 수분이 없으므로 수분은 제지방 조직에만 있으며, 제지방 조직의 평균 수분함량은 약 73.2%라는 가정에 근거하는 방법이다. 방사선 동위원소를 경구 또는 비경구적으로 투여하여 체내에 있는 수분과 평행이 될 때까지 약 2~6시간 정도를 기다린 후 혈액, 소변 또는 침 등을 분석하여 동위원소의 양이 체내 총 수분량에 의해 희석된 정도를 측정하는 방법이다.

4. 측정결과의 해석

신체계측 수치를 이용한 영양불량이나 영양 과잉 판정에 있어서 판정 기준치의 선택은 매우 중요하다. 기준치라 함은 통계적으로 대표 값이 될 만한 건강하고 영양 상태가 좋은 정상집단의 평균치를 의미하게 된다. 세계보건기구(WHO)에서는 조사 대상이 속하는 인구 집단(같은 인종, 성, 연령)의 평균을 기준으로 +1SD, +2SD를 판정의 기준점으로 잡을 것을 제안하였으며, +2SD 이상과 −2SD 이하에 해당되는 계측치를 영양 상태가 극히 비정상인 것으로 판정하도록 권장한 바 있다.

(1) 표준편차계산을 통한 확률적 판정

개인 측정치의 편차계산(standard deviation score)을 통해 판정하는 방법으로 기준집단의 중앙값에 비하여 표준편차 지수(SD Score, Z-score)가 얼마나 되는가를 계산한다. 표준편차 점수의 계산은 다음과 같다.

표준편차 점수(Z-score)
= (개인의 신체계측 측정값 - 참고 집단의 중앙값)÷참고 집단의 표준편차 값

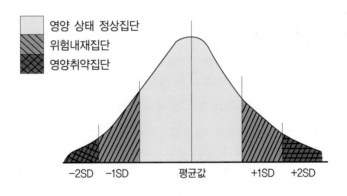

[그림 3-28] 표준편차 점수에 대한 집단의 영양판정 기준

(2) 백분위수를 통한 판정

측정 집단의 전체를 100으로 보고, 판정대상자를 신체계측한 값이 백분위수(100 percentiles)의 어디에 위치하는가를 판정하는 방법이다. 한국 소아·청소년 표준성장도표(2007)는 연령별, 성별 한국 소아 발육 표준치와 비교하여 백분위수 범주를 확인·평가함으로써 판정대상자의 측정치가 전체 집단의 분포에 비하여 어느 분위(위치)에 속하는가를 비교하여 영양 상태의 판정을 내릴 수 있도록 되어 있다.

신체계측의 기준치

신체계측 결과로부터 집단이나 개인의 영양 상태를 평가하기 위해서는 통계적으로 대표 값이 되는 정상집단의 수치가 기준치로서 마련되어 있어야 한다. 신체계측기준치에는 세계적으로 널리 사용하고 있는 국제기준치와 각 나라의 지역주민으로부터 측정된 지역기준치가 있다.

① 국제기준치: 세계보건기구(WHO)의 성장표준치

세계보건기구(WHO)에서는 세계 어린이 성장발육을 평가할 수 있는 국제적 기준의 성장표준치를 개발하여 제시하였다. 이는 체중, 신장, 신장체중, BMI, 머리 둘레, 팔 둘레, 견갑골 피부 두겹 두께, 삼두근 피부 두겹 두께 등에 대해 백분위수와 표준편차점수를 제시하고 있다.

② 지역기준치(local standards)

• 소아·청소년 표준 성장도표

보건복지부와 대한소아과학회에서 개발하여 제시한 것이다. 1965년 개발된 이후 약 10년마다 개정되고 있는데, 2007년에 발표된 개정본에는 표준성장도표가 제시되어 있다

소아·청소년 표준성장도표는 연령별 성별에 따른 체중, 신장, 머리 둘레, 신장별 체중, BMI 등 각 신체항목별 백분위수를 제시하고 있다.

• 한국인 인체치수조사(size Korea)

산업자원부 기술표준원에서 1979년부터 약 6년마다 국민표준체위조사를 실시하여 산업계가 필요로 하는 인체치수정보를 지원하고 있다. 영양판정에 이용할 수 있는 신체계측과 관련 기준치로는 키, 체중, 가슴 둘레, 허리 둘레, 상완 둘레, 장딴지 둘레, 허벅지 둘레 등이 있다.

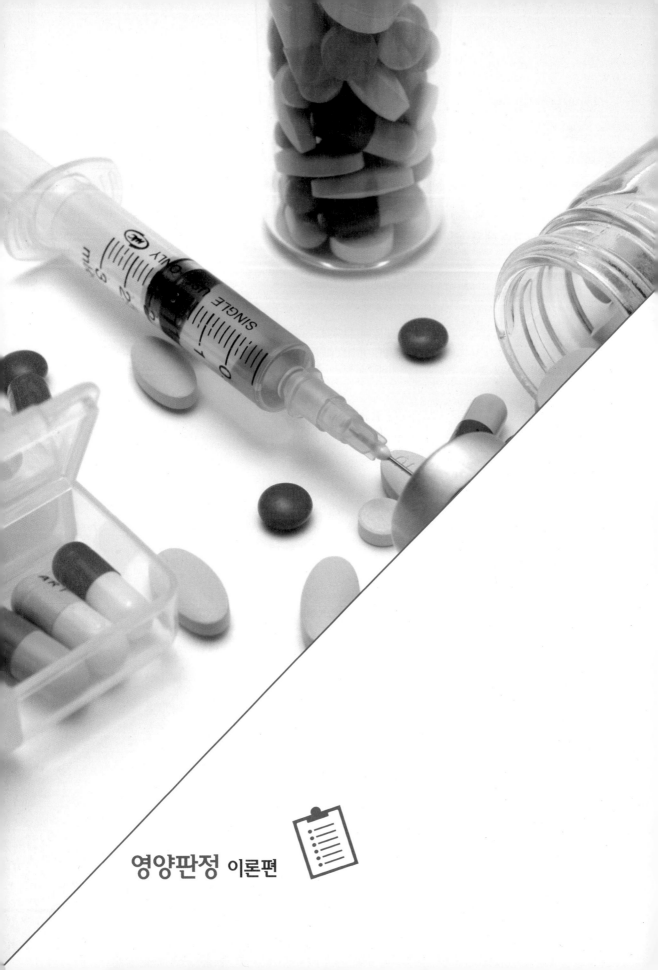

영양판정 이론편

04

생화학적 검사와 영양판정

건강검진결과 통보서

검사항목	검사	참고치	검체
AST(U/L)	23	<34	
ALT(U/L)	21	<39	
BUN(mg/dL)	17.4	9~23	
Creatinine(mg/dL)	1.08	0.52~1.10	
Cholesterol, total(mg/dL)	163	<200	
HDL Cholesterol(mg/dL)	52	40~60	Serum
LDL Cholesterol(mg/dL)	99	<130	
Triglyceride(mg/dL)	79	<150	
Glucose(mg/dL)	135	30~110	
HbA1c(%)	6.5	4.0~6.0	
Hemoglobin(g/dL)	16.5	13~17	
Hct(%)	48.9	39~52	

45세 직장여성 박OO씨는 최근 건강검진에서 다음과 같은 검사결과를 받았다.

이 검사결과에 의하면 현재 박OO씨의 영양 상태는 어떤가?

학습목표

- 생화학적 영양판정의 정의와 특징에 대해 이해한다.
- 생화학적 조사 방법의 유형에 대해 이해한다.
- 생화학적 조사시료의 종류와 각 특징에 대해 이해한다.
- 각 영양소별 생화학적 조사 방법의 원리와 특징을 이해하고 영양판정 시 적용할 수 있다.

1. 생화학적 영양판정 개요

생화학적인 분석을 통한 방법은 영양 상태의 판정에 있어서 객관적이며 정확한 수치 자료를 얻을 수 있는 평가 방법이다. 주관적인 요소의 개입을 배제할 수 있는 가장 객관적인 도구라고 할 수 있다. 그러나 영양지도 시에는 생화학적 지표 하나로 확정적인 판단을 내리기보다는 대상자의 식사섭취 상태와 건강 상태를 종합적으로 분석하여 지도하는 것이 바람직하다. 생화학적 검사 시료는 신체 체액, 혈액, 소변, 조직 등이 사용되는데 이들 시료에 함유된 영양소 함량은 식사섭취량, 소화관의 흡수 정도, 체내 영양소 운반, 이용 및 대사 등에 영향을 받는다.

생화학적 방법은 영양 상태의 평가 시 정확하고 객관적인 자료를 제시하지만 분석 방법의 결과를 해석함에 있어서 특정 영양소의 영향이 아닌 질병, 약물, 분석상의 기술적인 문제를 다시 고려해야 한다[표 4-1].

표 4-1 생화학적 분석 검사의 결과 해석에 영향을 주는 요인

• 신체 내의 자동조절 기전	• 용혈 정도
• 일간 변동	• 약물
• 시료의 오염	• 질병의 상태
• 생리적 상태	• 영양소의 상호작용
• 감염	• 감염으로 인한 스트레스
• 호르몬의 수준	• 체중 감소
• 육체적 운동량	• 표본 채취 방법
• 나이, 성, 인종	• 분석 방법의 정밀성과 정확성
• 최근의 식사섭취량	

영양 상태를 판별하는 생화학적 분석 검사는 사용목적에 따라 다음과 같이 분류할 수 있으며, 영양소의 종류와 측정 방법의 상대적인 난이도나 경제성에 따라 적절한 방법을 선택한다[표 4-2].

표 4-2	판정의 목적에 따른 생화학적 분석 방법
판정 목적	**생화학적 분석 내용**
영양소의 섭취와 흡수의 적절한 정도 판정	• 혈액 내의 영양소 농도의 측정 • 특정 영양소의 소변 내 분비량 측정
영양소의 이용 정도와 영양적인 문제로 인한 대사상의 이상 판정	• 특정 영양소의 소변 내 대사물 측정 • 혈액 내 비정상적 대사산물의 측정
보조 효소로써 영양소의 이용 정도 판정, 영양결핍이 있을 때 신체 대사의 적응 정도 판정	• 특정 영양소의 섭취와 연관된 혈액 구성성분이나 효소 및 호르몬의 활성도 측정
영양소 이용에 생화학적 장애와 결핍 증세 사이의 차이점을 판별하려는 치료적인 차원의 판정	• 특정 영양소의 투여나 포화도 혹은 방사선 동위원소 투여에 대한 반응 정도 측정

2. 생화학적 조사 방법의 유형

영양 상태를 판정하는 데 사용되는 생화학적 방법은 일반적으로 성분 검사와 기능 검사로 나누어진다.

(1) 성분 검사(직접 분석법)

성분 검사법 또는 직접 분석법은 영양소와 혈액, 소변 또는 체조직에 함유되어 있는 영양소의 양이나 영양소의 대사산물(혈청 알부민, 칼슘, 또는 비타민 A 등)을 측정하는 방법이다. 이러한 방법은 가장 직접적으로 유효한 자료를 얻을 수 있으나 신체의 항상성 조절 기전에 의한 결과 해석에 제한이 따른다. 특정 체조직 또는 체액 속에 존재하는 영양소의 수준이 곧 개인의 영양과잉이나 결핍을 전적으로 반영하지는 않기 때문이다.

직접적인 성분 측정 방법은 첫째, 체액이나 조직 내의 영양소 함량을 측정하는 것으로 혈액, 적혈구, 백혈구, 조직, 머리카락, 손톱이나 발톱 등이 대상이 된다. 대개는 전혈이나 혈액의 일부가 분석에 이용된다. 둘째, 소변 내에 영양소의 배설 정도를 측정함으로써 영양 상태의 평가가 가능하다. 소변을 통한 배설물을 분석함으로써 무기질, 수용성 비타민 B 복합체, 비타민 C, 단백질 등의 영양 상태를 신장의 기능이 정상일 때에 한하여 평가할 수 있다.

(2) 기능 검사(간접 분석법)

기능 검사법 또는 간접 분석법은 특정 영양소에 의존하여 작용하는 효소의 활성을 측정하거나 특정 영양소의 대사산물 혹은 생리적·행동적 기능을 측정함으로써 특정 영양소의 섭취 상태를 판정하는 것이다. 즉, 체내 영양소의 상태에 따라 생리기능을 수행하는 데 관련된 효소와 기능적 행동에 변화가 생길 수 있다는 점을 기초하여 실시한다. 간접 측정 방법의 예를 들면 암반응의 상태를 측정하여 비타민 A의 결핍 여부를 판정하는 검사와 트립토판의 투여 후에 요 중 잔튜레닉산(xanthurenic acid) 농도를 측정하여 비타민 B_6의 결핍 정도를 판단하는 검사나 단백질, 열량 부족으로 인하여 발생된 영양불량의 결과로써 면역 기능과 관련된 상태를 측정하는 방법 등이 있으며, 많은 기능성 검사법들이 계속적으로 개발되고 있다.

이러한 기능 검사 방법은 일반적인 영양 상태를 판정하는 데 유용한 방법이기는 하지만 특정 영양소의 결핍증을 평가하는 데에는 부적합한 면이 있다. 그러나 성분 검사법보다는 영양불량의 정도를 판정하는 지표로서 타당성이 큰 것으로 알려지고 있다. 기능 검사법에는 다음과 같은 종류가 있으며, [표 4-3]에는 특정 영양소의 결핍이나 이상 여부를 판단하기 위해 생체 내 물질을 투여하여 영양소의 기능을 측정하는 방법을 제시하였다.

기능 검사법의 종류

① 혈액이나 소변 내 비정상적 대사산물의 농도를 측정

② 혈액 구성성분이나 효소 활성도의 변화를 측정하며 그 예로서 철분의 경우 혈액 내 헤모글로빈 농도를 측정

③ 생체 외에서 생체 내 기능성에 관한 실험으로 아연, 철분, 단백질-에너지 결핍 여부는 단백질 합성 관련 물질의 합성도 측정

④ 생체반응을 유도하거나 투여 검사를 실시하며 단백질-에너지 부족이나 아연 결핍 시 피부의 과민반응 능력이 저하

⑤ 생체반응을 자극하는 방법으로 비타민, 아연 결핍 시 맛에 대한 감각 측정, 비타민 A 결핍 여부는 암반응 능력 저하 측정

⑥ 성장과 발달 검사로 아연의 영양 상태는 성적 성숙도를 측정, 단백질-에너지의 영양 상태는 성장 속도를 측정, 철분의 영양 상태는 인지수행능력 검사를 통해서 가능

⑦ 각종 영양소에 의한 신체의 기능성을 검증함으로써 영양불량의 정도를 판정

표 4-3	판정의 목적에 따른 생화학적 분석 방법	
	방법	**특징 및 이용도**
투여 검사 (load test)	구강이나 근육, 정맥으로 영양소를 주입하고, 주입 후 일정시간이 지나면 소변을 채취하여 영양소나 대사산물의 배설 정도를 측정한다.	• 해당 영양소의 결핍 상태에는 장내에서 그 영양소의 흡수율이 증가되므로 혈청 내 농도가 상대적으로 빠른 속도로 증가된다.
내약력(허용한도) 검사(tolerance test)	상당히 많은 양의 영양소를 투여 후 혈장 내의 영양소의 농도를 측정한다.	• 해당 영양소의 결핍 상태에는 장내에서 그 영양소의 흡수율이 증가되므로 혈청 내 농도가 상대적으로 빠른 속도로 증가된다. • 혈장 출현 시험(plasma appearance test)이라고도 하며, 아연이나 망간 등의 영양 상태를 평가하기 위해 사용한다.
동위원소 희석법 (isotope dilution method)	방사선 동위원소 처리된 영양소(isotope)를 구강이나 정맥을 통해 투여한 후 일정 시간이 지나 평형 상태에 도달하면 혈장이나 혈액 내에 나타난 미량의 동위원소량을 희석법으로 측정한다.	• 신체 내 특정 영양소의 저장고의 크기를 측정한다. 장기간에 걸쳐 영양 상태가 나쁜 사람은 신체 내 저장고(pool size)가 작다.
지연형 면역성 검사(delayed cutaneous hypersensitivity, DCH)	알고 있는 반응 유도 항체를 이용하며, 일정한 시간적 간격을 두고 항체를 투여하여 이에 대한 반응을 조사한다.	• 단백질-에너지 결핍 시나 아연, 셀레늄, 철 등 부족 시에는 면역반응이 전반적으로 저하되는 것으로 나타난다. 그러나 특정 영양소의 결핍 여부의 판정에는 어려움이 있다. 비영양학적 변수의 영향도 받으며 즉, 감염, 질병, 호르몬 분비 상태, 연령, 인종, 약물, 순환기장애, 전해질 불균형 등이 면역반응 속도에 영향을 줄 수 있다. • 주로 병원에 입원한 환자를 대상으로 면역반응 정도를 측정하는 데 빈번히 사용한다.

3. 생화학적 조사시료

(1) 혈액

혈액은 세포 성분인 혈구와 액상 성분인 혈장으로 구분되며 혈구류에는 적혈구, 백혈구 및 혈소판 등이 있다. 혈액은 실험목적에 따라 전혈, 혈청, 혈장, 적혈구, 백혈구 등 여러 형태로 분리하여 사용할 수가 있다. 혈액을 원심분리한 후의 혈액 조성은 다음과 같다[그림 4-1].

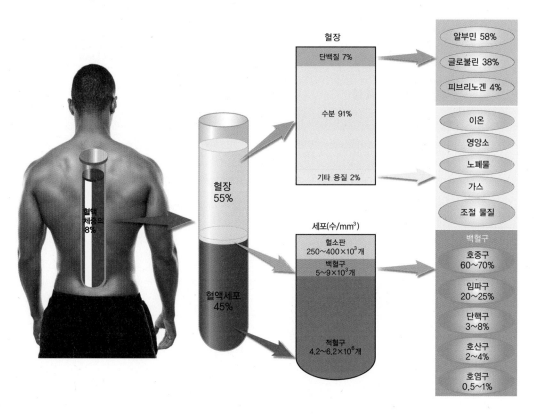

[그림 4-1] **혈액의 구성성분**

혈장(plasma): 채취한 혈액에 항응고제(헤파린, EDTA, 옥살산 등)를 처리해 원심분리한 후 혈구를 제거하고 남은 액체 성분

혈청(serum): 항응고제를 처리하지 않고 수집한 혈액을 원심분리하여 얻은 액체 성분, 응고인자(피브리노겐 등)가 제거된 상태

혈액은 쉽게 채취할 수 있고, 다른 시료의 채취 방법에 비하여 비교적 거부감이 덜하며 분석 또한 용이하다. 혈액은 신체 내에서 일어나는 각종 대사물을 신체 각 기관으로 전달 및 이동하는 역할을 담당하고 있다. 건강한 사람은 변동폭이 매우 좁다. 건강인은 일정한 수준의 혈액 내 물질을 함유하고 있으며 이를 신체의 항상성(homeostasis)이라고 한다.

식사 내 함유된 식품의 섭취는 함유물질에 따라 장기 및 단기간 혈액의 항상성에 영향을 줄 수 있다. 그러므로 특히 식사 내 함유된 특정 영양성분과 관련된 혈액성분을 분석함으로써 개인의 영양 상태나 식사요법의 실천 효과 등을 평가할 수 있다. 대규모 국민건강영양조사 등에서 혈액의 분석치를 측정함으로써 각종 영양소의 섭취 현황 및 이와 관련된 질환 등을 추정해 볼 수 있다.

표 4-4	혈액의 특성
분석 대상	특징
혈장·혈청	• 새로 흡수된 영양소를 운반하여 조직으로 이동시키므로 혈중 영양소 수준은 최근의 식사섭취 상태 반영 • 조사 직전에 섭취한 식사의 영향을 줄이기 위해 공복 상태의 혈액 검사
적혈구	• 적혈구는 평균 반감기가 120일이므로, 적혈구 내에는 비교적 장기간에 걸친 영양 섭취 상태가 반영됨 • 분석법이 매우 어려움 • 적혈구 내 영양소의 함유량이 극히 낮음
백혈구	• 임파구나 중성구 등은 반감기가 짧기 때문에 단기간 동안 영양 섭취 상태 반영에 매우 용이 • 신체의 영양결핍 여부를 신속히 반영

(2) 소변

생체 내에 불필요한 대사산물은 수분과 함께 요를 통해 체외로 배설된다. 신체의 건강 상태는 소변 내의 물질의 성분이나 농도와 밀접한 관계가 있다. 건강 상태에 이상이 있을 경우 소변 내에 단백질, 당질, 케톤체나 담즙색소 및 혈액 등이 섞여서 배출된다. 영양 상태 판정을 위한 소변 시료로는 24시간 요가 가장 적합하나 경우에 따라서 아침 공복 시 첫 번째 소변을 사용하기도 한다. 정상인 요의 일반적인 특성은 다음의 [표 4-5]와 같고, 식품 섭취 유형이나 신체의 생리적 변동이 있을 때 요 성분 변화는 [표 4-6]과 같다.

표 4-5	소변의 일반적인 특징	
	정상뇨(건강성인)	질병이 있을 경우
요량	• 보통: 1,000~1,500mL/일 • 음식물 섭취와 발한 정도에 따라 차이 • 배뇨 횟수는 보통 4-6회	• 다뇨: 2,000mL 이상(예: 당뇨병 등) • 결핍뇨: 500mL 이하(예: 급성신장염) • 무뇨: 100mL 이하(예: 신장염) • 빈뇨: 요량의 증가 없이 배뇨 횟수만 증가함 (예: 방광염)
비중	• 1.002~1.030 범위 내 • 24시간 채뇨의 경우 1.015 전후	• 신장기능부진 시 비중의 범위가 축소 • 고비중뇨(1.030 이상, 예: 당뇨병, 열성 질환자로 수분손실 증가 시)

탁도	• 맑음 • 방치 시 부유성의 침전물 생성	• 혼탁(예: 세균성뇨)
색	• 담황색이나 황갈색	• 수분이 많아 투명함: 요붕증, 당뇨성 질환 • 형광황색: 비타민제(비타민 B_2) 복용 시 • 황갈색: 간 질환
색상과 비중	• 보통 색이 진할 경우 고비중	• 고비중이나 담황색의 다뇨: 당뇨병
양과 색	• 보통 소량일 때 진한 색	• 요량은 소량이나 색이 담황색으로 옅음: 신장 기능 부진
pH	• 약산성이며 pH 6.0 부근 음식물의 섭 취에 따라 pH는 4.5에서 8.0 범위 내 로 변동이 됨 • 일반적으로 동물성 식품섭취 시: 산성 경향 식물성 식품섭취 시: 알칼리성 경향 기아나 격렬한 운동 후: 산성 경향	• 열성 환자: 산성 경향 • 체단백질 분해가 일어나는 사람: 산성 경향 • 대사성, 호흡성 산증(acidosis): 산성 경향 • 세균뇨: 알칼리성 경향
냄새	• 1종 방향성 향기 정상인의 경우에도 취침 후나 음식을 섭취한 직후에 채뇨한 경우에는 특이 한 냄새가 날 수 있음	• 케톤체가 다량 함유된 요에서는 과일 향기와 유사한 냄새가 남

표 4-6 소변 중 단백질 대사산물의 변화 및 그 이유

	정상뇨(건강성인)	변동 요인과 변화 경향	
요소	15~30g/일 (보통의 혼합식이 섭취기준)	동물성 식품의 다량 섭취	증가
		체단백질의 이화작용 촉진 시(열성 소모성 질환자, 기아)	증가
		간 실질장애, 신장기능장애, 당뇨성 산증	감소
암모니아	0.3~1.2g/일 (평균 0.7g/일)	단백질 식품의 과잉섭취	증가
		간 질환, 당뇨성 산증	증가
		식물성 식품 위주의 식사	감소
크레아티닌	0.5~1.5g/일	요 중 크레아티닌 배설량은 개인의 근육량을 나타내는 지표로 서 일일 배설량은 일정 수준을 유지하는 경향	
		성장기, 운동 후	증가
		고령자, 채식주의자	낮음
		기아(단백질 결핍으로 인한 근육량 감소)	감소
		진행성 근육위축증, 중증신장기능부진	감소

요 중 총 질소량	10~15g/일	질소평형은 개인의 영양관리 차원에서 중요, 단백질 섭취량의 증감에 따라 질소평형에는 변화가 옴	
		고단백식사 시	증가
		열성소모성 질환자 기아, 외상	증가
		수술 후 환자, 당뇨병 환자, 신증후군 환자	증가
		저단백–고탄수화물 식사, 심한 간 손상, 임신 말기(드물게 나타남)	감소

(3) 기타

혈액, 소변 이외에 조직, 모발, 손톱, 발톱에서 영양소나 그 대사물의 농도 측정이 가능하며 그 특징은 [표 4-7]과 같다.

표 4-7	기타 생화학적 분석 시료 및 특성
분석 시료	**특성**
조직	• 철분, 비타민 E, 칼슘 등을 주로 측정 • 조직의 채취가 매우 어렵고, 피검자에게 부담을 주는 방법 • 임상에서 특정 질환의 진단에만 이용
머리카락	• 미량 영양소의 결핍이나 과거의 미량 영양소의 영양 상태를 반영하는 만성적인 지표로 사용 • 시료의 추출이 용이하고 보관 도중 파괴되지 않으며, 보관이 용이 • 시료의 채취는 머리 뒤쪽 아래의 경사부분에 위치한 머리카락을 1.5~2cm 정도 채취
손톱, 발톱	• 셀레늄과 같은 미량 영양소의 영양 상태에 대한 장기 지표로 사용 • 시료 추출이 용이

4. 영양소별 생화학적 조사 방법

(1) 단백질 영양 상태

체중이 70kg인 경우 신체 내 약 10~13kg의 단백질을 가지고 있다. 이 단백질 중 일부는 신체 조직을 구성하는 역할을 하며, 일부는 신체의 조절 기능을 담당하고 있다. 체조직을 구성하는 단백질 중에서 결체 조직과 연골 등에 존재하는 단백질은 신체의 영양 상태에 거의 영향을 받지 않고 안정적으로 존재한다. 반면, 근육 내 단백질, 혈액이나 장기 등 연조직에 존재하는 내장 단백질은 영양이 부족하거나 질병이 있을 때 변화가 있게 된다.

1) 근육단백질량

① 요 중 크레아티닌량

근육의 주성분인 근육단백질은 체단백질의 약 1/4 정도로 조직단백질 중 가장 높은 함량을 차지한다. 신체 내에 존재하는 크레아틴(creatine)은 98%가 근육 내에 있으며, 안정된 화합물인 크레아티닌(creatinine)으로 대사되어 소변으로 배설된다. 크레아티닌 배설량은 근육량에 비례하므로 24시간 요 중 크레아티닌 양을 측정하여 체근육량을 알 수 있다. 요 중 크레아티닌 배설량은 격심한 운동, 육류 및 단백질식품섭취 증가, 감염, 발열 시에 증가하는 반면 노화, 월경, 만성심부전증일 때 감소한다.

측정된 수치는 환산식에 의하여 크레아티닌-신장지수(creatinine height index, CHI)를 계산할 수 있으며 이를 통하여 신체 내 체단백질의 보유 정도를 측정한다. 크레아티닌-신장지수는 대상자의 24시간 크레아티닌 배설량을 신장별 요 중 크레아티닌 배설 기준치 [표 4-8]와 비교하여 단백질 결핍 정도를 판정하는 지표이다.

$$CHI(\%) = \frac{측정대상자의\ 24시간\ 크레아티닌\ 총\ 배설량}{측정대상자와\ 동일한\ 키의\ 정상인의\ 크레아티닌\ 배설량} \times 100$$

$$\% \ 결핍도 = 100 - CHI$$

% 결핍도를 기준으로 단백질의 결핍 정도를 판정
5~15%: 약간의 단백질 결핍
15~30%: 중등도의 단백질 결핍
30% 이상: 심한 단백질 결핍

표 4-8	신장에 따른 24시간 요 중 크레아티닌 배설량 기준치		
남자		여자	
신장(cm)	크레아티닌(mg)	신장(cm)	크레아티닌(mg)
159.5	1,288	147.3	830
160.0	1,325	149.9	851
162.6	1,359	152.4	875
165.1	1,386	154.9	900
167.6	1,426	157.5	925
170.2	1,467	160.0	949
172.7	1,513	162.6	977
175.3	1,555	165.1	1,006
177.8	1,596	167.6	1,004
180.3	1,642	170.2	1,076
182.9	1,691	172.7	1,109
185.4	1,739	175.3	1,141
188.0	1,785	177.8	1,174
190.5	1,831	180.3	1,206
193.0	1,891	182.9	1,240

② 3-메틸 히스티딘 배설량

3-메틸 히스티딘은 골격근육 섬유의 액틴과 미오신에만 함유되어 있는 아미노산으로 액틴과 미오신이 분해되면 3-메틸 히스티딘이 방출되어 소변으로 배출된다. 따라서 소변 3-메틸 히스티딘 배설량은 식사로부터 섭취되는 것이 없는 경우 근육량을 반영하게 된다. 3-메틸 히스티딘 배설량은 연령, 성별, 성숙도, 호르몬 상태, 운동량, 질병 등 여러 요인에 의해 영향을 받는다는 제한이 있다.

2) 내장 단백질

내장 단백질은 혈청 단백질과 간, 신장, 췌장, 심장 등의 장기에 있는 단백질이다. 주로 간에서 합성되는 혈청 단백질량은 체내 단백질량과 항상 비례하는 것은 아니나 영양 상태의 변화를 비교적 정확하게 반영해 주며 환자의 이환율 및 사망률과 상관관계가 있으므로 영양 상태의 중요한 지표로 사용된다. 혈청 단백질의 신체 내 보유량은 체단백질에 비하여 상대적으로 소량이다. 쉽게 표본 채취가 가능하며, 생화학적 반감기가 짧다는 특징이 있다. 또한 단백질-에너지 결핍 정도에 따라 비율적으로 감소하기 때문에 단기간의 영양 상태 판정의 좋은 지표이다. 단백질 영양판정에 사용되는 주요 혈청 단백질과 판정기준치는 [표 4-9]와 [표 4-10]에 제시되었다.

표 4-9 단백질 영양판정에 사용되는 주요 혈청 단백질

혈청 단백질	정상치(범위)	반감기	기능
알부민	4.5(3.5~5.0)g/dL	18~20일	혈중 삼투압 유지, 소분자들의 운반체 역할
트랜스페린	230(260~430)mg/dL	8~9일	혈중 철과 결합하여 골수로 운반
프리알부민	30(20~40)mg/dL	2~3일	티록신과 결합, 레티놀 결합단백질 운반체
레티놀 결합단백질	2.6~7.6mg/dL	12시간	혈중에서 비타민 A 운반, 프리알부민과 비공유 결합
피브로넥틴	혈장 292±20mg/dL 혈청 182±16mg/dL	4~24시간	다양한 조직에 존재하는 당단백질로서 백혈구 활성화와 상처 회복에 관여
인슐린 유사 성장요인-1	0.83(0.55~1.4)IU/mL	2~6시간	인슐린 유사 펩타이드의 일원으로서 지방, 근육, 연골, 세포에서 동화작용 촉진

표 4-10 혈청 단백질 영양판정 기준치

종류	단백질 영양 상태 판정기준			
	정상	약간 부족	부족	결핍
총 단백질(g/dL)	≥6.5	6.0~6.4		<6.0
알부민(g/dL)	4.5(3.5~5.0)	2.8~3.4		<2.8
트랜스페린(mg/dL)	>200	150~200	100~150	<100
프리알부민(mg/dL)	20~40	10~15	5~10	<5
레티놀 결합단백질(mg/dL)	2.6~7.6			

① 혈청 총 단백질

측정이 용이하므로 영양판정에 많이 이용하나 신체의 단백질 영양 상태를 예민하게 반영하는 수치는 아니다. 혈청 단백질 농도가 감소하는 데 영향을 미치는 요인으로는 단백질의 섭취부족과 대사이상 및 간 질환 등에 의한 것과 열량이나 비타민, 무기질의 부족에 의한 단백질의 합성 감소 등이며, 특수한 경우로 임신이나 혈관의 투과성의 변화, 약물 복용, 심한 운동 시에도 감소하게 된다.

② 혈청 알부민

반감기가 길기 때문에 영양부족을 초기에 신속히 반영할 수 있는 지표는 아니나, 신체 내의 단백질과 에너지의 만성적인 결핍 상태를 반영하는 지표로 단백질 영양 상태 판정에 가장 많이 이용된다. 알부민은 주로 간에서 생성되어 신체의 삼투압 유지에 중요한 역할을 담당하고 있다. 특히 영양결핍 중 콰시오커에서는 마라스무스에 비하여 혈청 알부민의 뚜렷한 감소가 관찰된다. 한 달 이상에 걸친 장기간의 단백질 결핍 시 혈청 알부민의 수준은 감소하게 된다. 혈청 알부민 수치를 변화시키는 요인은 [표 4-11]과 같다.

표 4-11	혈청 알부민 농도에 영향을 미치는 요인
증가 요인	**감소 요인**
• 탈수 상태 • 알부민 주사 시	• 단백질의 섭취부족 • 소화와 흡수 이상 • 간 기능 장애에 의한 합성 이상 • 신장 질환이나 화상 등에 의한 손실 증가 • 암 등의 질환에 의한 대사 이상

③ 혈청 트랜스페린

간에서 합성되는 베타-글로블린 단백질이며 혈액내에서 철과 결합하여 필요한 부위로 운반하는 역할을 한다. 반감기가 8~9일로 알부민에 비하여 짧고, 체내의 저장량이 적으므로 (<100mg/kg 체중) 영양결핍의 초기에 양적인 변화를 보인다. 직접 측정도 가능하나 그보다는 트랜스페린의 총 철 결합능력(total iron binding capacity, TIBC)로부터 간접적으로 산출하는 방법이 많이 이용된다.

$$혈청\ 트랜스페린(mg/dL) = 0.8 \times TIBC\text{-}43$$

반감기가 짧으며 체내 저장량이 적기 때문에 단백질 결핍 여부를 초기에 판정할 수 있는 지표이나, 측정 방법이 복잡하고 정밀성을 요하며, 시간과 비용의 소요가 크므로 일상적인 영양조사에 많이 이용되지 않는다. 혈청 트랜스페린 수치에 영향을 미치는 요인은 [표 4-12]와 같다.

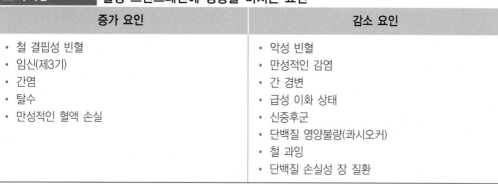

표 4-12 혈청 트랜스페린에 영향을 미치는 요인

증가 요인	감소 요인
• 철 결핍성 빈혈 • 임신(제3기) • 간염 • 탈수 • 만성적인 혈액 손실	• 악성 빈혈 • 만성적인 감염 • 간 경변 • 급성 이화 상태 • 신증후군 • 단백질 영양불량(콰시오커) • 철 과잉 • 단백질 손실성 장 질환

④ 혈청 프리알부민

프리알부민은 트랜스타이레틴(transthyretin)이라고 하며, 티록신과 레티놀 결합 단백질의 운반 단백질로서 반감기가 2~3일로 매우 짧고, 체내 저장고도 매우 작다. 따라서 알부민이나 트랜스페린보다 최근의 단백질 영양 상태의 변화를 잘 반영하는 매우 예민한 지표이다. 제한점으로는 단백질 섭취가 부족해도 에너지 섭취가 충분하면 혈청 수준이 증가할 수 있다는 점이 있다. 또한 외상, 급성감염, 간 질환, 염증, 수술 등 대사율이 갑자기 높아지는 경우에 감소하는 반면, 신장투석을 하는 만성신부전 환자에게서 증가한다.

⑤ 혈청 레티놀 결합 단백질

레티놀의 운반체인 레티놀 결합 단백질은 프리알부민과 같이 최근의 식사섭취 상태를 잘 반영하는 지표이다. 반감기가 10~12시간으로 단백질과 칼로리 공급 시 매우 민감하게 반응하나 정확한 측정이 어렵고 판정 기준치도 없다는 제한점이 있다. 신장질환 시 수치가 증가하며, 비타민 A 결핍, 갑상선 기능 항진증, 낭포성 섬유종, 간 질환 등 대사율이 증가하는 조건에서 감소한다.

3) 질소평형

질소평형은 질소 섭취량과 배설량을 비교하는 방법으로, 성장기 아동, 외상, 수술 및 질병으로부터 회복되는 동화 상태일 때 양의 질소 평형이 이루어진다. 반면 단백질 섭취부족, 감염, 외상, 수술 및 암 등의 과대사 상태에서는 질소섭취보다는 배출이 많은 음의 질소평형이 나타난다. 질소평형을 구하는 공식은 다음과 같다.

$$질소평형(g) = \frac{단백질\ 섭취량(g)}{6.25} - 요\ 요소\ 배설량(g/일) - 4g$$

요 요소 배설량: 24시간 요 중 질소 배설량
4g: 대변, 피부, 체액 등으로 배설되는 질소의 총량

4) 면역기능 측정

단백질의 결핍으로 인한 영양불량은 체내의 면역기능을 저하시켜 감염 등에 대한 저항력을 감소시키게 되므로 단백질 영양 상태 판정 시 면역 기능 측정결과를 참고자료로 사용한다. 면역기능 검사로는 총 임파구 수 측정과 지연형 피부과민 반응 검사가 있다.

① 총 임파구 수

총 임파구 수(total lymphocyte count, TLC)는 측정된 백혈구의 수에 대한 임파구의 비율로 계산한다. 총 임파구 수의 정상범위는 2,000~2,500cells/mm³이며 단백질 영양불량이면 감소한다. 영양 상태 이외에도 암, 감염, 염증, 스트레스, 패혈증, 면역억제제 등의 약물에 의해 감소하므로 영양판정 시 이를 고려해야 한다.

$$총\ 임파구\ 수 = \frac{총\ 백혈구\ 수(cells/mm^3)}{100} \times 임파구\ 비율(\%)$$

1,200~1,800cells/mm³: 경미한 영양불량
800~1,200cells/mm³: 중등 정도의 영양불량
<800cells/mm³: 심한 영양불량

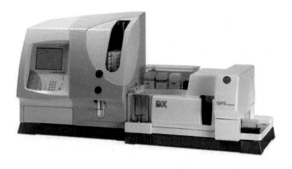

[그림 4-2] blood cell counter

② 지연형 피부과민반응

지연형 피부과민반응(delayed cutaneous hypersensitivity, DCH)은 세포매개성 면역기능을 측정하는 방법으로 피부에 소량의 항원을 주사한 후 대상자의 반응을 관찰한다. 24~72시간 후 주사 부위가 직경 5mm 이상 부어오르며 단단해지고 붉은색을 띠면 정상이며, 영양불량으로 인해 면역능이 저하된 경우에 반응이 나타나지 않는다. 단백질 부족 이외에 비타민 A, 비타민 B, 아연, 철 결핍에도 영향을 받는다.

(2) 지질 영양 상태

혈중지질농도는 식사섭취내용과 관련이 있으며, 특정 혈중지질성분은 동맥경화의 촉진인자로 알려져 대사성 질환인 생활습관병의 예방에 있어 중점관리대상으로 인식되고 있다. 정상인의 공복 혈청지질농도는 [표 4-13]과 같다.

표 4-13	정상인의 공복 시 혈청 지질 농도
지방의 종류	**기준농도(mg/dL)**
총 지방	500~800
총 콜레스테롤	120~220
에스테르형	80~170
유리형(에스테르 비율, %)	40~120(70~80%)
중성지질	30~150
인지질	150~230
유리지방산	10~15

1) 혈청 중성지질 농도

중성지질은 혈액 내 지질 중 큰 부분을 차지한다. 혈액 내의 중성지질은 식사로부터 섭취되거나 간에서 합성된다. 알코올이나 탄수화물, 과량의 고지방 식품의 섭취는 혈액 내 중성지질을 상승시키는 원인이 된다[표 4-14]. 혈청 중성지질의 농도는 관상 동맥 경화증, 죽상경화증의 발현 빈도와 밀접한 관계가 있다. 검사 시료의 채취는 반드시 금식 후 채취하여야 한다.

표 4-14	혈중 중성지질의 증가 및 감소 원인	
증가		**감소**
• 고지혈증 • 간 질환 • 신장 질환의 증세 중 하나 • 알코올 중독 • 당뇨병 • 췌장염 • 급성 심근경색(이때는 3주 동안 급격히 증가)		• 선천성 베타리포단백질 결핍증 • 영양불량

2) 혈청 콜레스테롤

콜레스테롤은 혈액을 비롯한 신체 거의 모든 조직에 위치하며, 담즙의 합성이나 신체 내 스테로이드 물질 합성의 중요한 전구체이다. 식사를 통해 신체로 유입된 콜레스테롤과 간에서 다량 합성되는 콜레스테롤은 담즙을 통해 배설된다. 혈액 내에 존재하는 여러 가지 지질 중에서 콜레스테롤의 수준은 관상동맥 심장질환과 죽상 동맥 경화증의 발생과 높은 상관관계를 보인다. 검사 수치는 영양 평가 시에 관심을 가지는 분야 중의 하나다. 혈중의 콜레스테롤량은 정상인의 경우 식사를 통한 섭취량에 따라 다소 조절이 되며, 총 콜레스테롤량은 간 기능을 알기 위하여 측정한다.

표 4-15	혈중 콜레스테롤의 증가 및 감소 원인
증가(고콜레스테롤혈증: 400mg/dL 이상)	**감소(저콜레스테롤혈증: 150mg/dL 이하)**
• 최근에 섭취한 식사에 콜레스테롤 함량이 높을 때 • 고지혈증이 있을 때 • 고혈압 • 갑상선 기능 저하 시 • 당뇨병 • 동맥 경화증 • 허혈성 심장 질환 • 담즙 분비 장애 • 간 경화 • 임신 시 • 만성 신장 질환 • 스트레스 • 연령이 증가할수록(60세까지) 증가	• 장기간 굶었을 때 • 저영양 시 • 갑상선 기능 항진 시 • 만성 빈혈 시 • 심한 단백질 결핍 시 • 중증의 간세포 손상 시 • 코르티손 혹은 부신피질자극호르몬 　(adrenocorticotropic hormone, ACTH) 치료 시 • 에스트로겐 호르몬 치료 시 • 고혈압 치료를 위한 특수치료제 사용 시

3) HDL-콜레스테롤

HDL-콜레스테롤은 그 혈중 농도를 높일 수 있다면 관상 동맥 경화증을 비롯한 각종 동맥 경화증을 예방할 수 있는 인자로 여겨져 왔다. 반대로 혈중 농도가 떨어지면 이러한 질환에 걸릴 위험 신호로 여겨진다. 흡연과 고혈압, 비만, 계속된 스트레스 등이 모두 HDL-콜레스테롤의 감소 요인으로 알려지고 있다.

표 4-16　HDL-콜레스테롤의 증가 및 감소 원인

증가	감소
• 체구가 마른 체형 • 에스트로겐, 니코틴산의 투여 • 알코올의 섭취 • 헤파린의 투여 • 가계성 고알파지단백혈증	• 비만 • 안드로겐의 투여 • 고중성지질혈증 • 고탄수화물 식사를 할 때 • 당뇨가 있을 때

(3) 무기질 영양 상태

1) 철

철 결핍성 빈혈은 전 세계적으로 그 발현 빈도가 가장 높은 미량 영양소 결핍 증세이다. 체내 저장 철이 고갈되는 단계인 생후 5~6개월의 영아와 식품섭취 상태가 불균형적인 성장기의 어린이, 체내 혈액량의 증가와 함께 태아에 대한 신체적 부담을 갖게 되는 임신부 집단이 철 결핍성 빈혈에 가장 취약한 위험 집단이다. 철분의 결핍단계는 서서히 진행되는데, 적혈구 내 혈색소(hemoglobin, Hb)의 농도가 감소한 상태는 철분의 결핍이 상당히 진행된 것을 의미한다. 체내 철 결핍의 다양한 원인은 [표 4-17]에 제시하였다.

표 4-17　철 결핍의 원인

원인	특성
섭취부족	• 헴철이 부족한 채식 위주의 부실한 식사
흡수불량	• 피트산, 식이섬유, 탄닌의 과량 섭취로 인해 철 흡수 저해 • 소화기관계 종양, 궤양, 무산증, 위 절제 수술 후 • 위산분비 억제제, 제산제 등의 약물
이용 부족	• 만성 소화기 장애로 인한 이용률 저하
수요량 증가	• 유아기, 사춘기, 임신기, 수유기
배설량 증가	• 생리 과다, 자궁근종, 비뇨생식기 종양, 식도 정맥류, 출혈성 위궤양 등으로 인한 만성적인 혈액 손실 • 기생충 감염

① 철 영양 상태 판정을 위한 지표

ㄱ. 헤모글로빈(혈색소)

철 결핍을 나타내는데 있어서 예민도나 정확도가 비교적 낮은 방법이나, 철 결핍성 빈혈 진단을 위해 가장 일반적으로 사용하는 방법이다. 철 결핍성 빈혈을 판정하기 위해 헤모글로빈(hemoglobin, Hb)을 사용할 때의 제한점은 다음과 같다.

- 혈액 중의 헤모글로빈 농도는 철 결핍이 심각해지고 난 후에야 나타난다. 즉, 헤모글로빈은 예민도가 낮은 지표로 철 결핍의 세 번째 단계에서 철 결핍을 판정할 수 있다.
- 성별, 연령, 임신 등 조사목적에 따라서 판정 기준치가 다양할 수 있어서 판정결과가 달라진다.
- 철분 결핍 외에도 단백질-에너지 영양불량, 감염, 엽산이나 비타민 B_{12} 결핍일 때도 헤모글로빈 농도가 저하되므로 특이성이 낮다.

2012년 국민건강영양조사 결과 헤모글로빈 수준은 10세 이상 남자 15.3g/dL, 여자 13.1g/dL이었고 빈혈 유병률은 남자 2.3%, 여자 10.9%로 여자가 남자에 비해 약 5배 정도 높았다. 70세 이상에서 남녀 각각 13.3%, 19.4%로 노인층의 빈혈 유병률이 높은 것으로 나타났다. 철 결핍성 빈혈 판정을 위한 헤모글로빈과 헤마토크릿 기준치는 [표 4-18]에 제시하였다.

표 4-18	철 결핍성 빈혈 판정을 위한 헤모글로빈과 헤마토크릿 기준치	
연령/성	Hb	Hct
10~11세	11.5 미만	34 미만
12~14세	12.0 미만	36 미만
15세 이상: 비임신여성	12.0 미만	36 미만
임신여성	11.0 미만	33 미만
남성	13.0 미만	39 미만

ㄴ. 헤마토크릿(적혈구 용적률)

혈액의 일부를 항응고 처리된 미세시험관에 채취하여 강하게 원심분리한 후, 전체 혈액에서 적혈구 층이 차지하는 비율을 측정한다. 백혈구량도 포함하나 적으므로 무시한다. 정상 헤마토크릿(hematocrit, Hct)은 남자는 38.6~48%, 여자는 34.5~43.9%이다. 철분 결핍 시 헤마토크릿은 감소하나 철 결핍의 제3단계에 발생하므로 예민도가 비교적 낮은 지표이나 빈혈 검사 방법으로 기술적인 오차가 적은 검사로 인정받고 있다.

ㄷ. 적혈구 지수

적혈구 지수(red cell indices)는 헤모글로빈, 헤마토크릿, 적혈구 수로부터 식을 통해 계산이 가능하나, 최근 자동혈액 분석기로 쉽게 측정할 수 있다. 철 결핍성 빈혈에서는 적혈구 지수 모두 감소한다.

표 4-19 적혈구 지수

적혈구 지수	계산식	정상범위	특징
평균혈구용적 (mean cell volume, MCV)	헤마토크릿/ 적혈구 수	80~100fL	• 적혈구의 평균 크기를 적혈구 하나하나의 평균 용적 • 비타민 B_{12}나 엽산 결핍 시, 만성 간 질환, 알코올 중독 시 증가
평균혈구혈색소 (mean cell hemoglobin, MCH)	헤모글로빈/ 적혈구 수	26~34pg	• 적혈구 세포 내 혈색소 농도의 평균을 %로 나타낸 것 • 적혈구 개당 함유된 헤모글로빈의 함량
평균혈구혈색소농도 (mean cell hemoglobin concentration, MCHC)	헤모글로빈/ 헤마토크릿	320~360g/L	• 철분 결핍의 최종단계에서 낮아지며 거대적아구성 빈혈에서는 정상치

ㄹ. 총 철 결합능력

혈액 중의 철은 트랜스페린에 결합되어 운반되므로 혈액 중 철 수준은 트랜스페린과 결합된 철의 양을 반영한다. 총 철 결합능력(total iron binding capacity, TIBC)은 트랜스페린과 결합할 수 있는 철의 양으로서 트랜스페린의 철 결합 부위가 얼마나 비어 있는가를 나타내는 수치이다. 따라서 총 철 결합능력은 철분 결핍 시에는 증가되는 특징을 가지고 있다. 즉, 트랜스페린의 포화도가 떨어질수록 총 철 결합능력은 증가한다. 정상의 경우 트랜스페린은 약 1/3이 철분과 결합한 형태이다. 트랜스페린의 포화도가 15~20% 이하일 때 철분 부족으로 판정할 수 있으며, 70% 이상일 때는 철분이 체내 과잉 축적되어 있는 것을 의미한다.

트랜스페린 포화도는 총 철 결합능력에 대한 혈청 철의 비이며 계산식은 다음과 같고 연령별 트랜스페린 포화도는 [표 4-20]에 제시하였다.

$$\text{트랜스페린 포화도(\%)} = \frac{\text{혈청 철}(\mu mol/L)}{\text{총 철 결합능력}(\mu mol/L)} \times 100$$

혈청 철, 트랜스페린, 총 철 결합능력을 측정하면 철 결핍증과 만성적인 감염 혹은 질병으로 인한 철 결핍을 구분할 수 있다.

표 4-20			철 결핍 판정에 사용되는 생화학적 지표 기준치		
연령(세)	혈청 철 (μg/dL)	트랜스페린 포화도(%)	혈청 페리틴 (μg/L)	적혈구 프로토포르피린 (μmol/L RBC)	평균혈구용적 (MCV) (fL)
1~2	<30	<12	–	>1.42	<73
3~4	<40	<14	<10	>1.33	<75
5~10	<50	<15	<10	>1.24	<76
11~14	<60(남) <40(여)	<16	<10	>1.24	<78
15~74	<40	<16	<12	>1.24	<80

ㅁ. 혈청 페리틴

혈청 페리틴(ferritin)은 체내 철 저장 형태로서 주로 간, 비장, 골수에서 발견된다. 철을 저장하고 있는 페리틴의 일부가 떨어져 나와 혈청에 존재하는데, 이 혈청 페리틴이 저장 철분 상태를 반영하는 것으로 본다. 혈청 페리틴 수치는 다른 지표들의 감소나 적혈구의 형태학적인 변화가 일어나기 전에 감소하므로 철 결핍의 초기 상태를 감지할 수 있는 민감한 지표이다. 혈청 페리틴이 <12μg/L이면 철 저장량 고갈로 판정한다[표 4-20]. 혈청 페리틴 수준은 감염, 염증, 외상, 철 과잉 축적, 바이러스성 간염 및 일부 암에서 증가한다.

ㅂ. 적혈구 프로토포피린

적혈구 프로토포피린(protoporphyrin)은 헴의 전구체로서 철분이 아직 결합되지 않은 형태이다. 철 저장량이 고갈되는 2단계에서 프로토포피린은 헴 합성을 하지 못한 채 적혈구 내에 축적되어 그 농도가 두 배 이상 증가하며 철 결핍증이 심해질수록 증가 정도는 더 커진다[그림 4-3]. 따라서 적혈구 프로토포피린 농도는 철 결핍 2단계의 민감한 지표로 활용된다.

② 체내 저장 철의 형태와 철분 결핍 단계

체내에 존재하는 철은 크게 3가지 종류가 있다. 신체 구성의 필수 성분으로 적혈구(총 철분의 65%), 미오글로빈(4~10%), 철 함유 효소(사이토크롬, 카탈레이스, 퍼옥시데이스 등, 1~5%) 내에 들어 있는 형태이다. 나머지는 트랜스페린과 결합하여 혈액 내 이동 중인 철의 형태이며 신체 내 총 철의 25~30%는 저장 철의 형태로 존재하는데 대부분 페리틴 형태이고 일부 헤모시더린의 형태로 저장되어 있다.

체내 철 상태는 [그림 4-3]과 같이 과잉, 정상, 부족, 결핍 1단계, 결핍 2단계로 나눌 수 있고 각 단계마다 철 상태를 반영하는 지표에 변화가 있다. 체내 철 저장량에 따라 철분 결핍은 다시 3단계로 나눌 수 있다[표 4-21, 그림 4-4].

	과잉	정상	부족	결핍 1단계	결핍 2단계
조혈조직 철	4+	2-3+	0-1+	0	0
총 철 결합(μg/100mL)	<300	300±30	360	390	410
혈청 페리틴(μg/L)	>300	100±60	20	10	<10
철 흡수(%)	<5	5~10	10~15	10~20	10~20
혈청 철(μg/100mL)	>175	115±50	115	<60	<40
트랜스페린 포화도(%)	>60	35±15	30	<15	<15
철 적모구 (Sideroblasts, %)	40~60	40~60	40~60	<10	<10
적혈구 프로토포르피린 (μg/100mL)	30	30	30	100	200
적혈구	정상	정상	정상	정상	소혈구성 /저혈색소성

[그림 4-3] 체내 철 영양 상태의 단계와 지표의 변화

표 4-21	체내 철분 보유량 변화에 따른 철분 결핍 단계	
단계	생화학적 분석 방법	결핍 수준
1단계 철분 저장량 고갈 단계	혈청 페리틴 농도 측정	• 저장 철의 고갈되는 단계로서 간 내 저장된 철분이 점진적으로 감소되는 단계 • 운반 철과 헤모글로빈 수준은 정상이나 저장 철의 상태를 반영하는 혈청 페리틴의 농도 감소

2단계 혈구 내의 철분 고갈 단계(빈혈의 발현은 되지 않는 철분 결핍 단계)	트랜스페린 포화도 검사, 적혈구 내 프로토포피린	• 저장 철이 고갈되어 적혈구 세포 형성에 관계되는 철분의 공급이 점진적으로 감소 • 운반철의 감소로 트랜스페린 포화도 감소 • 헤모글로빈 수준이 점차 감소(정상범위 내) • 운동 시 운동 수행 능력 감소
3단계 철 결핍성 빈혈의 발현 단계	헤모글로빈 농도 측정, 평균 혈구용적(MCV) 측정	• 저장 철과 운반 철의 감소로 저혈구성 저색소성 빈혈이 발생하는 단계 • 골수의 철 공급 감소로 인해 헤모글로빈의 농도 감소 • 헤마토크릿과 적혈구 감소

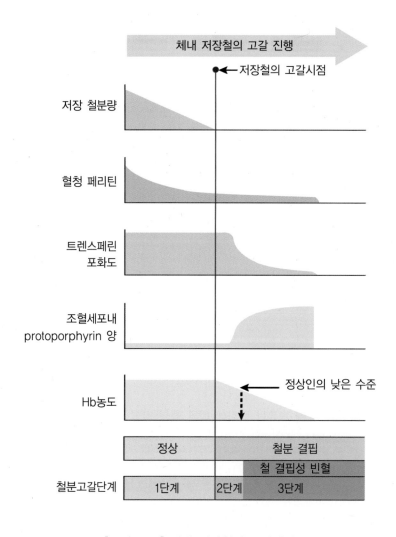

[그림 4-4] 체내 저장철의 고갈단계

③ 철 결핍 상태 판정 모델

철 영양 상태를 정확히 반영하는 단일지표가 없으므로 철 영양 상태를 판정하기 위해서는 몇 가지 지표를 혼합하여 사용하는 것이 바람직하다. 철 결핍 판정을 위한 4가지 모델을 [표 4-22]에 제시하였다.

표 4-22 철 결핍 상태 판정을 위한 4가지 모델

단계	생화학적 분석 방법	결핍 수준
페리틴 모델 (ferritin model)	혈청 페리틴 트랜스페린 포화도 적혈구 프로토포피린	• 철 결핍 과대 평가 가능 • 철 결핍 2, 3단계 판별 가능
평균혈구용적 모델 (mean corpuscular volume model)	MCV 트랜스페린 포화도 적혈구 프로토포피린	• 철 결핍 2, 3단계 판별 가능 • 3가지 지표 중 최소 2개 이상이 비정상일 것
4변수 모델 (four-variable model)	MCV 또는 혈청 페리틴 트랜스페린 포화도 적혈구 프로토포피린	• 철 결핍성 빈혈과 다른 요인에 의한 빈혈을 구분하기 위해 사용
헤모글로빈 백분위수 전이모델 (hemoglobin percentile shift model)	헤모글로빈 트랜스페린 포화도 적혈구 프로토포피린	• 헤모글로빈 중앙값 변화 추정에 이용 • 역학연구에 많이 이용

2) 칼슘

칼슘은 우리 몸에서 뼈와 이를 구성하며 근육의 긴장도를 조절하고 혈액 응고 및 세포막의 정상 상태를 유지하는 데 관여하는 필수 영양소이다. 성인의 신체 내에는 약 1,200g의 칼슘이 존재하는데, 이중 99%는 뼈에 존재하며 나머지 1%가 혈액 내에 존재한다.

최근 문제가 되는 골다공증은 칼슘과 관련된 질환으로서 골다공증을 예방하고 치료하기 위하여 식사를 통한 충분한 칼슘의 섭취가 특정 집단에서 강조되고 있다. 현재까지도 체내 칼슘 상태를 측정하는 완벽한 방법은 없는데 이는 식사를 통한 칼슘 섭취량과 상관없이 체내 칼슘 수준은 생리적인 기전에 의해 항상성이 잘 조절되기 때문이다. 현재 체내 칼슘의 영양 상태를 판정하기 위해 크게 3가지 방향에서 접근할 수 있다. 골격 내의 칼슘 함량을 측정하는 방법, 혈액 내 칼슘 관련 물질의 농도 측정, 칼슘 대사 산물의 농도를 측정하는 것이다. 골격 내의 칼슘 농도를 측정하는 방법은 주로 이중에너지 방사선 흡수법(dual energy X-ray absorptiometry, DXA)과 같은 고가의 장비를 이용하여 골격 내 무기물질의 농도를 측정하는 방법으로 가장 신빙성 있는 방법이다. 혈액이나 소변을 통한 생화학적 분석치는 제한되어 있으며, 칼슘의 영양 상태를 정확히 반영한다고 보기에는 다소의 문제가 있다.

① 혈청 칼슘

혈중 칼슘 농도는 골격이나 부갑상선, 신장의 기능을 진단하거나 특정 암을 진단하는 데 중요한 자료가 된다. 혈액 내 존재하는 칼슘의 형태는 [표 4-23]에서와 같이 3가지 형태이다. 즉, 생리적으로 가장 활성을 갖는 이온화된 형태, 구연산염(citrate), 인산염(phosphate), 젖산(lactate) 등과 복합물을 형성하여 생리적 활성도가 미지수인 것, 그리고 생리적으로 활성을 가지지 못하는 단백질과 결합한 형태로 나눌 수 있다. 이온화형과 복합체형은 세포막의 이동이 가능하다. 혈액 내 칼슘의 농도는 여러 가지 기전에 의하여 잘 조절되므로 식사를 통한 칼슘의 섭취와 혈중 칼슘의 농도와는 상관성이 아주 낮다. 혈중 칼슘 농도의 변화는 체내의 생리적 현상에 심각한 영향을 미치며 이러한 경우는 아주 드물다. 즉, 식사를 통한 과량의 칼슘 섭취나 칼슘의 부족은 혈중 칼슘 농도에 거의 영향을 주지 않는다. 혈중 칼슘 농도가 낮아지는 저칼슘혈증(≤2.3mmol/L)은 부갑상선 기능저하나 신장의 이상 또는 급성 췌장염 시 발생한다. 혈중 칼슘 농도가 지나치게 상승하는 고칼슘혈증(≥2.75mmol/L)은 부갑상선 기능항진증이나 갑상선 기능 항진증 혹은 과량의 비타민 D 섭취 시 나타나며 장벽에서 칼슘의 과량 흡수, 뼈에서부터 칼슘의 과량 방출, 신장에서 칼슘의 재흡수 증가로 인하여 나타난다. 폐경 후 여성에게서 나타나는 혈중 이온화 칼슘과 복합 칼슘의 증가는 주로 뼈로부터 칼슘의 방출로 인한 것이며 호르몬에 의하여 나타나는 현상이다.

표 4-23 혈장과 소변의 칼슘 농도	평균(정상범위)
혈장 총량(mmol/L)	2.5(2.3~2.75)
이온화형	1.18(1.1~1.28)
복합체형	(0.15~0.30)
단백질결합형	(0.93~1.08)
소변 24시간 요(mmol/L)	
남	6.22(1.25~12.5)
여	4.55(1.25~10)
공복 시 칼슘/크레아티닌	
남	0.169±0.099*
여(폐경 후)	0.341±0.183*

* 평균±표준편차

② 소변 칼슘 배설량

요 중 칼슘 농도는 혈중 칼슘 농도보다 식사를 통한 칼슘의 섭취를 잘 반영해 준다. 반면 요 중 칼슘의 농도는 저칼슘혈증을 초래하는 여러 가지 요소에 의하여 영향을 받는다. 즉, 혈중 칼슘 농도가 높으면 소변으로의 배설량은 증가한다. 요 중 칼슘 배설량은 하루 중에도 변화하는데 낮에는 높고 밤에는 낮아진다. 요 중 칼슘 배설량의 증가는 과량의 단백질을 섭취하거나 인의 섭취가 낮을 때 나타나며, 고단백이면서 인의 함유가 높은 식사를 할 경우 요 중 칼슘 배설량이 감소한다. 소변을 통한 칼슘의 배출은 신장의 기능 장애로 인한 소변량의 증가 시 나타나는 현상이다. 2시간 금식 후 소변을 채취하여 요 중 칼슘과 크레아티닌의 비율을 측정하는 것이 칼슘의 영양 상태를 판정하는 자료로써 활용될 수 있다. 24시간 소변 채취를 통한 요 중 칼슘량의 측정은 칼슘 보충제의 투여 시 효과를 판정하는 지표로 사용할 수 있다.

3) 아연

아연은 체내에 1.5~2.5g 정도로 소량 존재하지만 생체 내 여러 효소의 구성성분으로 다양한 조절기능을 수행하며, 생체막의 구조와 기능, 단백질 합성 및 핵산의 합성, 상처 치유, 조직의 성장 및 유지, 면역 작용에 관여하는 필수적인 미량원소이다. 아연이 결핍되면 성장부진, 왜소증, 생식기 부전증이 나타난다.

아연의 영양 상태를 측정할 수 있는 신뢰할 만한 방법은 아직 없으나, 일반적으로 혈장이나 혈청, 적혈구의 아연 농도, 메탈로티오네인 농도, 머리카락이나 소변의 아연 농도, 아연 의존효소의 활성도 등을 측정한다.

① 혈청 아연

흔히 많이 사용하는 방법으로 혈청이나 혈장의 아연 농도를 측정하는데 심한 아연 결핍 상태에서는 혈청 내 아연 농도가 감소하나 약간의 결핍 상태에서는 항상성 기전에 의해 일정 수준으로 유지되기 때문에 식이 아연이나 체내 아연의 수준을 민감하게 반영하지 못한다. 혈청 아연 농도는 스트레스, 감염과 에스트로겐과 같은 호르몬, 경구피임약 복용 시 감소하므로 아연 영양 상태 평가 시 이 요인들을 반드시 고려해야 한다. 아연의 정상치는 혈청 85~120μg/dL, 소변으로의 배설량은 1일 400~600μg이다.

② 메탈로티오네인

메탈로티오네인(metallothionein)은 아연, 구리, 셀레늄 등과 결합하는 금속단백질로 간, 췌장, 콩팥, 장 점막 등의 조직과 혈청, 적혈구에 존재한다. 메탈로티오네인은 아연의 섭취로 합성이 유도되며, 혈청 아연 농도와 함께 메탈로티오네인의 측정은 아연 영양 상태의 좋은 지표이다. 혈청 아연과 메탈로티오네인의 농도가 동시에 감소할 때 아연 결핍증으로 판정한다.

③ 모발 아연

모발에 함유된 아연은 최근 아연 섭취량보다는 장기간의 아연 영양 상태를 반영하는 지표이다. 모발 아연 농도가 70μg/g 미만일 경우 어린이의 성장 저해, 미각예민도 감퇴 등과 같은 경계(marginal) 아연 결핍의 임상 징후가 나타난다. 심한 영양불량 상태일 경우 모발 성장이 감퇴되므로 모발 아연은 지표로 부적합하다.

④ 기타

아연 결핍일 경우 소변으로 배설되는 아연의 농도가 감소하므로 아연의 영양판정 지표로 사용이 가능하나 간 경화, 바이러스성 간염, 낫적혈구 빈혈, 수술, 정맥 영양투여에 의해 영향을 받으므로 판정 시 이를 고려해야 한다. 이외에도 아연 내성 검사(zinc tolerance test), 미각 예민도 검사(taste acuity test) 등의 방법으로 아연 영양 상태 판정이 가능하다.

(4) 비타민

1) 비타민 A

비타민 A의 결핍은 경제적 후진국에서 많이 발생되는 대표적인 영양결핍증 중 하나이다. 비타민 A의 결핍으로 인하여 이들 국가의 어린이들은 실명이나 시력장애 현상이 많이 나타나는 것으로 알려지고 있다.

비타민 A의 영양 상태는 결핍(deficient), 경계(marginal), 적정(adequate), 과잉(excessive), 독성(toxic)의 5종류로 나누며 이를 가장 잘 반영하는 지표는 간의 비타민 A 저장량이다. 비타민 A의 생화학적 영양판정 방법으로는 혈청이나 모유, 간 조직 내에서 비타민 A의 수준을 직접 측정하거나 기능성 검사 즉 간접측정법으로 상대적 투약반응 검사(relative dose response, RDR)나 결막 상피조직의 민감성 조사(conjunctival impression cytology) 혹은 암반응 검사(rapid dark adaptation test, RDAT) 등이 있다.

혈청 비타민 A 농도는 가장 일반적으로 사용하는 지표이나 혈청 내 비타민 A는 체내 비타민 A 저장량이 완전히 고갈되기 전까지 항상성 기전에 의해서 조절되므로 간의 비타민 A 저장량을 정확히 반영하지는 않는다[그림 4-5]. 경계단계의 비타민 A 결핍증을 반영하는 지표로는 투여반응 검사, 동위원소 희석분석 등이 있으며 각 지표별 특징은 [표 4-24]에 제시하였다.

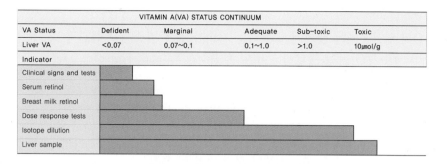

[그림 4-5] 간 저장 단계별 비타민 A의 영양 상태 지표 수준

표 4-24	비타민 A 영양 상태의 판정 방법 및 특징	
종류	**특징**	**기준치**
혈청 비타민 A 수준	• 가장 보편적인 비타민 A 측정법 • 혈청 비타민 A의 95%는 레티놀 또는 레티놀 결합 단백질과 결합한 형태로 존재 • 비타민 A의 과잉섭취 시 혈청 레티닐 에스테르(retinyl ester)의 농도 증가 • 체내 저장량이 상당히 고갈된 후에야 반응하는 척도 • PEM의 경우 간에서 레티놀 결합 단백질 합성이 감소할 경우 혈청 비타민 A 농도 감소	결핍 <10μg/dL 경계 10~20μg/dL 적정 20~50μg/dL 과잉 50~100μg/dL 독성 >100μg/dL
상대적 투여반응 검사 (relative dose response, RDR)	• 기능적 검사이며 경계수준의 비타민 A 결핍 판정 • 비타민 A 저장량 고갈 시 비타민 A를 경구 투여하면 혈청 레티놀 농도가 5시간 후에 최고치에 달한다는 원리를 이용한 방법 $$RDR = \frac{Vit\ A_5 - Vit\ A_0}{Vit\ A_5} \times 100$$ Vit A_5: 경구 투여 5시간 후 혈청 레티놀 수준 Vit A_0: 공복 시 혈청 레티놀 수준	심한 결핍 >50% 경계 20~50% 적정 <20%
동위원소 희석분석 (isotope dilution)	• 간 저장량 측정에 가장 민감한 방법이나 비용이 큼 • ^{13}C-labeled 레티닐 아세테이트(retinyl acetate) 투여 후 혈청 내 농도를 측정	-
결막상피세포 검사 (conjunctival impression cytology)	• 비타민 A 결핍 시 눈의 결막 상피에서 점액을 분비하는 goblet 세포 수 감소로 인해 결막 상피세포의 형태학적인 변화가 생기며 이를 광학현미경으로 관찰 • 결막감염, 단백질 결핍 시 정확한 판정이 어려움	조사대상자의 50% 이상이 정상범위를 벗어나면 그 집단에서 비타민 A 결핍증의 위험이 큼
암적응 검사 (rapid dark adaptation test, RDAT)	• 비타민 A 결핍의 초기 발현인 야맹증 판별 검사 • 밝은 불빛을 비춘 후 어두운 상태에서 물체 식별능력 측정 • 짧은 시간에 적은 비용으로 측정 가능하므로 대규모 집단 검사에 유용 • 넓은 공간이 필요하고 재현성이 낮음	

2) 비타민 D

비타민 D의 영양문제는 햇볕에 노출되는 기회가 점차 감소되는 선진국 즉, 문명이 발달된 사회에서 점차 심각하게 대두되고 있는 문제이다. 비타민 D의 영양 상태를 평가하는데 사용하는 척도에는 혈청 25-하이드록시-D_3[25-(OH)-D_3], 소변 내 칼슘과 인, 혈중 알칼리 포스파타아제(alkaline phosphatase, ALP)의 활성도 검사 등이 있다.

표 4-25	비타민 D 영양 상태의 판정 방법 및 특징	
종류	특징	기준치
혈청 25-(OH)-D_3	• 반감기가 길고 간 저장량을 잘 반영하는 유용한 지표 • 계절, 직업, 나이 등 일조량에 영향을 미치는 요인을 고려할 것 • 감소 시 뼈 건강, 제2형 당뇨, 암, 비만, 호흡기 질환 위험 증가	
혈중 알칼리 포스파타제(alkaline phosphatase, ALP)	• 혈청 ALP의 활성도는 비타민 D의 체내 고갈 수준과 결핍의 정도에 비례하여 증가 • 골연화증, 구루병 및 기타 골질환시 증가	정상성인 13~39units/L
혈중 칼슘 농도	• 비타민 D의 과잉축적 시 혈중 칼슘 농도 증가	9~11mg/L

3) 비타민 E

비타민 E는 4종류의 토코페롤(α-, β-, γ-, δ-tocopherol)과 4종류의 토코트리에놀(α-, β-, γ-, δ-tocotrienol)이 있으며 이중 α-토코페롤의 생물활성이 가장 높다. 비타민 E의 영양 상태 파악을 위한 지표로는 혈청 비타민 E(α-토코페롤), 조직 내 비타민 E, 기능성 조사 방법 등이 있다. 혈중 α-토코페롤을 측정하는 것이 가장 보편적인 방법이지만 이는 혈중 지방 수준에 의해 영향을 받으므로 영양 상태 평가 시 이를 고려해야 한다.

표 4-26	비타민 E 영양 상태의 판정 방법 및 특징	
종류	특징	기준치
혈청 토코페롤	• 가장 일반적인 비타민 E 영양 상태 판정법 • 혈청에서 LDL-콜레스테롤에 의해 운반되므로 고콜레스테롤인 경우 높게 나타나 계산 시 혈청 콜레스테롤의 농도를 고려해야 함	결핍 <0.5mg/dL 부족 0.5~0.7mg/dL 양호 >0.7mg/dL
혈소판, 적혈구, 조직의 토코페롤	• 혈소판: 비타민 E 섭취량 잘 반영, 혈청 지질량의 영향없음 • 적혈구: 농도가 낮아 측정이 어려움 • 지방조직: 비타민 E 주요 저장고, 검체 채취가 어려움	정상인 30μg/g(혈소판), 2~3μg/g(적혈구), 150μg/g(지방조직)

| 적혈구 용혈 검사 | • 비타민 E 영양 상태의 기능 검사법
• 적혈구 비타민 E 부족 시 적혈구 용혈 증가
• 방법: 적혈구 분리 세척 후 2% 과산화수소 용액에 3시간 정도 방치한 후 용혈되어 유출되는 헤모글로빈 농도 측정

$$용혈정도(\%) = \frac{2\% \text{ 과산화수소 등장액에 방치 후 헤모글로빈 농도}}{\text{증류수 방치 후 헤모글로빈 농도}} \times 100$$ | 양호 <10% |

4) 티아민

티아민(비타민 B₁)은 리보플라빈, 니아신과 함께 열량대사의 조효소로 작용하는 티아민은 수용성 비타민으로 조직 내 저장기간이 짧고 소변으로 빨리 배설되므로 결핍이 쉽게 일어난다. 티아민의 영양 상태를 측정하는 방법으로는 소변, 혈액, 적혈구, 백혈구 내 티아민 수준을 측정하는 성분 검사와 티아민 피로인산(thiamin pyrophosphate, TPP)를 조효소로 하는 트랜스케톨레이스(transketolase) 활성도를 측정하는 기능 검사가 있다.

표 4-27 티아민 영양 상태의 판정 방법 및 특징

종류	특징	기준치
적혈구 transketolase 활성	• 적혈구에 TPP를 첨가하기 전과 후의 트랜스케톨레이스 활성 증가 비율 측정 $$TPP(\%) = \frac{\text{stimulated enzyme activity} - \text{basal enzyme activity}}{\text{basal enzyme activity}} \times 100$$ • 티아민 초기 결핍을 판별할 수 있는 방법으로 매우 간단하고 용이하여 대규모 집단 조사에도 유용하게 사용	결핍 >25% 부족 14~24% 양호 0~14%
요 티아민 배설량	• 가장 많이 쓰이는 방법으로 식사섭취량 잘 반영 • 조직 저장량 반영하지 않음 • 24시간 소변 수집이 필요하므로 현지조사에 다소 부적절	결핍* <27μg/g creatinine 부족 27~65μg/g creatinine 양호 ≥66μg/g creatinine

* 성인기준

5) 리보플라빈

리보플라빈(비타민 B₂)은 플라빈 모노뉴클레오티드(flavin mononucleotide, FMN)와 플라빈 아데닌 디뉴클레오티드(flavin adenine dinucleotide, FAD)의 구성물질로 체내 산화환원반응의 조효소로 작용한다. 리보플라빈의 영양 상태를 판정하는 유용한 척도로는 소변, 혈장, 적혈구의 리보플라빈 함량 분석과 적혈구 글루타티온 환원효소(glutathione reductase, EGR) 활성도 검사가 있다.

표 4-28	리보플라빈 영양 상태의 판정 방법 및 특징	
종류	특징	기준치
적혈구 glutathione reductase 활성	• 적혈구에 FAD를 첨가하기 전과 후의 EGR 활성을 측정하여 EGR 활성계수를 계산 $$EGR\ 활성계수 = \frac{stimulated\ enzyme\ activity}{basal\ enzyme\ activity}$$ • 공복 시 혈액의 채혈이 필요 없고, 소량만의 혈액으로 검사가 가능하며, 성과 연령에 영향을 받지 않으므로 현장조사에 적절	결핍 >1.4 부족 1.2~1.4 양호 <1.2
요 리보플라빈 배설량	• 식사로의 리보플라빈 섭취량은 잘 반영하나 조직 저장량을 반영하지 않음 • 24시간 소변 수집이 필요하므로 현지조사에 다소 부적절	결핍* <27µg/g creatinine 부족 27~79µg/g creatinine 양호 ≥80µg/g creatinine

* 성인기준

6) 니아신

니아신(비타민 B_3)은 니코틴아미드 아데닌 디뉴클레오티드(nicotinamide adenine dinucleotide, NAD) 또는 니코틴아미드 아데닌 디뉴클레오티드 인산(nicotinamide adenine dinucleotide phosphate, NADP)의 구성물질로 열량대사 중 탈수소효소 반응에 필수적이다. 니아신의 영양 상태는 50mg 니코티나마이드를 투여한 후 4~5시간 후 소변으로 배설되는 N'-methyl nicotinamide와 N'-methyl-2-pyridone-5-carboxylamide(2-pyridon)의 비율로 평가할 수 있다. 건강한 성인은 섭취한 니아신의 40~60%를 2-pyridon으로, 20~30%는 N'-methyl nicotinamide의 형태로 배설하며 그 비율이 1.0~4.0이면 양호하나 1.0 미만이면 부족으로 판정한다. 이 방법으로 니아신 결핍증을 판별할 수는 있으나 체내 수준은 반영하지 못한다. 혈중 혹은 적혈구나 백혈구 내의 니아신 농도는 식사섭취를 통한 니아신의 섭취수준은 잘 반영하나 영양 상태 판정에 좋은 지표로는 간주되지 못한다.

7) 비타민 B_6

피리독신(비타민 B_6)은 간, 적혈구 등의 신체조직에는 피리독살 5-인산(pyridoxal 5-phosphate, PLP)과 피리독사민 인산(pyridoxamine phosphate, PMP)의 형태로 존재한다. PLP와 PMP는 단백질 대사에서 아미노기 전이반응(transamination)의 조효소로 작용한다. 비타민 B_6의 영양 상태는 혈장과 적혈구 PLP, 혈장 피리독살(pyridoxal, PL), 혈장과 소변 내 총 비타민 B_6, 소변 내 4-피리독신산(pyridoxic acid, 4PA) 수준, 트립토판(tryptophane)과 메티오닌(methionine) 투여 검사, 적혈구 트랜스아미나아제(transaminase)

활성도 등으로 평가할 수 있다.

표 4-29	비타민 B$_6$ 영양 상태의 판정 방법 및 특징	
종류	**특징**	**기준치**
혈장 PLP	• 혈장 총 비타민 B$_6$의 70~90%를 차지하며 혈장에서의 주된 운반 형태 • 체내 수준과 섭취 수준을 반영하는 좋은 지표 • 단백질 섭취 증가 시 증가	적정 >30nmol/L
적혈구 PLP	• 장기적인 영양 상태 반영 • 적혈구가 체조직 전체를 대표하지 못하는 한계 • 기준치가 없음	–
혈장 PL	• 식품 내 주요 비타민 B$_6$ 형태이며 혈장 총 비타민 B$_6$의 8~30% 차지	–
요 4PA	• 소변으로 배설되는 주요 비타민 B$_6$ 대사물 • 최근 식사에 영향을 받으므로 단기간의 지표 • 24시간 요 수집이 선행되어야 하므로 집단 조사 시에는 부적합	적정 >3.0μmol/일

트립토판
부하시험
	• 트립토판이 니코틴산으로 전환될 때 PLP가 조효소로 작용하며 PLP
	  결핍 시 중간대사물인 잔튜레닉산(xanthurenic acid) 축적
	• 2g L-트립토판 경구 투여 후 24시간 소변 채집하여 잔튜레닉산
	  (xanthurenic acid) 측정
		적정 <65μmol/일

메티오닌 부하시험	• 3g 메티오닌 경구 투여 후 요 중 시스타티온(cystathione)과 시스테인 설폰산(cystein sulfonic acid) 배설량 측정 • 비타민 B$_6$ 결핍 시 배설량 증가	적정 <350μmol/일
적혈구 transaminase 활성	• 비타민 B$_6$ 결핍 시 적혈구 알라닌 트랜스아미나아제(alanine tran-saminase, ALT)와 아스파르트산 트랜스아미나아제(aspartic acid transaminase, AST) 활성 감소 • 적혈구에 PLP를 첨가하기 전과 후의 효소 활성 비율 계산 $$적혈구\ ALT\ 또는\ AST\ 활성계수 = \frac{stimulated\ enzyme\ activity}{basal\ enzyme\ activity}$$ • 개인 간 변이가 크며 리보플라빈 결핍 시 동시에 나타날 때도 영향을 받으므로 자료의 해석과 비교가 어려움	적정 ALT<1.25 적정 AST<1.80

8) 엽산

엽산은 아미노산 전이과정이나 핵산 합성 과정에 단일 탄소기를 전해 주는 조효소로 작용한다. 따라서 엽산 부족 시 세포분열이나 단백질 합성이 저해되며 이는 적혈구나 백혈구와 같은 세포분열이 빠른 조직에 크게 영향을 받는다. 엽산의 영양 상태를 측정하는 척도에는 혈청, 적혈구, 백혈구 내 엽산 함량, 데옥시우리딘 억제 시험, 히스티딘 부하 검사 등이 있다.

표 4-30	엽산 영양 상태의 판정 방법 및 특징	
종류	**특징**	**기준치**
혈청 엽산	• 초기의 영양소 고갈을 잘 반영하나 엽산 저장고를 반영하지는 못함 • 급성 신부전, 간 질환, 적혈구 용혈 등에 의해 증가 • 음주, 흡연, 경구피임약에 의해 감소	결핍 <3.0ng/mL 부족 3.0~6.0ng/mL 양호 >6.0ng/mL
적혈구 엽산	• 간의 엽산 저장고를 반영하는 유용한 척도	결핍 <140ng/mL 부족 140~160ng/mL 양호 >160ng/mL
데옥시우리딘 억제시험	• 티미딘 합성효소(thymidine synthetase)는 엽산 의존효소이며, 엽산 부족 시 이 효소의 활성이 감소하여 데옥시우리딘에서 티미딘으로의 전환이 감소됨 • 골수나 임파구에서 다량의 데옥시우리딘 존재 하에서 3H-thymidine이 DNA 합성에 이용된 양을 추적하여 엽산의 결핍 정도 판정	3H-thymidine의 유입이 20% 이상일 경우 엽산 결핍
히스티딘 부하 검사	• 엽산은 히스티딘이 formimino transferase에 의해 글루탐산으로 전환되는 반응에 조효소로 작용 • 엽산 결핍 시 이 반응의 중간산물인 formimino glutamate (FIGLU) 생성이 증가하여 소변으로 배설됨 • 2~15g 히스티딘 투여 시 8시간 동안 소변의 FIGLU 배설량 측정	정상 5~20mg/8hr urine 결핍 정상치의 5~10배

9) 비타민 B₁₂

코발라민(비타민 B_{12})은 수용성 비타민 중 유일하게 체내 저장이 가능하며 주로 간에 저장된다. 체내 비타민 B_{12} 함량이 저하되면 혈청 비타민 B_{12}의 농도도 저하되므로, 비타민 B_{12}의 영양 상태를 평가할 때 혈청의 비타민 B_{12} 농도를 측정하는 방법이 많이 사용되고 있다. 비타민 B_{12} 결핍 시 혈장이나 소변의 메틸말론산(methylmalonic acid, MMA) 농도가 크게 증가되므로 MMA 농도를 분광광도법으로 분석하는 방법도 이용되고 있다.

표 4-31	비타민 B₁₂ 영양 상태의 판정 방법 및 특징	
종류	**특징**	**기준치**
혈청 비타민 B₁₂ 수준 및 결합단 백질	• 간 저장량을 반영하므로 가장 정확한 비타민 B₁₂ 판정법 • 미생물학적 분석법이나 방사선 동위원소 희석법을 이용하여 측정 • 비타민 B₁₂ 결핍 시 운반 단백질인 트랜스코발라민 II(transcobalamin II)의 포화도 감소	결핍 <100pg/mL

| 쉴링 테스트 | • 코발트 방사성 동위원소를 함유한 소량의 비타민 B_{12}(0.5~2μg)를 경구투여 → 1시간 후에 다량의 비타민 B_{12}(1mg)를 근육 또는 피하주사 → 방사성 비타민 B_{12}의 소변 배설량 측정
• 정상의 경우 2시간 이내에 방사성 물질이 다량 소변으로 배설되나 비타민 B_{12}의 흡수불량인 악성 빈혈 환자의 경우에는 내적 인자를 경구 투여하지 않는 한, 요 내 방사성 물질이 거의 배출되지 않음 | – |

10) 비타민 C

비타민 C는 콜라겐 합성, 항산화 및 면역기능, 철 흡수 촉진, 카르티닌 합성에 필요하다. 비타민 C는 환원형인 아스코르브산(ascorbic acid)와 산화형인 디하이드로아스코르브산 (dehydroascorbic acid)을 총칭하는 용어로 두 형태 모두 체내에서 비타민 C 활성을 반영한다. 체내 저장량을 측정하는 지표에는 혈청과 백혈구 비타민 C 농도, 신체 포화도 검사, 소변 내 아스코르브산염(ascorbate) 배설량 조사 방법 등이 있다.

표 4-32 비타민 C 영양 상태의 판정 방법 및 특징

	특징	기준치
혈청 비타민 C	• 가장 보편적으로 사용되는 방법 • 최근의 섭취량에 영향을 받음	결핍 <0.2mg/mL 부족 0.2~0.3mg/mL 양호 >0.3mg/mL
백혈구 비타민 C	• 체내 저장량 반영 • 정확하나 검사에 많은 혈액이 필요함	결핍 <10μg/108(cells) 부족 10~20μg/108(cells) 결핍 >20μg/108(cells)
비타민 C 포화도 검사	• 과량의 비타민 C 공급 후 소변으로 배설되는 양 측정 (비타민 C 고갈 정도 반영) • 24시간 소변 수집이 필요함	–

(5) 혈액의 임상화학 검사

혈액의 임상화학 검사는 질병의 진단, 치료 및 예방을 위해 필요한 혈장, 혈청 및 적혈구의 성분이나 대사산물, 효소 활성도를 측정하는 것을 의미한다. 현재 대표적인 것으로 약 100항목이 있지만, 일반적인 검사로서는 약 20항목 정도가 측정된다. 예를 들면 간 기능의 진단에는 총 빌리루빈, AST, ALT, γ-GTP 등이 있다[표 4-33]. 또, 적혈구 수, 백혈구 수, 헤모글로빈, 헤마토크릿 등 혈액 중의 유형 성분을 측정하는 경우는 별도로 혈액학 검사(hematological test-examination)라고 하는 것이 일반적이다.

| 표 4-33 | 혈액 임상화학 검사 지표 |

검사종목	정상 참고범위	결과해석	
		증가요인	감소요인
칼슘 (calcium)	혈청: 8.0~10.0mg/dL 소변: 0.1~0.3g/일	갑상선기능 항진증, 부갑상선 기능 항진증, 악성종양, 골전이 암, 에디슨병, 비타민 D 중독증, 백혈병, 다발성 골수종	갑상선기능 저하증, 비타민 D 결핍증, 급성 췌장염, 신부전, 항간질성 약물 장기 투여, 백혈병 치료 시
인 (phosphorus)	혈청: 2.5~4.5mg/dL 소변: 0.5~2.0g/일	신부전, 부갑상선 기능저하, 갑상선 기능항진, 대사성산증, 뼈 골절 시	부갑상선 기능항진, 구루병, 골연화증, 만성제산제 사용
글루코오스 (glucose)	혈청: 76~110mg/dL	신부전, 간 질환, 당뇨병, 임신, 화상, 울혈성 심부전, 천식, 폐렴	흡수불량, 위궤양, 단백질 영양불량, 알코올 중독

크레아티닌
(creatinine)
	혈청
	  남성: 0.8~1.2mg/dL
	  여성: 0.6~0.9mg/dL
		류마티스성 관절염, 백일해, 갑상선기능 항진증, 다발성 근염, 피부 근염, 진행성 근이행증	–

혈중요소질소 (blood urea nitrogen, BUN)	혈청: 8~26mg/dL	신부전, 탈수, 위장관 출혈, 심부전, 고단백식사, 신혈류 부족, 요도 봉쇄	간 질환, 수분중독, 영양부족, 스테로이드 사용
요산 (uric acid)	혈청: 2.4~7.0mg/dL	동맥경화, 갑상선기능 저하, 울혈성 심부전, 악성빈혈, 간 경변	엽산결핍성빈혈, 화상, 임신, 수분중독, 다이어트
총 콜레스테롤 (T.cholesterol)	혈청: 130~250mg/dL	갑상선염, 당뇨, 갑상선기능 저하, 임신, 탈수, 만성췌장염, 악성종양	급성췌장염, 설사, 장 폐색, 간 부전
총 단백질 (T.protein)	혈청: 6.6~8.4g/dL	당뇨성 산증, 스트레스, 폐결핵	만성신부전, 위염, 임신, 영양흡수불량, 수분중독, 울혈성 심부전
알부민 (albumin)	혈청: 4.1~5.2g/dL	탈수, 갑상선기능 저하	위염, 비타민 C 결핍, 신증후군
아스파르테이트 아미노전이요소(aspartate aminotransferase, AST)	Sreum: 10~35U/L	간염, 간 경변, 담관 폐색으로 인한 간 손상, 심근경색	–
알라닌 아미노전이요소 (alanine aminotransferase, ALT)	Sreum: 0~35U/L	간염, 심근경색	–
알칼리 포스파타아제 (alkaline phosphatase)	혈청: 70~250U/L 소변: 3.0~17U/일	간암, 급성간염, 요독증, 갑상선기능 항진증, 황달	–

총 빌리루빈 (T.bilirubin)	혈청 0.2~1.2mg/dL	담즙울체, 담관염, 대장염	빈혈
감마-글루타밀전이효소 [gamma(γ)-glutamyl transferase, GGT]	남성: 11~53U/L 여성: 8~35U/L	간암, 알코올성 간염, 간 경변, 황달, 췌장암	-
아밀라아제 (amylase)	혈청: 25~115U/L 소변: 59~401U/24h	급성 췌장염	-
리파아제 (lipase)	혈청: 114~286U/L	급성 췌장염, 신장질환	-
혈청유산탈수소효소 (lactate dehydrogenase, LDH)	혈청: 120~520U/L	심근경색, 간 질환, 신장질 환, 폐색전	-
트리글리세리드 (triglyceride)	혈청: 30~200mg/dL	원발성 고리포단백증(Ⅰ, Ⅱ b, Ⅲ-Ⅴ형), 동맥 경화증, 알코올 섭취, 당뇨병, 비만, 임신	β-리포단백결핍증, 갑상선 기능 항진증(바세도우씨병), 중증 간 실질장해, 신부전, 헤파린 투여 시
HDL-콜레스테롤 (HDL-C)	혈청 　남성: 30~84mg/dL 　여성: 40~98mg/dL	-	관상동맥질환, 동맥 경화증, 당뇨병, 간 질환
LDL-콜레스테롤 (LDL-C)	혈청: 65~140mg/dL	LDL 수용체 결손, 신증후근, 갑상선기능 항진증, 폐쇄성 간 질환	-
나트륨 (Na)	혈청: 135~145mmol/L 소변: 40~220mmol/일	당뇨병, 요붕증, ACTH, 스 테로이드 투여, 알도스테론 증, 중추신경질환	탈수, 기아, 요독증기의 신 부전, 세포의 대사 장애, 산 증, 에디슨병, 부신피질기능 부전, 임신, 임신중독증
칼륨 (K)	혈청: 3.5~5.5mmol/L 소변: 25~125mmol/일	신부전, 산증, 에디슨병, 항 알도스테론 제제 투여 시	설사, 기아, 알칼리증, 원발 성 알데스테론증, 쿠싱 증 후군, 신염, 급성신부전
염소 (Cl)	혈청: 98~110mmol/L 소변: 110~250mmol/일	설사, 신부전, 부신피질기능 항진(재흡수 증가), 쿠싱 증 후군, 호흡성 알칼리증	기아, 영양부족, 폐렴, 급성 신염, 산증, 요붕증, 에디슨 병(부신피질기능저하), 재흡 수 불량
이산화탄소배출량 (TCO$_2$)	혈청: 22~32mmol/L CSF: 118~132mmol/일	구토, 설사, 쿠싱 증후군, 저 칼륨 혈증	당뇨병성 케톤산증, 유산성 산증, 신부전

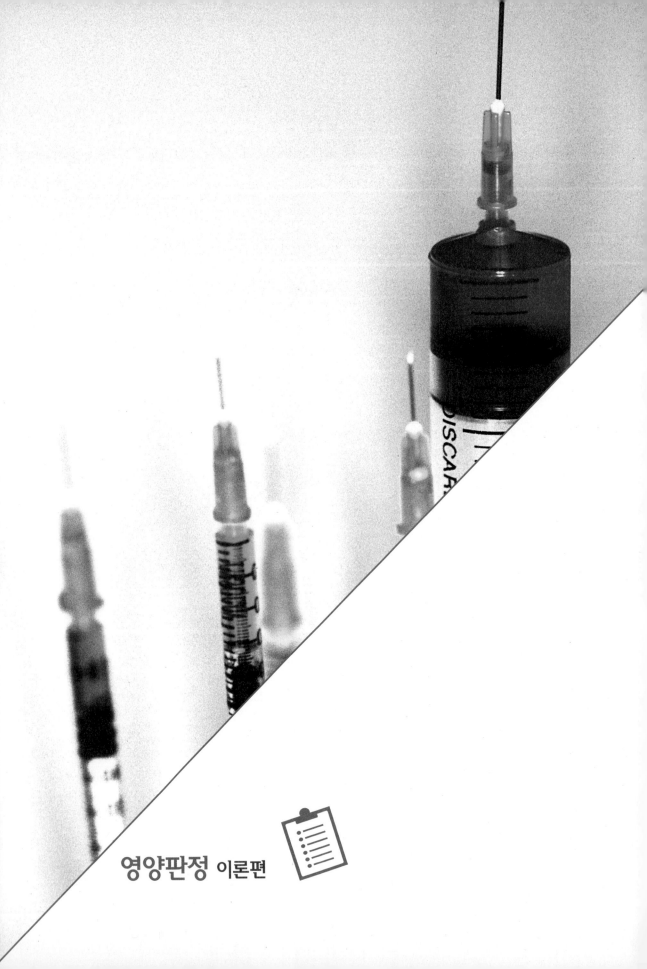

영양판정 이론편

05

임상 조사와 영양판정

대학 4학년에 재학 중인 이〇〇양은 취업을 앞두고
통통한 외모가 신경쓰이자 단기간에 살을 빼기로 결심했다.
인터넷 검색을 통해 체중 감량에 효과가 있다는 원푸드 다이어트
또는 단식 등 다양한 방법으로 1개월간 10kg을 감량하는 데 성공했다.
그런데 살이 빠졌다는 기쁨도 잠시, 몸이 쉽게 피로해지고
머리카락은 가늘어지면서 자꾸 빠지고 자주 몸 전체가 붓는다.
이〇〇양의 현재 영양 상태의 문제점은 무엇일까?

학습목표

- 임상 조사의 정의 및 특징에 대해 알아본다.
- 임상 조사에 필요한 판정대상자의 병력 및 식사력 조사 방법에 대해 알아본다.
- 주관적 종합 평가(subjective global assessment)와 환자를 위한 주관적 종합 평가 (patient-generated SGA)에 대해 알아본다.
- 영양불량성 징후와 증상을 해석한다.
- 영양불량의 종류를 나열하고 각각의 특징을 구별한다.

1. 임상 조사의 개요

임상 조사란 영양 상태의 변화에 의해서 나타나는 신체의 여러 가지 결핍 및 과잉 증상을 조사하는 것이다. 영양불량의 결과가 임상증상으로 나타나기까지는 매우 복잡한 단계를 거쳐 서서히 진행되는데, 특정 영양소의 섭취가 불량하거나 영양소의 체내 이용에 문제가 생기면 체내의 해당 영양소 저장량에 변화가 생긴다. 이로 인해 세포나 조직에 해부학적인 변화가 나타나게 되고 결국 신체 각 부위에서 임상 징후가 나타난다.

이 조사 방법은 특별한 장비가 필요하거나 채취한 시료 분석을 위한 특별한 분석 장치를 갖춘 실험실이 필요한 것이 아니며, 다른 방법에 비하여 기구나 분석 비용이 상대적으로 적게 드는 이점이 있다. 대규모의 조사 시 의료 전문인의 감독하에서, 또한 이상 징후(sign)의 발견 시 전문적인 정밀 검사가 준비되어 있다면 사전에 적절한 훈련을 받은 비의료 전문의에 의해서도 행해질 수 있다.

임상 조사를 통한 영양 상태의 평가법은 다음과 같은 한계성을 가지고 있다는 것도 간과해서는 안 되며, 임상 조사 기준의 표준화와 조사자 교육 및 훈련을 통해 다음의 한계성을 극복할 수 있다.

① 조사자의 자질과 주관에 따라 문제가 있는 대상자의 영양 상태 판정에 차이를 가져올 수 있다. 그러므로 영양문제가 있는 대상자도 조사자의 판단의 차이에 의하여 문제가 없는 사람으로 판정될 수 있다.

② 신체적으로 나타나는 임상적인 징후는 어떤 특정 영양소의 결핍이나 과잉으로 한정지어 해석하기가 어렵다. 영양적인 결핍이나 과잉 증상은 여러 가지 영양소의 복합적인 작용에 의하여 또한 환경요인과 신체의 기능에 따라 다르게 나타날 수 있기 때문이다.

③ 임상적인 징후가 나타날 정도의 영양 상태의 불량은 이미 상당히 심각한 상태의 영양 결핍이나 과잉이 진행된 것으로 영양문제 발생 시에 이를 조기 발견하고 치유한다는 관점에서는 다소 문제가 된다.

④ 대상자에 따라 신체적 징후가 나타나는 형태에 차이가 있다. 모든 연령층 및 모든 국가에 적합하게 적용할 수 있는 보편적인 증상은 없기 때문에 특정 영양소의 결핍과 관련된 신체 손상의 형태는 유전적인 요인이나 활동 정도, 환경과 식이 형태, 연령, 영양 불량의 정도, 기간, 진행 속도 등에서 차이를 보인다.

2. 임상 조사에 필요한 자료

임상적으로 나타나는 증상은 결핍 발생 당시뿐만 아니라 회복기에도 나타날 수 있으며 복합적 영양섭취 결과로 나타난다. 여러 가지 영양결핍증이 동시에 나타나기 때문에 임상 조사 결과는 반드시 병력, 신체조사나 생화학적 분석결과 및 식이섭취 자료와 함께 검토해야 한다.

(1) 병력

영양판정을 위한 임상 조사를 위해서는 대상자의 병력(medical history)을 조사하여 영양불량과 관련된 위험요인을 파악하는 것이 우선이다. 병력을 파악하기 위해 고려해야 할 사항들은 다음과 같다.

- 영양 상태와 관련된 과거와 현재의 진단
- 진단과정
- 진단적 처치
- 수술 여부
- 화학 및 방사선 요법
- 영양과 관련된 문제들의 병력
- 영양결핍 존재 유무
- 복용하는 약과 영양소와의 상호관계
- 비타민 또는 무기질 결핍으로 알려진 징후나 증상

(2) 식사력

영양판정을 위한 임상 조사를 위한 식사력(diet history)을 파악하기 위해 고려해야 할 사항은 다음과 같다.

- 체중 변화
- 평상시 식사패턴
- 식욕
- 포만감
- 식후 불편감
- 저작/삼키는 능력
- 좋아하는 식품과 싫어하는 식품
- 입맛 변화
- 알레르기
- 배변습관(설사, 변비, 지방변)
- 생활환경
- 간식 섭취
- 비타민/무기질 보충제 사용
- 음주/약제 복용
- 식사 제한 경험
- 수술/만성 질환
- 식품을 구매하고 조리하는 능력
- 메스꺼움/구토

대상자의 병력 및 식사력이 파악되면 다음에 제시된 [표 5-1]과 같은 체계적인 접근 방법으로 영양적 위험을 일으킬 수 있는 결핍의 원인 및 결핍이 의심되는 영양소의 파악이 가능하다.

표 5-1 영양결핍 파악을 위한 체계적인 접근 방법

결핍의 원인	대상자의 병력 또는 식사력	결핍이 의심되는 영양소
불충분한 섭취	알코올 중독	에너지, 단백질, 티아민, 니아신, 엽산, 피리독신, 리보플라빈
	과일, 채소, 곡류의 기피	비타민 C, 티아민, 니아신, 엽산
	육류, 유제품, 난류의 기피	단백질, 비타민 B_6
	변비, 게실염	식이섬유
	외로움, 가난, 치아 질환, 식품에 대한 특이체질	각종 영양소
	체중 감소	에너지와 다른 영양소
흡수불량	약물(제산제, 항경련제, 콜레스티라민, 설사제, 네오마이신, 알코올)	약물과 영양소의 상호 관련에 따른 여러 영양소
	흡수불량(설사, 체중 감소, 지방변)	비타민 A, D, K, 에너지, 단백질, 칼슘, 마그네슘 등
	기생충	철, 비타민 B_{12}
	악성빈혈	비타민 B_{12}
	수술 - 위 절제 소장 절제	비타민 B_{12}, 철 비타민 B_{12}, 다른 영양소 흡수불량
이용률 저하	약물(항경련제, 경구피임약, 항결핵제, 알코올), 선천성 대사이상	약물과 영양소의 상호 관련에 따른 여러 영양소
손실 증가	알코올 남용	마그네슘, 아연
	혈액 손실	철
	천자(복수, 흉막)	단백질
	당뇨병	에너지
	설사	단백질, 아연, 전해질
	상처	단백질, 아연
	신장 질환	단백질, 아연
	신장 투석	단백질, 수용성 비타민, 아연

요구량 증가	발열	에너지
	갑상선 기능 항진	에너지
	생리적 요구량 증가(유아, 청소년, 임신, 수유기)	여러 영양소
	수술, 화상, 감염, 외상	에너지, 단백질, 비타민 C, 아연
	조직 저산소증	에너지(비효율적 이용)
	흡연	비타민 C, 엽산

3. 영양 상태 임상 평가표

임상 징후는 대개 비특이적으로 나타나고, 영양불량이 아닌 다른 원인에 의해서도 나타날 수 있으므로 임상 징후를 정확히 판정하기 위해서는 표준화된 임상 평가가 필요하다. 1987년 Desky 등에 의해 개발된 주관적 종합 평가(subjective global assessment, SGA)는 입원 환자의 영양 상태 평가에 많이 이용되는 방법으로 환자의 병력 및 식사력(체중 변화, 식사섭취 변화, 2주 이상 지속된 위장관 이상증세, 신체 기능 변화)과 임상 징후 검사(체지방 손실, 근육량 감소, 부종 및 복수 여부) 및 전반적인 영양 상태에 대한 평가로 이루어져 있다[표 5-2].

표 5-2	주관적 종합 평가(SGA) 조사 서식 및 평가기준

1. 체중의 변화

최고 체중 _____ kg(10년 동안 최고 체중)
6개월 전 체중 _____ kg
현재 체중 _____ kg
지난 6개월간의 총 체중 감소량 _____ kg
지난 6개월간 체중 감소율 _____ %

$$\% \text{ 체중변화} = \frac{6개월 \text{ 전 체중} - 최근 \text{ 체중}}{6개월 \text{ 전 체중}} \times 100$$

2주간의 변화 _____ 증가 _____ 변화없음 _____ 감소

2. 식이섭취량 변화

변화 없음 _____

변했다 _____

기간: _____주

변화내용: 섭취가 증가했다 _____

고체식만 했다 _____

유동식만 했다 _____

저칼로리 식사 _____

굶었다 _____

3. 위장관의 증상(2주 이내)

없었다 _____

구토 _____ 메스꺼움 _____ 설사 _____ 식욕부진 _____

4. 기능적인 문제

없다 _____

있다 _____ 있었다면 기간: _____주

형태: 일을 잘 못했다 _____

걸을 수 있었다 _____

누워 있었다 _____

5. 임상징후 조사

각 항목에 대한 조사결과(정상이면 0점, 경미하면 +1점, 중등 정도면 +2점, 심각하면 +3점을 준다)

피하지방의 손실(어깨, 삼두근, 가슴, 손 등) _____

근육손실 _____

손, 발목의 부종 _____

복수 _____

6. 전반적인 평가

A = 영양 상태가 좋다 _____

B = 중 정도의 영양불량 _____

C = 심한 영양불량 _____

* 평가기준

방법	항목	평가
병력 및 식사력 조사	체중의 변화	대상자의 최근 6개월간 체중 변화를 조사한다. 체중 감소가 5% 이하면 큰 문제 없으나, 5~10% 감소되었다면 의미 있는 변화다. 체중 감소가 10% 이상이라면 심각하다.
	식사섭취량의 변화	대상자가 평상시 식습관을 유지하는지 조사한다. 식습관에 변화가 있었다면 변한 식습관의 유지기간과 변화의 내용을 조사한다. 식사량 증가나 고체식과 유동식 혹은 정맥영양 및 저칼로리 식사, 지속적 기아 여부 등을 조사한다. 평상시 아침, 점심, 저녁의 형태를 조사하고 이를 6개월~1년 전의 식습관과 비교해 본다.
	위장관의 증상	2주일 이상 지속된 위장관 증상이 있는지 조사한다. 단기간의 설사나 가끔 있는 구토는 크게 문제되지 않는다.
	기능적인 문제	일상생활을 수행하는데 기능적 어려움이 있는지 조사한다. 어려움이 있다면 어떤 어려움이며 이것이 얼마나 지속되었는지도 조사한다.
임상 징후 조사	피하지방 손실	피하지방의 손실은 어깨, 삼두근, 가슴과 손의 4부위에서 조사한다.
	근육 손실	근육 손실 정도를 알기 위해 어깨 쪽에 있는 삼각근과 허벅지 앞부분에 있는 사두근을 조사한다. 어깨의 피하지방이 손실되고 삼각근도 소진되면 반듯한 어깨 모양이 비틀어진다. 피하지방과 근육 손실은 정상, 경미한 변화, 중등 변화, 심한 변화로 구분하여 적는다.
	부종과 복수	발목과 천골에 부종이 있는지 조사한 후 정상, 경미, 중등, 심각 등의 단계로 나누어 적는다.
종합영양 상태 평가 (위의 두 가지 조사 결과가 수집되면 종합적 영양 상태 평가를 한다)	A등급	6개월간 평균 체중이 5~10%가량 감소하였더라도 최근에 부족이 아닌 실질 체중 증가가 있는 경우 A등급으로 분류한다.
	B등급	최소한 5%의 체중 감량과 식사섭취량의 감소가 나타나고 경미하거나 중등 정도의 피하지방 손실과 근육 손실이 나타날 때는 중등 정도의 영양불량으로 분류한다.
	C등급	10% 이상의 체중 감소가 계속 나타나거나 식사섭취가 불충분한 경우, 피하지방의 손실과 근육 손실이 함께 나타나면 심각한 영양불량으로 분류한다.

SGA는 단기간의 입원 동안에는 영양 상태 향상을 인지할 수 있는 민감도가 부족하다는 단점을 보완하기 위해 고안된 조사 방법이다. 2001년 Ottery는 기존의 SGA를 발전시켜 환자를 위한 주관적 종합 평가표(patient-generated SGA, PG-SGA)를 개발하였으며, 여러 연구에 의해 타당성이 검증되어 미국영양사협회에서는 PG-SGA를 암 환자 영양 상태 평가의 공인된 방법으로 사용 중이고, 그 외 뇌졸중 등의 다양한 질환에 PG-SGA를 적용하여 영양 상태 평가를 실시하고 있다. PG-SGA의 조사문항은 환자 스스로 답하도록 되어 있는 부분과 전문 의료인이 작성하는 부분 등 크게 두 개의 영역으로 나누어진다[부록 04 참조]. 환자가 답하는 부분은 체중 변화, 식사섭취량 및 음식의 변화, 위장 이상 증상 및 섭취량에 영향을 미치는 증상, 활동정도 등 4개 항목으로 구성되어 있고, 전문 의료인이 조사하는 부분은 영양적 문제가 심각한 질병의 유무, 대사적 스트레스를 고려한 영양 요구량에 대한 평가, 체지방과 근육량의 상태를 평가하는 신체 검진 등 3개의 항목으로 이루어져 있다. 각각의 평가 영역의 결과를 고려하여 영양 상태 정도를 '양호', '결핍이 의심되는', 그리고 '심한 영양불량'으로 판단할 수 있는 기준이 마련되어 있다[부록 04 참조]. 또한 각 문항의 점수의 총합에 따라 적절한 영양치료 행위가 제시되어 있으며 9점 이상일 경우 영양 중재의 중대한 필요성이 요구된다.

4. 임상 징후 조사

영양불량의 결과가 신체의 외적 증후로 나타나기까지는 상당히 복잡한 단계를 거치면서 서서히 진전된다. 특정 영양소의 섭취가 부족하거나 과다하여 이들 영양소의 이용에 장애가 생기게 되면 영양소의 체내 저장량에 변화가 오게 되고 나아가 이들 영양소의 혈중 농도의 저하와 함께 장시간의 결핍 시 해당 영양소가 작용하는 조직에 해부학적인 변화를 초래하게 되어 관찰이 가능한 신체의 외적 징후가 나타나게 된다.

영양 상태를 반영하는 일반적인 신체의 징후는 [표 5-3]에 나타나 있으며, 임상 영양 조사 시에 이용할 수 있다. 여러 영양소의 과잉이나 결핍 시 나타나는 임상적 특징은 [표 5-4]에 정리하여 제시하였다.

표 5-3	영양결핍 파악을 위한 신체의 징후	
	영양이 좋은 상태	**영양이 좋지 않은 상태**
체중	• 키, 나이, 체격에 적당한 체중	• 과체중 또는 저체중
자세	• 체격이 똑바르고 팔과 다리가 곧게 뻗음	• 어깨가 처지고 몸통이 빈약함 • 등이 굽음
근육	• 근육이 잘 발달되고 단단하며, 색깔이 건강해 보임 • 피부 밑에 어느 정도의 지방이 있음	• 근육이 잘 발달되어 있지 않으며 연약하고, 무기력하고, 색이 건강해 보이지 않고 소모된 듯한 모양임 • 근육활동이 좋지 않음
신경조절	• 주의력이 좋고, 침착함 • 반사작용이 정상적임 • 정서적으로 안정됨	• 주의가 산만하여 침착하지 못함 • 손발에 지각이상(paresthesia)으로 다른 자극이나 감각이 온 위치를 알지 못함 • 근육이 약함(심한 경우 걷지 못함) • 무릎과 발목의 반사작용이 줄거나 없음
소화기관의 기능	• 식욕과 소화기능이 좋음 • 규칙적인 배변 • 복부에 만져지는 혹 같은 것이 없음	• 식욕감퇴, 소화불량 • 변비나 설사 • 복부 촉진 시 간이나 지라의 비대가 관찰
순환계 기능	• 정상적인 맥박 • 잡음이 없음 • 정상혈압	• 너무 빠르거나(100/분 이상) 비정상적인 맥박 • 비대한 심장 • 고혈압
신체의 생동감	• 활기차 보이며, 원기가 좋으며 잠을 잘 자고 강건함	• 쉽게 피로하고 원기가 없으며, 잘 졸고 피곤해 보이며 만사에 무관심함
머리카락	• 윤기가 흐르고 단단하며 잘 뽑혀지지 않고, 머리 밑의 피부가 건강함	• 윤기가 없고 건조해 보이며 머리카락이 가늘고 쉽게 빠짐 • 머리색깔이 변하였음
피부	• 부드럽고 약간 촉촉하며 피부색이 좋음	• 거칠고 말랐으며 각질화되었거나 창백하고 피부색이 변해 있음 • 염증이 있음 • 멍이 있고 군데군데 홍조가 있음
얼굴과 목	• 피부색이 균일하고 부드러우며 건강한 모습이며 붓지 않음	• 기름기가 흐르거나 색이 변해 있으며 피부가 벗겨지기 쉬움 • 뺨 위나 눈 밑에 피부가 검고, 코와 입 주위에 피부가 벗겨지거나 부스럼 같은 것이 있음
입술	• 부드럽고 색깔이 좋으며 터지거나 붓지 않았으며 습기가 촉촉함	• 건조하여 껍질이 벗겨지고 부어 있음 • 구각염이 있으며 입 주위에 상처가 있거나 터진 자리가 있음

입과 입 안의 피부, 잇몸	• 입 안은 보기 좋은 붉은색이 도는 분홍색임, 붓거나 피가 나지 않음	• 입 안의 점막이 붓고 구멍이 있음 • 푸석푸석하고 피가 잘 나며 붉은 기가 적고 염증이 있으며 잇몸이 가라앉음
혀	• 보기 좋은 분홍색이며 붓거나 너무 반반하지 않음 • 상처 난 부위가 없고 표면이 오돌토돌함	• 부었고 주황색이 나는 붉은색이며, 혀의 돌기가 충혈되거나 이상 비대하거나, 돌기의 크기가 작음
치아	• 충치가 없고 통증이 없으며 이가 고르고 반짝임 • 이가 너무 몰려 있지 않고 아래턱이 반듯하고 이는 깨끗하고 색이 변해 있지 않음	• 충치, 빠진 이가 있으며, 표면이 닳았고, 이의 위치가 고르지 않음 • 반점이 있음
눈	• 맑고 반짝임 • 눈가에 무른 곳이 없고, 점막은 물기가 있고 건강한 분홍색임 • 정맥이나 조직이 튀어나온 곳이 없고, 피곤한 기가 눈에 없음	• 눈 점막이 창백하고, 눈가에 핏발이 섰으며, 건조하고 염증이 있음 • 비토 반점(bitot's spot)이 있고 붉은 기가 있으며, 눈의 점막이 건조함 • 눈동자가 흐릿하며 연해 보임
목	• 갑상선이 비대해 있지 않음	• 갑상선이 비대함

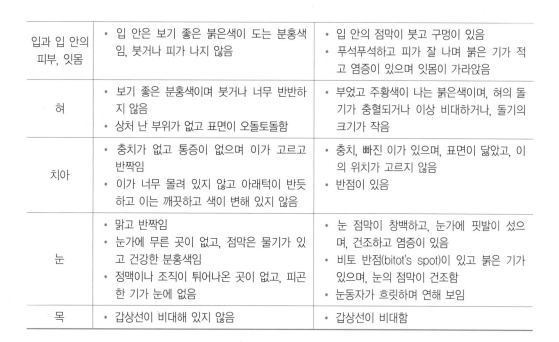

| 표 5-4 | 영양과잉 · 결핍 시 나타나는 신체적 특징 |

증상	결핍영양소	과잉영양소	비고
머리카락, 손톱			
• 머리카락이 횡으로 탈색됨(flag sign)	단백질		드묾
• 머리카락이 쉽게 빠짐	단백질		흔함
• 머리숱 감소	단백질, 비오틴, 아연	비타민 A	가끔
• 머리카락이 나선형으로 휘어짐	비타민 C		흔함
• 머리색 탈색	단백질		가끔
• 손톱에 횡선이 나타남	단백질		
• 스푼형 손톱(koilonychia), 손톱 융기, 손톱색 창백	철		
피부			
• 낙설(scaling)	비타민 A, 아연 필수지방산	비타민 A	가끔
• 셀로판 형태의 피부	단백질		가끔
• 갈라지고 터짐(flacky paint dermatosis or crazy pavement dermatosis)	단백질		드묾
• 포상각화증(follicular hyperkeratosis)	비타민 A, C		가끔
• 점상출혈(petechiae)	비타민 C		가끔
• 자반(purpra)	비타민 C, K		흔함

• 모포주위염(perifolliculosis)	비타민 C		
• 펠라그라성 피부염	나이아신, 트립토판		
• 음낭 및 외음부의 피부질환	리보플라빈		
얼굴			
• 미만성 탈색(diffuse depigmentation)	단백질, 칼로리		
• 코 주위의 지루(nasolabial seborrhea)	리보플라빈, 나이아신, 피리독신		
• 안면 창백	철, 엽산, 비타민 B$_{12}$		
• 월안(moon face)	단백질		
눈			
• 야맹증, 각막 또는 결막건조증	비타민 A		드묾
• 안검열(angular palpebritis)	리보플라빈		
• 비토반점(bitot's spots)	비타민 A		
입			
• 구각염(angular stomatitis)	리보플라빈, 나이아신, 철, 피리독신		가끔
• 구각에 상처가 남	리보플라빈		
• 구순염(cheilosis)	리보플라빈, 나이아신		드묾
혀			
• 혀의 부종	나이아신		
• 자홍색 혀(magenda tongue)	리보플라빈		
• 사상유두위축(filiform papillae atrophy)	나이아신, 엽산, 철, 리보플라빈, 비타민 B$_{12}$		흔함
• 설염(glossitis)	리보플라빈, 나이아신, 피리독신, 비타민 B$_{12}$, 엽산		가끔
• 미각감퇴증(hypoguesthesia)	아연		가끔
치아			
• 에나멜층에 얼룩이 짐		불소	
잇몸			
• 부어오르고 해면상(sponge)으로 됨	비타민 C		
선(gland)			
• 갑상선 비대	요오드		가끔
• 부갑상선 비대	단백질		가끔

피하조직			
• 부종	단백질, 티아민		흔함
• 피하지방	단백질, 칼로리		흔함

근골격계			
• 근육소모	단백질, 칼로리		흔함
• 골연화증	비타민 D		드묾
• 전두 및 두정 융기(frontal & parietal boss)	비타민 D(과거의 비타민 D 결핍과도 관계있음)		드묾
• 골단의 확장(epiphyseal enlargement)	비타민 C, D		드묾
• 구루성염주(rachitic rosary)	비타민 D(과거의 비타민 D, 칼슘 결핍과도 관계있음)		드묾
• 안짱다리(knock-knee)	비타민 D, 칼슘		
• 흉곽의 기형	과거의 비타민 D 결핍		
• 근골격계의 출혈, 근육통	비타민 C		드묾
• 두통, 졸림(drowsiness), 기면(lethargy)		비타민 A	드묾
• 정신운동성의 변화(psychomotor change)	단백질		
• 의식 혼란	단백질		
• 감각의 손실(sensory loss)	티아민		가끔
• 운동성 쇠약	티아민		가끔
• 자세감각 및 진동감각의 상실	티아민, 비타민 B_{12}		가끔
• 발목 및 무릎반사 상실	티아민, 비타민 B_{12}		가끔
• 종아리의 통증	티아민		가끔
• 말초신경 질환(허약, 감각이상, 반사소실)	티아민, 비타민 B_{12}, 피리독신		가끔
• 안근마비	티아민, 인		가끔
• 경련(tetany)	칼슘, 마그네슘		가끔

기타			
• 심부전	티아민, 인		드묾
• 간 비대(hepatomegaly)	단백질		드묾
• 상처 치유 지연	단백질, 비타민 C, 아연		흔함

5. 임상 조사를 통한 영양불량판정

(1) 영양결핍증

세계보건기구(WHO)에서는 신체적으로 나타나는 여러 가지 영양장애 증세를 한 가지 이상의 영양소 결핍을 나타내는 신체적 징후, 장기간에 걸친 영양불량을 나타내는 증세 그리고 영양 상태와 관계없이 나타나는 증세의 3가지 유형으로 분류하고 있다[표 5-5]. 일반적으로 행해지는 영양조사에서는 첫 번째 해당되는 범주의 증세만을 임상적 증후로 사용하고 있다.

표 5-5	세계보건기구(WHO)의 임상 조사를 통한 영양 평가 범주
구분	설명
제1군 (group Ⅰ)	• 영양과 직접적으로 관련된 징후가 나타나는 경우이다. • 즉 특정한 영양소 결핍증이 나타나는 경우로 요오드 부족 시 나타나는 갑상선종과 같은 경우이다.
제2군 (group Ⅱ)	• 영양불량뿐만 아니라 다른 조건하에서도 나타날 수 있는 징후가 나타나는 경우이다. • 이런 경우에는 정확한 판정을 위하여 자세한 조사가 필요하게 된다.
제3군 (group Ⅲ)	• 전혀 영양 상태가 관련이 없는 징후가 나타나는 경우이다. • 이 경우에는 얼핏 보면 영양문제에 의한 것처럼 보일 수 있으나 실제로는 균감염 등의 영향으로 나타나는 증후인 경우가 많다.

임상진단의 해석을 돕기 위하여 영양소 결핍으로 나타나는 증세를 해당 영양소와 관련된 몇 개의 관련 종류로 나누어 분류한다. 즉 특정 영양소 결핍에 있어서 신체적 증세는 한 가지 이상의 증상을 나타내는데, 예로 비타민 C의 결핍증에서는 잇몸의 출혈, 괴혈병적인 반점 혹은 팔이나 등에 나타나는 붉은 반점 등 여러 가지 증상이 나타날 수 있다. 개인을 진단하여 3가지 증세가 모두 관찰되면 한 가지 증세만 관찰된 대상자보다 비타민 C 결핍증의 확률이 높은 것으로 판정할 수 있다. 그러므로 특정 영양소 결핍을 판정하기 위하여 여러 가지 증세의 발현의 종류와 그 사례 수를 관찰하여 해당되는 영양소 결핍 증세가 많이 관찰되면 결핍의 위험률이 높은 집단으로, 1~2가지 증세만 관찰되면 위험을 다소 내재하고 있는 집단으로, 그리고 증세가 관찰되지 않으면 위험이 낮은 집단으로 판정한다[표 5-6].

임상진단에서 또한 관찰하여야 할 것은 피하지방의 손실이나 근육 손실의 여부, 발목이나 천골의 부종과 복수의 여부이다. 주로 어깨, 삼두근, 가슴, 그리고 손 등을 관찰하여 그 부위에 피하지방의 손실 혹은 부종이 얼마나 있는가를 검사한다.

표 5-6	영양소의 결핍증 판정에서 임상증상의 예		
임상증세	결핍 위험도 높음	결핍 위험이 다소 있음	결핍 위험이 낮음
단백질-에너지 불량 • 경골전방의 함요 형성, 대칭형 부종 • 심한 체중 감소 • 가벼운 체중 감소 • 머리카락이 빠짐	증세 2~3가지	증세 1~2가지	증세 없음
비타민 C 결핍증 • 괴혈병 • 잇몸 출혈 • 자반병, 점상출혈 • 팔 등의 모낭 과다 각화증	증세 2~3가지	증세 1~2가지	증세 없음
구루증(비타민 D 결핍증) • 구루병 염주 • 두개골 연화증 • 휜 다리 • 걷기 지연(>18개월)	증세 2~3가지	증세 1~2가지	증세 없음

부종의 여부는 한 부위를 눌렀다가 압박하여 변형이 일어난 부위가 5초 이상 경과 후에 되돌아오는 반응을 관찰하여 5초 이내에 부위가 정상으로 복원되지 않으면 부종으로 간주한다. 압박한 부위의 깊이(2~8mm)에 따라 +1~+4의 4단계로 구분한다[그림 5-1]. 근육의 손실은 어깨 옆 근육에서 근육의 손실이 얼마나 있는가를 관찰하고 다음으로 발목, 천골에서 나타나는 부종을 검사한다.

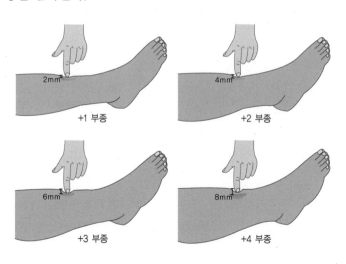

[그림 5-1] 국제림프학협회의 부종의 단계(+1~+4) 기준

2) 단백질-에너지 영양불량

단백질 및 에너지 섭취불량(protein-energy malnutrition, PEM)은 가장 많이 발생하는 영양불량이다. 국제질병분류기준(international classification of disease, 10th clinical modification, ICD-10-CM)에서는 [표 5-7]과 같이 영양불량을 분류하고 있다. 영양불량의 정도는 현재 체중이 정상 기준치의 평균보다 표준편차 3배 이상이면 심각한 영양불량, 표준편차 2~3배이면 중정도의 영양불량, 표준편차 1~2배이면 약한 영양불량으로 판정한다.

표 5-7 **국제질병분류기준에 의한 영양불량의 분류 및 진단**

질병 분류 번호	질병명	진단
E40	콰시오커(kwashiorkor)	피부와 머리카락의 탈색을 동반한 영양성 부종을 나타내는 심각한 영양불량
E41	영양성 마라스무스(nutritional marasmus)	마라스무스를 동반한 심한 영양불량
E42	마라스무스성 콰시오커 (marasmic kwashiorkor)	콰시오커와 마라스무스 증상을 동시에 보이는 심한 단백질-에너지 영양불량
E43	비특이성 심한 PEM (unspecified severe protein-energy malnutrition)	아동 또는 성인에게 나타나는 심각한 체중 감소 또는 아동에서 체중 증가의 부족이 기준치의 평균보다 표준편차 3배 이상일 때
E44	중등도와 경도 PEM (protein-energy malnutrition of moderate and mild degree)	아동 또는 성인의 체중 감소 또는 아동에서 체중 증가의 부족이 기준치의 평균보다 표준편차 2~3배 또는 표준편차 1~2배 이내로 낮을 때
E45	PEM에 따른 성장지체 (retarded development following protein-energy malnutrition)	영양성 저신장, 성장 지체, 영양불량으로 인한 신체적 지체
E46	비특이성 PEM(unspecified protein-energy malnutrition)	달리 명시되지 않는 영양불량이나 단백질-에너지 영양불량

콰시오커(kwashiorkor)는 단백질 결핍이 주원인으로 체중이나 골격근육은 비교적 정상이나 혈청 단백질 농도의 감소, 면역기능 저하, 발, 다리, 복부 및 상체 등에 부종이 나타난다. 모발이 건조해지며, 부서지기 쉽고, 모발의 탈색(깃발증후군)이 나타나며, 설사와 탈수 등을 동반한다.

깃발증후군(flag sign)

모발의 단백질 영양 상태가 상대적으로 좋았던 시기와 좋지 않은 시기에 따라 정상 색상과 탈색된 색상이 반복되면서 나타나는 무늬이다. 즉, 단백질 섭취 상태가 좋지 않았던 시기에 자란 모발은 탈색되어 흐릿한 갈색이나 붉은색 혹은 노란색을 띤 흰색으로 변한다.

마라스무스(marasmus)는 단백질과 에너지가 함께 결핍되어 나타나는 상태이며, 체중 감소가 심하고 골격근육 및 지방조직의 양이 감소한다. 혈청 단백질 농도는 비교적 정상으로 유지되나, 영양보충이 적절하게 이루어지지 않으며 대개 감염에 의해 사망하게 된다.

심한 단백질-에너지 영양불량은 콰시오커와 마라스무스의 증상이 복합적으로 나타나며, 주로 소모성 질환(후천성 면역결핍증, 암, 위장관 질환, 알코올 중독, 약물 과용) 또는 마라스무스 환자가 외상, 수술, 급성 질환 등의 스트레스에 노출되었을 때 나타난다. 콰시오커, 마라스무스 및 심한 단백질-에너지 영양불량의 특징은 [표 5-8]과 같다.

표 5-8 콰시오커와 마라스무스, 단백질-에너지 영양불량의 구분

구분	콰시오커	마라스무스	심한 단백질-에너지 영양불량
체중	비교적 정상(표준 체중의 90% 이상)	감소(표준 체중의 80% 미만 또는 지난 6개월간 10% 이상 근육 소모가 동반된 체중 감소)	표준 체중의 60% 미만
혈청 단백질	심각한 감소 (혈청알부민 <3.0g/dL, 트랜스페린 <180mg/dL)	비교적 정상 (혈청알부민 >3.0g/dL)	혈청알부민 <3.0g/dL
골격근육	뚜렷한 감소 없음	감소	감소
지방조직	유지됨	감소	감소
부종	피부와 모발의 탈색과 함께 영양성 부종	없음	피부와 모발의 탈색이 동반되지 않은 부종
면역기능	감소	감소	감소
질병의 소인	에너지는 충분하나 단백질 결핍	기아 상태, 단백질과 총 에너지 섭취부족	심한 단백질-에너지 영양불량, 마라스무스 환자가 스트레스에 노출(외상, 수술 등)

영양판정 이론편

생애주기별 영양판정

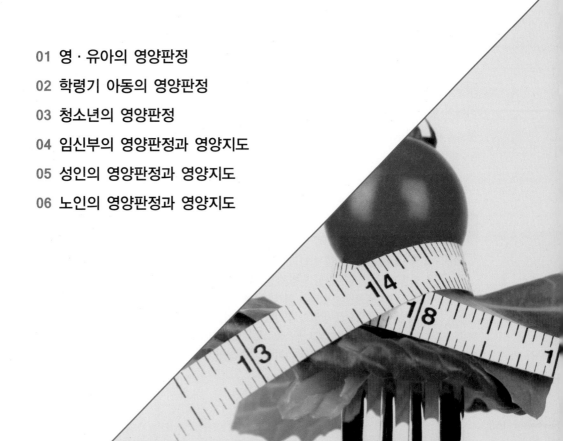

결혼 3년 차가 돼서야 첫 아이를 임신한 윤○○씨는

요즘 뱃속 아이와 함께 대화를 나누는 하루하루가 행복하다.

최근에는 임신 중 건강을 위해 요가교실에서 요가를 배우고 있다.

함께 요가를 배우는 동료들은 청소년 자녀를 둔 주부부터 미혼 여성, 같은 임신부 등 다양하다.

영양사로 일하고 있는 윤○○씨에게 여러 동료들이

자녀의 성장문제, 다이어트, 임신 중 영양 문제 등 많은 것을 물어온다.

동료들에게 윤○○씨는 어떤 조언들을 해 줄 수 있을까?

학습목표

- 영·유아의 영양판정 방법과 평가항목을 학습한다.
- 학령기아동의 영양판정 방법과 평가항목을 학습한다.
- 청소년의 영양판정 방법과 평가항목을 학습한다.
- 임신부의 영양판정 방법과 평가항목을 학습한다.
- 성인의 영양판정 방법과 평가항목을 학습한다.
- 노인의 영양판정 방법과 평가항목을 학습한다.

생애주기에 따라 각 연령 집단별로 신체의 생리적인 특성이 매우 다르고 요구되는 영양소의 질과 양에 차이가 있다. 질병에 대한 면역능력이 다르고 쉽게 발현되는 질병의 종류 또한 다른 양상을 보이므로 영양 상태를 평가하고자 할 때는 각 연령에 따른 특성을 고려해야 한다. 즉 연령에 따라 적용되는 판정법이 다를 수 있으며 판정기준 또한 차이가 있다. 대상의 신체 상태와 생활환경 파악을 통한 영양 상태 평가와 이에 근거한 영양지도가 요구된다.

1. 영·유아의 영양판정

영아기는 출생 이후 만 1년까지의 기간으로 신체의 성장과 발육이 일생을 통하여 가장 빠른 시기이다. 중추신경계가 급격히 발달하는 시기로 적절한 영양공급이 이루어지지 않으면 신체발달 외에 두뇌 발달에도 영향을 미치게 된다. 유아기는 영아기 이후 만 5세 아동기 이전까지의 기간으로 영아기에 비하여 전반적인 성장률은 느리지만 발육이 왕성하여 체중 당 에너지 및 단백질 필요량이 성인보다 훨씬 높은 시기이다. [표 6-1]은 시기별 영·유아의 건강검진 항목을 나타낸다. 3세가 되면 유아는 유치 20개가 모두 생기고 고형 음식물을 씹고 삼키는 섭식기술이 크게 발달하여 일반식을 먹을 수 있는 준비가 완료된다. 따라서 구강건강을 위한 검진이 필요하며, 평생의 건강한 식생활을 위한 올바른 기초 식습관이 확립되는 중요한 시기가 된다. 영·유아 영양판정의 목표는 성장의 유무와 영양결핍 및 과잉 등의 요인을 파악함으로써 이를 기초로 영·유아가 정상적인 성장과 발달을 할 수 있도록 도모함에 있다.

표 6-1			시기별 영·유아 건강검진 항목
	검진항목		항목
1차	건강검진	생후 4~6개월	신체계측(키, 체중, 머리 둘레), 청각, 시각 등 문진 및 진찰, 건강교육(안전사고 예방, 수면, 영양)
2차	건강검진	생후 9~12개월	신체계측(키, 체중, 머리 둘레), 청각, 시각 등 문진 및 진찰, 발달선별검사 및 평가, 건강교육(안전사고 예방, 영양, 구강)
3차	건강검진	생후 18~24개월	신체계측(키, 체중, 머리 둘레), 청각, 시각 등 문진 및 진찰, 발달선별검사 및 평가, 건강교육(안전사고 예방, 영양, 대소변 가리기)
	구강검진	생후 18~29개월	구강문진 및 진찰, 구강보건교육

4차	건강검진	생후 30~36개월	신체계측(키, 체중, 머리 둘레, 체질량), 청각, 시각 등 문진 및 진찰, 시력 검사, 발달선별 검사 및 평가, 건강교육(안전사고 예방, 영양, 정서 및 사회성)
5차	건강검진	생후 42~48개월	신체계측(키, 체중, 머리 둘레, 체질량), 청각, 시각 등 문진 및 진찰, 시력 검사, 발달선별 검사 및 평가, 건강교육(안전사고 예방, 영양, 개인위생)
	구강검진	생후 42~48개월	구강문진 및 진찰, 구강보건교육
6차	건강검진	생후 54~60개월	신체계측(키, 체중, 머리 둘레, 체질량), 청각, 시각 등 문진 및 진찰, 시력 검사, 발달선별 검사 및 평가, 건강교육(안전사고 예방, 영양, 취학 준비)
	구강검진	생후 54~65개월	구강문진 및 진찰, 구강보건교육
7차	건강검진	생후 66~71개월	신체계측(키, 체중, 머리 둘레, 체질량), 청각, 시각 등 문진 및 진찰, 시력 검사, 발달선별 검사 및 평가, 건강교육(안전사고 예방, 영양, 간접흡연)

(1) 식사 조사

의료 환경, 영양공급 상태 및 기타 여러 생태학적 변인은 영·유아의 영양 상태에 영향을 줄 수 있다. 질병이나 영·유아 방임현상과 함께 부모나 영·유아를 돌보아 주는 보호자가 없거나 영·유아 가정의 경제적 문제, 양육 환경의 변화 등은 영·유아의 영양 상태를 크게 변화시킬 수 있는 요인이다. 따라서 영·유아의 식사섭취량 조사 시에는 유즙 및 음식물 섭취 상황의 조사와 함께 다음 사항이 반드시 조사되어야 하며, 조사된 항목을 바탕으로 보호자를 대상으로 한 영양지도 실시가 요구된다.

- 수유 횟수 및 양: 모유영양, 인공영양, 혼합영양 여부와 모유 이외의 조제분유로 양육할 경우 조제분유의 종류, 모유수유 기간 등을 조사한다. 조제분유의 경우 수유 횟수와 양을 조사하며 모유의 경우 수유 횟수와 수유시간, 모체의 수유 직전 체중과 수유 후 체중변화를 측정하여 영아 유즙 섭취량을 추정할 수도 있다.
- 영양보충제의 섭취: 비타민이나 무기질 등의 영양제의 보충 섭취 및 보충제 섭취 시 영양제의 종류(상품명)와 단위 섭취량, 영양제 성분 등을 조사한다.
- 고형 음식물의 섭취에 대한 조사: 이유보충식의 급식 여부와 종류, 섭취량, 영·유아의 기호도, 시판 이유보충식을 급식할 경우 그 종류와 양, 가정에서의 이유식 준비과

정 등이 포함된다.

- 비정상적 섭식 행동 및 유아의 식습관: 음식물 급식 후 영·유아의 섭식 행동으로 나타난 이상 섭식 행동 유무와 유아 스스로 이미 형성된 식습관 등을 조사한다.
- 가족의 식습관: 가족 중에 특정 식품에 대한 편견과 섭식 거부가 있는지 조사한다.
- 식품 알레르기 현상: 이유식의 섭취나 일반적으로 특수 식품을 섭취했을 때 영·유아의 과민반응 유무를 조사한다.

다문화가정 영아의 이유·보충식 지연, "몰랐기 때문에…?"

다음의 자료를 읽고 영·유아의 식사섭취량 조사에서 더 고려해야 할 것이 무엇인지 생각해 보자.

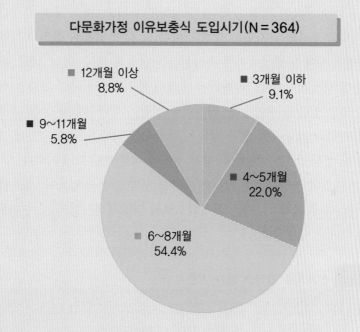

다문화가정 이유보충식 도입시기(N = 364)

- 12개월 이상 8.8%
- 3개월 이하 9.1%
- 9~11개월 5.8%
- 4~5개월 22.0%
- 6~8개월 54.4%

국제결혼이 증가함에 따라 '다문화가정'의 인구계층이 등장하고 새로운 보건복지의 대상으로 대두되고 있다. 최근 이들을 대상으로 한 관련 영양조사에 의하면 다문화가정 출생아 이유보충식의 도입시기가 약 50%는 6~8개월 사이, 약 13% 이상은 9개월 이후로 상당히 지연되고 있는 것으로 나타났다. 이는 다문화가정의 경우 한국문화에 적응하기에 앞서 영양서비스 및 영양정보가 충분히 인지되지 못한 상태에서 출산에 따른 육아를 진행해야 하는 어려움에 직면한 사례로 여겨지고 있다.

(2) 신체계측 조사

영 · 유아의 성장률과 성장유형은 유전적 요소에 의해 좌우되나 영양학적 요인에 의해서도 달라진다. 영 · 유아의 영양 상태 판정 항목으로 성장의 정도를 측정하는 것은 세계보건기구(WHO)에서도 권장하고 있는 대표성 있는 영양판정 지표이다.

신장(영아의 경우 누운 키), 체중, 머리 둘레 등이 영양불량 여부를 판정하는 가장 기본이 되는 지표이며 기준치와 비교하면 쉽게 영양불량 여부를 판정할 수 있다. 각 나라의 소아전문학회에서는 연령별 체중, 연령별 신장, 신장별 체중의 성장표(growth chart)를 통하여 개인의 정상성장 여부 및 지연 정도를 쉽게 판별할 수 있는 자료를 제시하고 있다. 우리나라에서도 2007년 질병관리본부와 대한소아과학회에서 소아 · 청소년 표준 성장도표가 제시되어 소아 및 청소년의 신체 발육 상황 평가에 중요하게 활용되고 있다.

표준 성장도표를 이용하여 개월 수에 따른 신장이나 체중, 머리 둘레 측정값을 세로축에서 찾아 정기적으로 표시해 나가면서 각 연령마다 그 값이 백분위 값의 어디에 속하는지를 확인함으로써 발육 상태가 정상범위에 속하는가를 단정해 볼 수 있다. 예를 들어 25분위에 속하던 머리 둘레 측정값이 차츰 50분위에 가까운 쪽으로 이동하고 있다면 영 · 유아의 영양 상태가 개선되고 있음을 보여준다. 월령이나 연령이 증가될수록 신장, 체중, 머리 둘레의 절댓값은 증가하나 상대적인 영양 상태는 악화되는 사례가 종종 있는데, 이런 경우 백분위 값에 기초한 성장곡선을 이용하면 성장 정도에 대한 판단이 용이하다.

성장곡선표는 개인의 영양판정뿐 아니라 대규모 영양조사 시 얼마나 많은 비율의 영 · 유아가 25분위 아래쪽에 위치하는지를 확인함으로써 영양개선사업의 실시 여부 및 수정 여부를 결정하는 데에도 이용된다.

표 6-2 신체계측 결과의 평가 기준

측정항목	적용연령	평가기준
체중	모든 연령	키 · 체중 백분위수(percentile)
누운 키	36개월 미만 36개월 이상	적정 체중의 120% 이상: 비만 3rd percentile 미만의 체중: 영양결핍, 부적절한 영양 3rd percentile 미만의 키: 성장부진, 만성적인 영양결핍
머리 둘레 가슴 둘레	2세 전까지	3rd percentile 미만의 머리 둘레: 오랜 기간의 영양결핍
삼두근 피부 두겹 두께	모든 연령	90~95th percentile 이상: 비만 5th percentile 미만: 영양지원 고려
삼완위 근육 둘레	36개월 이상	키, 체중 측정이 어려울 때 단백질-에너지 영양불량 판정에 유용 5th percentile 미만은 영양불량

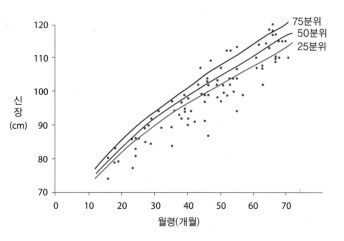

[그림 6-1] 성장곡선표를 이용한 집단 영양판정의 예

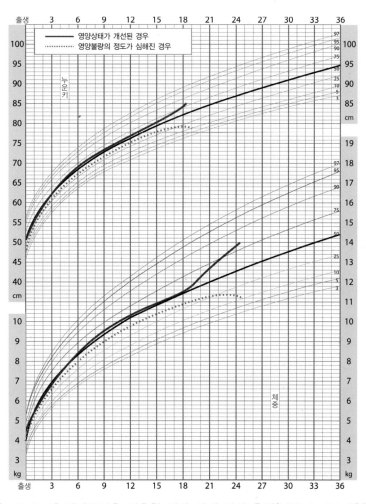

[그림 6-2] 성장곡선을 이용한 영양 상태 변화 추적(남아 0~36개월)

표 6-3 영아의 월령별 체중, 신장, 머리 둘레 표준치

남아			월령	여아		
체중(kg)	신장(cm)	머리 둘레		체중(kg)	신장(cm)	머리 둘레
3.41	50.12	34.70	출생 시	3.29	49.35	34.05
5.68	57.70	38.30	1~2개월	5.37	56.65	37.52
6.45	60.90	39.85	2~3개월	6.08	59.76	39.02
7.04	63.47	41.05	3~4개월	6.64	62.28	40.18
7.54	65.65	42.02	4~5개월	7.10	64.42	41.12
7.97	67.56	42.83	5~6개월	7.51	66.31	41.90
8.36	69.27	43.51	6~7개월	7.88	68.01	42.57
8.71	70.83	44.11	7~8개월	8.21	69.56	43.15
9.04	72.26	44.63	8~9개월	8.52	70.99	43.66
9.34	73.60	45.09	9~10개월	8.81	72.33	44.12
9.63	74.85	45.51	10~11개월	9.09	73.58	44.53
9.90	76.03	45.88	11~12개월	9.35	74.76	44.89
10.41	78.22	46.53	12~15개월	9.84	76.96	45.54
11.10	81.15	47.32	15~18개월	10.51	79.91	46.32
11.74	83.77	47.94	18~21개월	11.13	82.55	46.95
12.33	86.15	48.45	21~24개월	11.70	84.97	47.46

표 6-4 유아의 연령별 체중, 신장, 체질량 지수, 머리 둘레 표준치

남아				연령	여아			
체중(kg)	신장(cm)	BMI (kg/m)	머리 둘레		체중(kg)	신장(cm)	BMI (kg/m)	머리 둘레
13.14	89.38	16.71	49.06	2~2.5세	12.50	88.21	16.34	48.08
14.04	93.13	16.29	49.66	2.5~3세	13.42	91.93	16.01	48.71
14.92	96.70	15.97	50.10	3~3.5세	14.32	95.56	15.76	49.18
15.91	100.30	15.75	50.43	3.5~4세	15.28	99.20	15.59	49.54
16.97	103.80	15.63	50.68	4~4.5세	16.30	102.73	15.48	49.82
18.07	107.20	15.59	50.86	4.5~5세	17.35	106.14	15.43	50.04
19.22	110.47	15.63	51.00	5~5.5세	18.44	109.40	15.44	50.21
20.39	113.62	15.72	51.10	5.5~6세	19.57	112.51	15.50	50.34

(3) 생화학적 조사

영·유아의 영양소 결핍증세는 일반적으로 모든 연령층에 나타나는 특정 영양소 결핍증세와 같으므로 특정 비타민 및 무기질의 결핍은 전문가에 의하여 특정 증세의 유무를 진단받아 판정내릴 수 있다. 영·유아의 주요 생화학적 판정 지표로는 철 결핍성빈혈 판정을 위한 헤모글로빈 농도(hemoglobin, Hb), 헤마토크릿(hematocrit, Hct), 적혈구 평균용적(mean corposcular volume, MCV) 등과 단백질 상태 파악을 위한 혈청 알부민 수치 등이 있다. 생화학적 결과를 통해 식사 및 임상 조사 등에 의해 관찰 가능한 영양적 문제 또는 임상적으로 나타나지 않은 영양적 문제 또한 객관적으로 확인할 수 있다.

1) 철 결핍성 빈혈

철 결핍성 빈혈은 생후 6개월 이후부터의 영아가 모체로부터 받아 저장된 철분이 고갈됨으로써 적절한 영양이 공급되지 못할 경우 영·유아에게 특히 흔하게 나타날 수 있는 영양문제이다. 철 결핍성 빈혈의 진단에는 헤모글로빈과 헤마토크릿, MCV측정이 이용된다.

표 6-5 영·유아의 철 결핍성 빈혈 판정을 위한 Hb, Hct, MCV 기준(WHO)

연령층	Hb	Hct	MCV
6개월~6세	≤11	≤33.0	
1~2세			<73
3~4세			<75
5~10세			<76

2) 단백질 상태

단백질의 상태 판정에는 혈청 알부민 수치가 이용된다. 혈청 알부민은 약 20일의 반감기를 가지므로 비교적 장기간의 내장 단백질 상태를 알려주는 좋은 지표가 된다. 영·유아의 혈청 알부민 정상수치는 [표 6-6]과 같다.

표 6-6 영·유아의 혈청 알부민 정상수치

연령	정상치(g/dL)	연령	정상치(g/dL)
미숙아	2.5~4.5	3~12개월	2.7~5.0
0~1개월	2.5~5.0	1~5세	3.2~5.0
1~3개월	3.0~4.2	6세 이상	3.5

(4) 임상 조사

아기는 모체의 태반을 통해 생후 6~7개월간 사용할 면역체를 받고 태어난다. 그래서 모체로부터 받은 면역체가 고갈되는 생후 7~8개월부터는 사람들과의 접촉이 많아지면서 질병에 노출되기 쉽다. 아기의 양호한 성장을 위해서는 우선적으로 아기에게 주의를 기울여야 하며, 주기적으로 임상적인 변화도 유심히 살펴야 한다. 특정 영양소의 부족증이 일어나지 않도록 작은 변화부터 잘 감지하여, 신속한 영양원을 보충해 주는 것이 매우 중요하다. 영 · 유아를 비롯한 아동 및 청소년 모두 임상 조사를 통한 평가는 성인과 유사하다. 하지만 어린이의 경우에는 영양결핍의 임상적 증후가 비특이적이고 대체로 늦게 나타나는 편이라는 점을 감안하여 다른 조사 방법과의 병행이 요구된다.

2. 학령기 아동의 영양판정

학령기 아동은 초등학교에 다니는 6~12세까지의 어린이를 가리킨다. 꾸준한 성장 지속의 시기로 성장 발현 및 체력 증진을 위한 체중당 영양소 필요량이 성인에 비해 많은 시기이다. 양호한 성장을 위한 충분한 열량과 단백질, 칼슘의 공급이 매우 중요하며, 2차 성징이 나타나는 아동기 후반에는 빈혈 방지를 위한 철 공급도 매우 중요하다. 이 시기 식습관은 부모, 대중매체, 또래 친구 등에 의해 영향을 받기 쉽다. 또한 공통적으로 학교급식을 통해 영양공급이 이루어진다. 따라서 올바른 식습관 형성과 균형 잡힌 영양 섭취, 양호한 성장을 위해서는 학교, 가정 및 지역사회에서 체계적인 영양교육의 장이 조성되고, 실시되는 것이 매우 중요하다.

(1) 식사 조사

아동의 성장 정도, 식습관 및 식사태도, 사회 · 경제적 환경을 비롯하여 부모 및 가족과의 관계 등이 모두 식생활에 영향을 끼칠 수 있으므로 아동의 식사섭취량 조사에 대한 평가와 함께 이에 대한 평가도 이루어져야 한다. 학령기 아동의 경우 본인이 스스로 식사력을 말할 수 있으므로 개별적인 면담을 통해 식사의식에 대한 정보 수집이 가능하나 이는 아동 개개인의 차이를 고려하여 평가되어야 한다. 초등학교 3~6학년 정도의 어린이는 자신이 먹는 식품의 섭취 빈도를 비교적 정확하게 기록할 수 있기에 보다 구체적인 식품섭취정보 수집 시 부모와 어린이를 분리하여 각각 면담하는 것이 도움이 될 수 있다. 한편 소아 비만에 대한 사회적 우려가 고조되면서 병원을 비롯한 여러 기관에서 아동 대상의 비만 클리닉이 개설되어 운영되고 있다. 소아 비만의 개선을 위한 식이, 운동, 약물, 행동수정요법 등의 프로그램이 운영되는 가운데 식습관 교정을 위한 방법의 하나로 식사 일기 쓰기가 권장되고 있다.

"어린이 영양지수(nutrition quotient, NQ)"

아동의 음식 섭취와 섭취 행동을 제시된 문항을 통해 종합적으로 체크하여 알기 쉽게 파악할 수 있도록 고안된 지수이다. 아동 개인의 식생활뿐 아니라 식사의 질 및 식습관을 평가하는 도구로 용이하며, 초등학교 어린이 대상 영양교육이나 영양상담 효과 판정에도 활용할 수 있다. 평가문항은 다음과 같으며, 영양지수 판정결과는 영양과 관련한 균형, 다양, 절제, 규칙 실천의 5개 영역과 운동 가이드로 산출한다.

- 어린이 영양지수(nutrition quotient, NQ) 평가문항
① 식사할 때 쌀밥보다 잡곡밥을 자주 먹나요?
② 식사할 때 채소 반찬(김치 제외)은 몇 가지나 먹나요?
③ 김치는 얼마나 자주 먹나요?
④ 과일은 얼마나 자주 먹나요?
⑤ 흰 우유는 얼마나 자주 먹나요?
⑥ 콩이나 콩 제품(두부, 두유, 콩국수 등)은 얼마나 자주 먹나요?
⑦ 계란은 얼마나 자주 먹나요?
⑧ 단 음식(초콜릿, 사탕, 청량음료 등)은 얼마나 자주 먹나요?
⑨ 패스트푸드(피자, 햄버거 등)는 얼마나 자주 먹나요?
⑩ 라면은 얼마나 자주 먹나요?
⑪ 아침 식사는 얼마나 자주 하나요?
⑫ 매끼 식사는 정해진 시간에 하나요?
⑬ 식사할 때 반찬을 골고루 먹나요?
⑭ 식사할 때 음식을 꼭꼭 씹어 먹나요?
⑮ 야식은 얼마나 자주 먹나요?
⑯ 길거리 음식은 얼마나 자주 사 먹나요?
⑰ 가공식품을 살 때 영양성분 등 식품 표시를 확인하나요?
⑱ 음식을 먹기 전에 손을 씻나요?
⑲ 하루에 TV 시청과 컴퓨터 게임을 합쳐서 어느 정도 하나요?
⑳ 하루에 운동(등 · 하교 시 걷기 포함)은 어느 정도 하나요?

* 각 문항은 균형, 다양, 절제, 규칙 실천 중 어떤 평가영역에 연계되는지 생각해 보자.

> **"뚱뚱보 우리 아이와 함께 할 수 있는 다이어트"**
>
> 생활환경이 편리해지면서 활동량이 부족하여 열량 소비는 줄어든 반면 식생활의 서구화로 열량 섭취가 증가하고 있다. 한 조사 결과에 따르면 지난 10년간 소아 비만이 약 2배 정도 증가하여 현재 초등학생 5명 중 1명 정도가 소아 비만에 해당하는 것으로 보고되고 있다. 소아는 성장기에 있기 때문에 무리하게 식사량을 줄이기보다는 식사의 질을 바꾸면서 활동량을 늘려 주는 것이 중요하다. 또한 성인은 자제력이 있어서 스스로 식이조절과 운동조절이 가능하나 아이는 그렇지 못하니 부모가 세심히 챙겨 주는 것도 중요하다. 우선 세 끼 식사를 꼬박꼬박 할 수 있게 한다. 체중을 줄이기 위해 무리하게 운동을 시키기보다는 아이가 좋아하는 운동을 즐길 수 있게 해 주는 것이 중요하다. 가족이 함께 배드민턴을 친다거나 운동장을 돈다거나 등산을 하는 것도 좋은 방법이다. 식사 일기나 운동 일기를 쓰게 하여 부모와 함께 검토하면서 잘한 점을 칭찬해 주고, 잘못한 점은 교정해 주는 것도 소아 비만을 치료하는 좋은 방법이다.

(2) 신체계측 조사

영·유아와 마찬가지로 신장, 체중, 체질량 지수 등을 통하여 2007년 한국 소아·청소년 표준 성장도표를 이용하여 성장정도를 측정함으로써 영양 상태를 판정할 수 있다[연령별, 성별 성장도표는 부록 03 참조, 판정 방법은 영·유아 신체계측조사 참조]. 학동기 아동의 경우 성장 정도뿐 아니라 비만도를 판정하는 것도 성인비만으로의 이환률이 높은 소아비만의 예방 및 조기치료라는 점에서 중요할 수 있다. 아동의 비만도 역시 표준 성장도표에서 제시한 성별, 신장별 표준 체중을 이용하거나 체질량 지수 표준곡선을 이용하여 [표 6-7] 같은 기준에 근거하여 평가할 수 있다.

표 6-7 　아동의 비만도 평가 기준

성별, 신장별 표준 체중을 이용한 평가 기준	
경도 비만	성별, 신장별 표준 체중의 120~129%
중등도 비만	성별, 신장별 표준 체중의 130~149%
고도 비만	성별, 신장별 표준 체중의 150% 이상
체질량 지수 표준 곡선을 이용한 평가 기준	
과체중 위험군	연령별 체질량 지수 85~95 백분위 1년간 체질량 지수 3~4 이상 증가한 경우
비만군	연령별 체질량 지수 95 백분위 이상

표 6-8				학령기 아동의 연령별 체중, 신장, 체질량 지수 표준치				
남아				연령	여아			
체중(kg)	신장(cm)	BMI (kg/m)	머리 둘레		체중(kg)	신장(cm)	BMI (kg/m)	머리 둘레
21.60	116.64	15.87	51.17	6~6.5세	20.73	115.47	15.61	50.44
22.85	119.54	16.06	51.21	6.5~7세	21.95	118.31	15.75	50.51
24.84	123.71	16.41		7~8세	23.92	122.39	16.04	
27.81	129.05	16.97		8~9세	26.93	127.76	16.51	
31.32	134.21	17.58		9~10세	30.52	133.49	17.06	
35.50	139.43	18.22		10~11세	34.69	139.90	17.65	
40.30	145.26	18.86		11~12세	39.24	146.71	18.27	

(3) 생화학적 조사

철 결핍은 아동에게 가장 흔한 영양문제로 아동의 영양 평가에 있어 필수적 항목이라 할 수 있다. 영·유아와 마찬가지로 철 결핍성 빈혈 판정을 위한 지표로는 혈색소 농도(Hb), 적혈구 용적률(Hct), 적혈구 평균용적(MCV)이 있다. 빈혈은 철 결핍의 말기증상으로 나타나므로 판정에 이용되는 지표의 수치가 정상치보다 낮을 경우에는 철 보충을 시작하고 추가 검사 및 처방을 통한 치료가 필요하다.

표 6-9	학령기 아동의 철 결핍성 빈혈 판정을 위한 Hb, Hct, MCV 기준(WHO)		
연령층	Hb	Hct	MCV
6개월~14세	≤12	≤36.0	
5~10세			<76
11~14세			<78

일반적으로 아동에게는 모든 생화학적 검사가 적용될 수 있으나 소아 비만의 증가와 함께 심혈관계 질환과 관계된 고혈압 및 이상지질혈증에 대한 진단이 특히 주요 항목이 되고 있다. 아동이 성장기인 만큼 고혈압 및 이상지질혈증에 대한 진단을 받고 치료할 때에는 무엇보다 식생활, 운동부족, 비만도 등 심혈관계 질환의 위험요인에 관하여 중점을 두고 아동과 가족을 철저히 교육할 필요가 있다. 아동의 고혈압 및 이상지질혈증에 대한 진단 기준은 [표 6-10], [표 6-11]과 같다.

표 6-10	아동의 고혈압 분류 기준					
나이	높은 정상범위(mmHg)		현저한 고혈압(mmHg)		중증고혈압(mmHg)	
	수축기	이완기	수축기	이완기	수축기	이완기
6~9세	114~121	74~77	122~129	78~85	130 이상	86 이상
10~12세	122~125	78~81	126~133	82~89	134 이상	90 이상
13~15세	130~135	80~85	136~143	86~89	144 이상	92 이상
16~18세	136~141	84~91	142~149	92~97	150 이상	98 이상

표 6-11	아동의 이상지질혈증 진단 기준	
구분	경계선(mg/dL)	비정상(mg/dL)
총 콜레스테롤	≥170	≥200
LDL-콜레스테롤	≥100	≥130
HDL-콜레스테롤	–	<40
중성지방	–	≥200

(4) 임상 조사

영·유아를 비롯한 아동뿐 아니라 청소년까지 영양불량으로 인해 나타나는 임상적 증후는 성인과 동일하다[성인의 임상 조사 참조]. 영양불량으로 인한 임상적 증후는 때로 무시되기 쉽다. 때문에 아동의 성장과 양호한 영양 상태 유지를 위해서는 무엇보다 부모에 의한 주의 깊은 관찰과 관심, 대처가 필요하다.

3. 청소년의 영양판정

청소년은 약 13세부터 20세 미만의, 아동기에서 성인기로 넘어가는 과도기로 호르몬의 변화 때문에 신체 생리에 큰 변화가 일어나며, 영아기 이후 가장 급속한 성장과 발육이 이루어지는 제2의 성장 급등기이다.

청소년들은 자신의 영양이나 건강 상태에 대한 관심도가 매우 낮다. 대부분의 청소년들은 자신의 영양 상태에 대하여 결핍을 염려하기보다 과체중이나 비만 등 과잉에 많은 관심과 문제를 가지고 있다. 이 시기에 나타나는 외모에 대한 관심도와 이성에 대한 관심은 저체중을 추구하는 경향으로 이어져 영양불량의 위험을 유발할 수 있다. 또한 과중한 학습의 부담 등은 과도한 음식의 섭취 등 이상 섭식 행동으로 비만을 초래할 수 있다. 이러한 행동과 심리는 영양소 섭취에 있어 부족이나 과다 등의 양극화된 문제를 유발한다. 그러므로 문제해결을 전제로 한 영양판정을 위하여 청소년의 식품섭취량 조사 및 청소년의 식품섭취에 영향을 줄 수 있는 영양환경과 심리적 측면이 반드시 평가되어야 한다. 또한 청소년기는 사춘기가 시작되면서 여러 특징이 함께 나타나므로 사춘기 동안에 나타나는 외적인 신체발달과 성적 발달의 변화를 관찰하는 것이 중요하다. 단순히 연령에 따른 영양 상태의 평가보다 연령과 성적 성숙 단계에 따른 영양 상태 평가가 고려되어야 한다는 것이다.

표 6-12	성적 성숙 단계 분류(태너)	
단계	남	여
1	사춘기 전 단계	사춘기 전 단계
2	성적 성숙 첫 번째 신호가 나타남	키의 최고 성장이 시작됨
3	키가 최고 속도로 성장하기 시작	키의 최고 성장이 계속됨
4	키가 최고 속도로 계속 성장: 목소리 변성, 수염, 액모	초경이 나타남
5	성인기	성인기: 액모가 자람

(1) 식사 조사

성인과 같이 24시간 회상법, 기록법이나 식품섭취빈도법 등을 이용하여 각 영양소의 섭취량을 조사하고 평가할 수 있다. 간식 섭취가 많을 수 있으므로 식사 외 간식 섭취량을 정확하게 조사하는 것이 필요하다. 에너지는 비만과 상관성이 있고 단백질, 칼슘, 철 등은 성장 발달에 필수적인 영양소이므로 중점적으로 평가하도록 한다. 식품섭취에 영향을 줄 수 있는 흡연, 운동, 알코올 섭취, 약물복용, 영양제 및 건강기능식품 등의 섭취 여부도 함께 조사해야 한다. 외모에 대한 관심이 높은 때이므로 지나치게 음식을 적게 섭취하는 청소년이 있는 반면 학업 및 기타 스트레스로 인해 지나치게 음식을 많이 섭취하는 청소년이 있을 수 있으므로, 이에 대한 진단도 함께 이루어질 필요가 있다.

사춘기 영양 위험 판단하기

문항을 읽고 Y, N에 체크하고 점수를 합산하세요.	Y	N
1. 일주일에 결식이 3회 이상인가?	1	0
2. 하루에 채소, 과일을 합쳐서 5회 미만 섭취하는가?	1	0
3. 하루에 우유 및 유제품을 2회 미만 섭취하는가?	1	0
4. 주 3회 이상의 패스트푸드를 섭취하는가?	1	0
5. 육류나 생선 종류를 싫어하는가?	1	0
6. 과거 6개월간 다이어트를 반복하였는가?	1	0
7. 일주일에 육류 섭취 횟수가 3회 미만인가?	1	0
8. 비만(표준 체중의 120% 이상) 혹은 저체중(표준 체중의 87% 이상)인가?	1	0
9. 만성 질환으로 인한 약을 복용하고 있는가?	1	0
10. 음주 혹은 흡연을 하는가?	1	0

[판정] 6점 이상: 영양 위험 높음 / 8점 이상: 영양 위험 아주 높음

청소년기 식사장애

식사장애란 체중이나 체형에 지나친 관심으로 식사 행동에 심각한 문제를 가지게 되는 장애로서 거식증, 폭식증, 폭식장애 등이 이에 속한다. 청소년기는 다른 시기보다 스스로의 몸매와 체중에 관심이 많아 발병률이 높다. 식사 행동의 심각한 문제라 함은 살찌는 것에 대한 걱정과 두려움으로 지나치게 적게 먹거나, 음식에 대한 자제력을 잃고 심하게 많이 먹거나, 고의적인 구토나 설사약 등의 복용으로 먹은 음식을 비워내는 것 등을 말한다. 청소년기 식사장애는 성장기 건강을 위협하는 요인으로 혼자서 고민하지 말고 가족에게 알려 전문가의 적극적인 치료를 받아야 한다.

거식증과 폭식증의 특징	
거식증	**폭식증**
• 병적인 체중 감소 • 비만에 대한 극심한 두려움 • 왜곡된 신체상 • 월경 없음 • 음식에 대한 몰두 • 극심한 열량 제한 • 과도한 운동 • 자신의 질병에 대한 부인	• 체중의 기복이 심함 • 먹을 것에 집착함 • 체형과 체중에 대해 예민함 • 월경 불순 • 음식에 대한 몰두 • 폭식 후 구토 유발 • 설사약 복용 등 기타 강박성 행동 • 자신의 행동이 비정상적이라고 자각

식사장애 예방하기

식사장애는 마른 몸매와 체중에 대한 지나친 관심, 자신의 외형적 모습에 대한 불만족, 잘못된 다이어트 방법 등으로 인해 생길 수 있다. 아동기와 청소년기부터 올바른 식습관과 신체활동 등 건강에 좋은 행동을 실천하고 적정 체중을 유지하는 것은 매우 중요하며, 나의 몸과 모습에 대해 긍정적인 신체상을 가지고 자신감을 갖는 것도 식사장애를 예방하는 방법이 될 수 있다.

나를 사랑하는 방법

- 내 몸이나 나에 대한 부정적인 생각은 "이제 그만!" 한다.
- 내 몸은 나의 고유한 것임을 인정하고 받아들인다.
- 내가 할 수 있는 것과 없는 것을 구분하고, 할 수 없는 것(예: 키 등)은 즐긴다.
- 바꿀 수 있는 부분은 목표를 세우고 노력한다.
- 나의 장점을 찾고, 잘하는 것을 찾아 즐긴다.
- 나의 생각과 의견에 자신감을 가지고, 실수 시에도 더 배울 수 있다는 긍정적인 생각을 한다.

(2) 신체계측 조사

청소년은 신장, 체중, 체질량 지수, 비만도, 허리-엉덩이 둘레비, 피부 두겹 두께 등의 측정치를 연령별, 성별 기준치와 비교하여 영양 상태를 판정할 수 있다. 현재 고혈압을 가진 청소년의 30~50%는 비만인 것으로 나타나 체중관리가 비만 청소년에게 있어 매우 중요한 관리사항으로 강조되고 있다. 특히 청소년기의 비만은 성인기의 비만으로 이행될 가능성이 높고, 각종 합병증에 노출되기 쉬우므로 신체계측을 통한 일차적인 영양판정에 관심을 가져야 한다. 물론 청소년기 신체의 성장 발달 정도를 평가할 때에는 체중이나 신장 외 2차 성징의 성숙 정도도 반드시 함께 고려할 필요가 있다.

청소년기의 비만 판정은 비만지수나 상대체중을 이용하여 판정한다. 표준 체중은 2007년 소아·청소년 표준 성장도표에서 제시하는 신장별 체중표의 50백분위수를 사용한다. 소아·청소년에게 있어 비만이라 함은 주로 사춘기 연령 이후에 적용될 수 있는 개념으로 연령별 체질량 지수에서 95백분위수 이상으로 정의하기도 하는데 청소년의 체질량 지수가 성인의 비만 기준인 25이상일 시에는 백분위수와 상관없이 비만으로 판정하기도 한다.

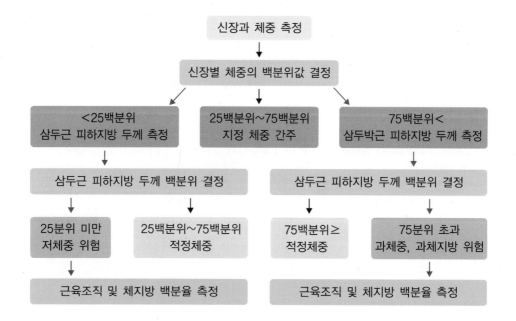

[그림 6-3] 청소년의 체중 평가를 위한 도식

(3) 생화학적 조사

청소년기는 유전적인 요소와 식생활의 차이로 신체발달의 개인차가 크며, 급격한 성장 발달에 따라 철 결핍성 빈혈이 일어나기 쉽다. 철 결핍성 빈혈은 성장 발육이 왕성하고 음식물 섭취가 불규칙한 청소년과 가임기 여성에게 가장 흔하게 발생하며, 세계보건기구(WHO)에 의하면 1~2세(10~50%), 청소년(16~50%), 사춘기 여성(65%)의 발생률이 보고되었다.

표 6-13	청소년의 철 결핍성 빈혈 판정을 위한 Hb, Hct, MCV 기준(WHO)		
연령층	Hb	Hct	MCV
6개월~14세	≤12	≤36.0	
성인 남자	≤13	≤39.0	
성인 여자	≤14	≤38.0	
11~14세			<78
15~74세			<80

(4) 임상 조사

청소년의 영양불량으로 인한 임상적 증후의 발현에 대한 지표는 성인과 동일하다[성인의 임상 조사 참조]. 최근에는 학교폭력, 음주, 흡연, 우울증 등이 청소년들의 심각한 건강문제로 대두되고 있다. 특히 청소년기 우울증은 성인기 건강에도 큰 영향을 미칠 수 있으므로, 가족들을 비롯한 주변 관계자는 청소년의 신체적 건강뿐 아니라 정신적 건강을 위한 이와 같은 영역에서도 주의 깊은 관심이 필요하다.

WHO 청소년 음주폐해 감소 전략

WHO 세계전략에서는 해로운 음주를 감소시키기 위해 청소년을 대상으로 하는 다음의 사업들을 수행하도록 권고하고 있다.

- 청소년에게 주류가 공급되는 것을 제한하기 위한 주류 구매 최소 연령제 설정
- 청소년을 대상으로 하는 주류업계의 다양한 마케팅 활동과 주류광고 제한
- 위반을 한 업체나 업소에 대해서는 법률적인 책임을 물을 수 있는 기전을 마련
- 이와 같은 법적 장치가 잘 수행되고 있는지를 지속적으로 모니터링하고 변화 양상과 효과를 평가하여 지역사회 주민들과 시민사회 및 정책 결정자들에게 알림
- 이를 통해 정책 입안자들과 정책 의사 결정자들이 청소년 음주예방에 더 헌신할 수 있도록 동기화
- 지역사회가 연대활동을 통해 음주폐해에 대한 인식과 대응에 대한 역량이 증가될 수 있도록 모니터링 정보가 가공되어 정책 정보로 활용될 수 있어야 함

우울증 자가진단

벡 우울척도는 우울증 선별 검사로 가장 많이 사용되고 있는 자가 검사이다. 총점 16점 이상이면 우울증을 의심해 볼 수 있으므로 전문가와의 상담을 통한 정확한 진단이 필요하다.

설문요령: 이 질문지는 여러분이 일상생활에서 경험할 수 있는 내용들로 구성되어 있습니다. 각 내용은 모두 네 개의 문장으로 되어 있는데, 자세히 읽어 보시고 그 중 요즘(오늘을 포함하여 지난 일주일 동안)의 자신을 가장 잘 나타낸다고 생각되는 하나의 문장을 선택하여 그 번호를 ( ) 안에 기입하여 주십시오. 하나도 빠짐없이 반드시 한 문장만을 선택하시되, 너무 오래 생각하지 마시고 솔직하게 응답해 주시면 됩니다.

(   ) 1.   0) 나는 슬프지 않다.

             1) 나는 슬프다.

             2) 나는 항상 슬프고 기운을 낼 수 없다.

             3) 나는 너무나 슬프고 불행해서 도저히 견딜 수 없다.

(   ) 2.   0) 나는 앞날에 대해서 별로 낙심하지 않는다.

             1) 나는 앞날에 대해서 용기가 나지 않는다.

             2) 나는 앞날에 대해 기대할 것이 아무 것도 없다고 느낀다.

             3) 나의 앞날은 아주 절망적이고 나아질 가망이 없다고 느낀다.

(   ) 3.   0) 나는 실패자라고 느끼지 않는다.

             1) 나는 보통 사람들보다 더 많이 실패한 것 같다.

             2) 내가 살아온 과거를 뒤돌아보면, 실패 투성이인 것 같다.

             3) 나는 인간으로 완전한 실패자라고 느낀다.

(   ) 4.   0) 나는 전과 같이 일상생활에 만족하고 있다.

             1) 나의 일상생활은 예전처럼 즐겁지 않다.

             2) 나는 요즘에는 어떤 것에서도 별로 만족을 얻지 못한다.

             3) 나는 모든 것이 다 불만스럽고 싫증 난다.

(   ) 5.   0) 나는 특별히 죄책감을 느끼지 않는다.

             1) 나는 죄책감을 느낄 때가 많다.

             2) 나는 죄책감을 느낄 때가 아주 많다.

             3) 나는 항상 죄책감에 시달리고 있다.

(   ) 6.   0) 나는 벌을 받고 있다고 느끼지 않는다.

             1) 나는 어쩌면 벌을 받을지도 모른다는 느낌이 든다.

             2) 나는 벌을 받은 것 같다.

             3) 나는 지금 벌을 받고 있다고 느낀다.

(   ) 7.   0) 나는 나 자신에게 실망하지 않는다.

             1) 나는 나 자신에게 실망하고 있다.

             2) 나는 나 자신에게 화가 난다.

             3) 나는 나 자신을 증오한다.

(   ) 8.   0) 내가 다른 사람보다 못한 것 같지는 않다.

             1) 나는 나의 약점이나 실수에 대해서 나 자신을 탓하는 편이다.

             2) 내가 한 일이 잘못되었을 때는 언제나 나를 탓한다.

             3) 일어나는 모든 나쁜 일들은 다 내 탓이다.

( ) 9. 0) 나는 자살 같은 것은 생각하지 않는다.
1) 나는 자살할 생각을 가끔 하지만, 실제로 하지는 않을 것이다.
2) 자살하고 싶은 생각이 자주 든다.
3) 나는 기회만 있으면 자살하겠다.

( ) 10. 0) 나는 평소보다 더 울지는 않는다.
1) 나는 전보다 더 많이 운다.
2) 나는 요즘 항상 운다.
3) 나는 전에는 울고 싶을 때 울 수 있었지만, 요즘은 울 기력조차 없다.

( ) 11. 0) 나는 요즘 평소보다 더 짜증을 내는 편은 아니다.
1) 나는 전보다 더 쉽게 짜증이 나고 귀찮아진다.
2) 나는 요즘 항상 짜증을 내고 있다.
3) 전에는 짜증스럽던 일에 요즘은 너무 지쳐서 짜증조차 나지 않는다.

( ) 12. 0) 나는 다른 사람들에 대한 관심을 잃지 않고 있다.
1) 나는 전보다 다른 사람들에 대한 관심이 줄었다.
2) 나는 다른 사람들에 대한 관심이 거의 없어졌다.
3) 나는 다른 사람들에 대한 관심이 완전히 없어졌다.

( ) 13. 0) 나는 평소처럼 결정을 잘 내린다.
1) 나는 결정을 미루는 때가 전보다 더 많다.
2) 나는 전에 비해 결정 내리는 데 더 큰 어려움을 느낀다.
3) 나는 더는 아무 결정도 내릴 수 없다.

( ) 14. 0) 나는 전보다 내 모습이 더 나빠졌다고 느끼지 않는다.
1) 나는 나이 들어 보이거나 매력 없어 보일까봐 걱정한다.
2) 나는 내 모습이 매력 없게 변해 버린 것 같은 느낌이 든다.
3) 나는 내가 추하게 보인다고 믿는다.

( ) 15. 0) 나는 전처럼 일을 할 수 있다.
1) 어떤 일을 시작하는 데 전보다 더 많은 노력이 든다.
2) 무슨 일이든 하려면 나 자신을 매우 심하게 채찍질해야만 한다.
3) 나는 전혀 아무 일도 할 수가 없다.

( ) 16. 0) 나는 평소처럼 잠을 잘 수가 없다.
1) 나는 전에만큼 잠을 자지는 못한다.
2) 나는 전보다 한두 시간 일찍 깨고 다시 잠들기 어렵다.
3) 나는 평소보다 몇 시간이나 일찍 깨고, 한번 깨면 다시 잠들 수 없다.

( ) 17. 0) 나는 평소보다 더 피곤하지는 않다.

1) 나는 전보다 더 쉽게 피곤해진다.

2) 나는 무엇을 해도 피곤해진다.

3) 나는 너무나 피곤해서 아무 일도 할 수 없다.

( ) 18. 0) 내 식욕은 평소와 다름없다.

1) 나는 요즘 전보다 식욕이 좋지 않다.

2) 나는 요즘 식욕이 많이 떨어졌다.

3) 요즘에는 전혀 식욕이 없다.

( ) 19-1. 0) 요즘 체중이 별로 줄지 않았다.

1) 전보다 체중이 2kg가량 줄었다.

2) 전보다 체중이 5kg가량 줄었다.

3) 전보다 체중이 7kg가량 줄었다.

( ) 19-2. 나는 현재 음식 조절로 체중을 줄이고 있는 중이다. (예/아니요)

( ) 20. 0) 나는 건강에 대해 전보다 더 염려하고 있지는 않다.

1) 나는 여러 가지 통증, 소화불량, 변비 등과 같은 신체적 문제로 걱정하고 있다.

2) 나는 건강이 염려되어 다른 일을 생각하기 힘들다.

3) 나는 건강이 너무 염려되어 다른 일을 아무 것도 생각할 수 없다.

( ) 21. 0) 나는 요즘은 성(sex)에 대한 관심에 별다른 변화가 있는 것 같지는 않다.

1) 나는 전보다 성(sex)에 대한 관심이 줄었다.

2) 나는 전보다 성(sex)에 대한 관심이 상당히 줄었다.

3) 나는 성(sex)에 대한 관심을 완전히 잃었다.

4. 임신부의 영양판정과 영양지도

임신부에 대한 영양관리는 임신지속기간 동안 모체의 건강 유지와 태아의 성장 발육을 위해 매우 중요하다. 영양장애 판정은 이상 임신 및 임신으로 인한 후유증을 최소화하고 태아의 정상 성장 여부를 판정하는 데 매우 필요한 과정이다. 임신 중 부적절한 영양 상태는 사산이나 저체중아 출산의 두 가지 부정적인 결과를 초래한다. 특히 저체중아 출산은 영아기에 질병 이환과 영아 사망의 가장 큰 원인이 된다. 최근에 와서는 임신성 당뇨 관리와 과체중아의 출산으로 인한 산모의 위험관리가 큰 문제로 부각되고 있다.

(1) 식사 조사

임신부의 건강이나 식습관에 영향을 줄 수 있는 여러 가지 주변의 생태학적 환경요인에 대한 조사가 필요하다. 즉, 과거의 병력, 가족력, 사회적 경제적 요인, 정서 상태, 기타 약제의 복용 여부 등 넓은 범위의 비영양적 요소에 대한 과거력 조사가 필요하다는 것이다. 이는 사전 테스트를 거친 자기기입식 설문지를 이용하거나 면접을 이용하여 자료를 수집할 수 있다. 저소득층이나 저학력층을 대상으로 할 때는 응답자를 고려한 특별한 주의와 배려가 요구된다. 식사섭취 조사는 24시간 회상법이나 직접 면담을 통한 식품섭취빈도법을 이용하여 과거 1년간 식품섭취빈도 및 섭취량을 조사하며, 비영양학적 과거력 조사의 항목들은 다음과 같은 것들이 있을 수 있다.

- 나이: 청소년기 임신과 노령 임신은 임신 합병증의 위험이 높다.
- 초경 나이: 초경의 시작이 늦은 것은 과거 영양 상태와 밀접한 관련이 있으며 전체적인 영양 상태가 향상될수록 초경이 일찍 시작되는 경향이 있다.
- 과거 임신력: 과거 임신력은 영양부족의 지표가 될 수도 있으며 다음의 요소들은 잠재적 고위험 선별과 영양 상태 판정의 간접적인 지표로 이용될 수 있다.
  – 과거 임신 중 체중변화의 패턴과 정도
  – 임신 수, 조산아 출산 수, 유산 수, 출산아 수
  – 임신 간격
  – 이전 출생 자녀의 출생 시 체중
- 현재 앓고 있는 질병: 감염성, 대사성의 각종 질환(당뇨병 및 심장 질환)들은 임신기간 동안 악화될 수 있고 출산 결과에 영향을 미치므로 영양 상태 평가에 고려되어야 한다. 요당이나 요 케톤, 요 단백 검사를 통해 당뇨나 신장질환의 유무를 판별할 수 있다.
- 흡연: 임신 중 흡연을 하는 경우에 저체중아 출산 비율이 높고 유산이나 사산의 비율도 높다.
- 약제 복용 및 알코올 섭취 상태: 이들은 일차적으로 다양한 영양소 섭취를 불가능하게 만들고 이차적으로는 섭취된 영양소의 흡수 및 대사에 영향을 미쳐 영양결핍에 특히 취약하게 만들어 반드시 확인되어야 한다. 특히 임신 전 스테로이드 계통의 피임약을 복용한 경우 혈액 내 미량 영양소인 비타민(C, B_6, B_{12}, 엽산)의 수준을 변화시킨다.
- 과거의 영양부족: 과거의 영양소 결핍에 관련된 질병이 확인되고 그 질환의 치료에 관하여도 자세히 조사하여야 한다.
- 경제사회적 요인: 식품 구입에 사용 가능한 가족의 수입, WIC 등 식품 보조 프로그램의 참여도 및 가능성, 주부의 직업 및 활동 정도의 파악이 부수적으로 필요하다.

표 6-14	과거력 조사를 통하여 판정해야 할 위험도가 높은 임신 요소	
판정요소		**위험도가 높은 경우**
모체의 체중	임신 전	• BMI<19.8나 BMI>26.0
	임신기간 동안	• 비정상적인 혹은 과도한 체중 증가
모체의 영양 상태		• 특정영양소 결핍 혹은 과잉 섭식 상태
사회경제적 상태		• 빈곤계층 • 가족의 도움이 없는 경우 • 낮은 교육수준 • 식품섭취가 제한되는 각종 환경
생활양식		• 흡연, 음주, 약물복용의 경험이 있음
나이		• 15세 이하나 35세 이상
과거 임신력	임신횟수	• 20세 이하 모체에서 3번 이상 • 20세 이상 모체에서 4번 이상
	임신 간격	• 1년 이내
	출산 시 문제	• 과거 출산 시 문제 있음
	쌍생아의 임신 여부	• 쌍둥이 혹은 세쌍둥이 이상 임신
	출생아의 체중	• 과거 저체중이나 과체중아의 출산 경험
모체의 건강	고혈압	• 임신유도성 고혈압 발병 가능
	당뇨병	• 임신유도성 당뇨병 발병 가능
	만성 질환	• 임신유도성 고혈압 발병 가능 • 임신유도성 당뇨병 발병 가능 • 당뇨병, 심장·호흡계, 신장 질환이 있는 경우, 선천성 장애 또는 특수처방식이나 치료약제 복용

(2) 신체계측 조사

임신기에 정상 임신을 판정하는 중요한 측정치는 체중의 변화량이다. 태아의 발육 상태를 가장 단순히 측정할 수 있는 것은 체중을 측정하는 방법이다. 임신기간 중 모체의 체중 증가율 및 체중 증가 경향을 분석해 보면 임신의 정상 진행 여부를 평가할 수 있다.

1) 임신 전의 체중, 신장 특정치의 비교

임신 전 모체의 신장과 체중은 병원 기록지나 면담을 통해서 알 수 있다. 임신 전 체중과 신장 자료로 BMI를 계산하여 바람직한 체중 증가량을 제시해 줄 수 있다.

2) 임신기간 중의 체중

임신기간 중의 체중 변화를 주기적으로 측정하여 기록하도록 한다. 체중이 일정 비율로 꾸준히 증가하면 근조직과 지방조직이 모두 증가하는 것이나 갑작스런 체중 증가는 체내에 과다한 수분 보유현상이 나타났음을 알려줄 수 있다. 또한 임신 2기와 3기에 갑작스러운 체중 증가는 산독증 등 이상 임신을 나타낼 가능성이 있으므로 산부인과 전문의의 치료와 상담을 받도록 한다.

3) 임신기간별 체중 증가

임신 전 체중, 임신기간 동안 체중 증가와 함께 임신의 각 기간별 체중의 변화는 영아의 출생 시 체중을 예측할 수 있게 해 준다. [그림 6-4]는 임신기간별 바람직한 체중 증가량이다.

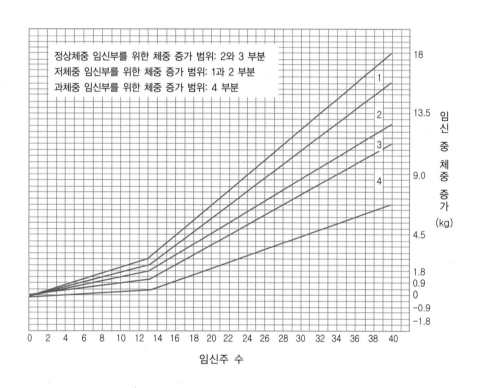

[그림 6-4] **바람직한 임신 중 체중 증가 유형**

임신부의 부종

전문가에 의한 임상적인 증세를 진단할 때 가장 빈번히 나타나는 문제는 부종(edema)이다. 부종은 체조직이 과량의 체액을 보유하게 되면 나타나게 된다. 부종의 정도는 +(약간 있음)~ +++(아주 심함)로 등급이 표시되고 있다. 보통 발목과 다리에 부종이 나타나며 오랫동안 서 있거나 혹은 신체를 움직이지 않고 일정한 자세로 오래 있을 때 나타나게 된다. 임신기간 중에 나타나는 부종은 고혈압이나 자궁에서 단백질 대사 문제 등으로 인하여 나타나는 것만은 아니다. 부종은 임신에 의해 에스트로겐 분비가 증가하여 체내 물의 보유량이 늘어나면 나타나기도 하며, 혈장 내 알부민 농도가 낮아짐에 따라 체액의 삼투압 저하로 인하여 나타나는 신체의 생리적 변화 현상으로도 간주될 수 있다. 그러나 부종이 심할 경우 이상 임신 증세가 나타날 수도 있으므로 전문가에게 부종의 정도와 지속 여부를 반드시 진단 받도록 한다.

(3) 생화학적 조사

임신기간 동안에 나타나는 생리적 현상의 변화로 혈장량의 증가, 대사 관련 호르몬의 변화, 신장 기능의 변화 등을 들 수 있다. 혈액이나 소변 내에 특정 영양소 양이나 대사산물을 분석함으로써 모체의 생리적 변화의 이상 여부를 진단할 수 있다.

임신을 하면 혈장량이 증가되므로 혈액 내의 성분 농도는 낮아지게 된다. 또한 모체로부터 태아로 영양소가 전이되면서 체내 정상 영양소량의 변화가 온다. 그러므로 임신 시에는 특정 영양소의 분석 수치가 정상인보다 낮아질 수 있으며 대표적으로는 빈혈과 관계된 단백질, 엽산, 비타민 B_{12}, 철분이 이에 해당된다.

1) 빈혈과 관계된 영양소

단백질, 엽산, 비타민 B_{12}, 철분 섭취가 헤모글로빈 형성을 위하여 특히 필요하며 헤모글로빈과 헤마토크릿 수준은 모체의 영양판정에 가장 기본이 된다. 만약 헤모글로빈 수준이 임신 후반기에 11.0g/100mL 이하로 되면 빈혈을 의심할 수 있고 10g 이하일 때는 혈액학적으로 비정상적인 상황으로 판단할 수 있다. 모체가 영양부족이나 특수질병을 앓는 경우를 제외하고는 임신 중에 헤모글로빈 수준이 10g 이하로 떨어지는 경우는 거의 없다.

표 6-15	빈혈의 요인이 되는 기타 혈액학적 지표의 기준		
지표	비임신 여성	정상 임신부	결핍 상태 임신부
혈청 저장혈 농도(mg/100dL)	75~150	65~120	<65
혈청 철 농도(mg/100dL)	>50	>40	<40
혈청 염산 농도(mg/mL)	6.0~2.5	>6.0	<2.0
혈청 비타민 B_{12} 농도(mg/mL)	>100	>100	<100

임신기간 중 단백질의 결핍을 판정하기는 다소 어렵다. 그 이유는 혈장량의 증가로 혈액성분의 희석(hemodilution)에 의하여 혈액 내 단백질 수준이 감소하며, 임신으로 인하여 에스트로겐의 분비가 증가되어 이에 의해 혈액 단백질이 변화하기 때문이다.

이와 같이 임신부에 대한 생화학적 분석치를 통한 영양판정은 임신이라는 특수 상황을 고려하여 혈액 내 영양성분 분석치의 해석에 주의해야 한다. 또한 분석수치가 정상보다 높거나 낮을 때 특정 영양소를 처방하기에 앞서 보다 정밀한 판정이 요구된다.

표 6-16	단백질 영양 상태(관절 기준)		
지표	단백질 부족		
	없음	조금 보통	심함
총 단백질(g/mL)	≥6.0	5.5~5.9	<5.5
알부민(g/mL)	≥3.5	3.0~3.4	<5.0

(4) 임상 조사

임신성 고혈압, 임신 중 출혈, 감염증은 모성 사망의 3대 원인이다. 임신성 고혈압은 대개 임신 20주 이후에 생기는데, 초산부, 가족 중 임신성 고혈압 산모가 있었던 경우, 다태임신(쌍둥이), 당뇨, 신장 질환, 고혈압 환자에게서 쉽게 발병한다. 고혈압만 있는 경우, 고혈압과 단백뇨나 병적 부종이 있는 경우(자간전증), 고혈압과 단백뇨나 병적인 부종이 있으면서 발작이 동반되는 경우(자간증)로 분류할 수 있으며, 특히 자간전증은 초산부에게 흔하고, 10대나 35세 이상의 초산부에게는 더욱 흔하다.

> **임신성 고혈압의 임상적 양상**
>
> - **고혈압:** 임신 20주 이후, 수축기 혈압>140mmHg 또는 이완기 혈압>90mmHg인 경우 진단
> - **체중 증가:** 체중이 갑자기 불거나 몸이 붓고 소변량이 줄어듦
> - **단백뇨:** 초기에는 거의 나타나지 않거나 소량으로 나타나나 중증인 경우 거의 모두에게 나타남, 고혈압이나 체중 증가보다 늦게 나타남
> - **두통이나 명치 부위의 통증**
> - **임신성 고혈압이 지속되면서 초음파상 태아의 성장 지연이 관찰됨**
> - **시력 장애:** 중증에서 비교적 흔히 나타나며, 심한 경우 일시적인 실명이 올 수 있음, 수술적 치료 없이 수주일 내에 자연치료되기도 함

5. 성인의 영양판정과 영양지도

성인기는 생리적으로, 정신적으로, 정서적으로 성숙한 단계를 말하며 보통 18세부터 노년 전까지의 전 연령층이 포함된다. 성인기의 조기 영양 상태 평가의 필요성은 평소의 식생활과 생활양식으로 인한 질병 이환과 사망 위험의 감소를 유도하기 위한 목적으로 실시된다.

(1) 식사 조사

식사의 규칙성, 적절성, 다양성 등의 식사 패턴과 지방 섭취의 양과 종류, 고혈압과 관련된 염분 섭취, 간 질환과 관련된 알코올 남용, 통풍과 관련된 다량의 퓨린 섭취, 유당불내증과 관련된 유당의 섭취, 보충제 섭취 여부 등이 조사되어야 한다. 좀 더 심도 있는 식사력 조사에는 신체활동 정도와 에너지 소비 상황이 포함되어야 하며, 식사섭취 조사 방법으로는 24시간 회상법, 빈도법, 반정량 빈도법 등을 활용할 수 있다.

(2) 신체계측 조사

기본적으로 신장과 체중, 혈압, 허리 둘레와 엉덩이 둘레 등을 측정한다. 가능하면 골밀도와 생체전기저항 측정법을 이용한 체지방량도 측정한다. 신체계측치를 이용하여 계산된 체격지수(비만도, 허리-엉덩이 둘레비)가 영양 상태 및 만성퇴행성 질환의 이환율 등 건강상의 위험도를 평가하는 데 사용된다. 현실적인 체형 차이를 고려하여 동양인에게 맞는 비만 기준의 필요성이 제기됨에 따라 세계보건지구 서태평양지역사무국, 국제비만연맹, 국제비만특별조사위원회가 아시아-태평양지역 비만 진단 기준을 공동 개발하였으며, 우리나라 대한비만학회에서도 이를 기준으로 한국인 대사 증후군 진단 기준을 설정하였다.

표 6-17	NICEP-ATP II 진단 기준을 적용한 한국인 대사 증후군 진단 기준
항목	기준
허리 둘레	남자 90cm 이상, 여자 85cm 이상
혈압	130/85mmHg 이상 또는 고혈압액체 복용 중인 자
중성지방	160mg/dL 이상 또는 이상지질혈증 관련 약제 복용 중인 자
HDL-콜레스테롤	남자 40mg/dL 미만 여자 50mg/dL 이하 또는 이상지질혈증 관련 약 복용 중인 자
공복혈당	공복 혈당 100mg/dL 이상 또는 당뇨병 관련 약제 복용 중인 자

* 3가지 이상 해당 시 대사 증후군으로 진단

(3) 생화학적 조사

총 콜레스테롤, HDL-콜레스테롤, 중성지방수치로 고혈압, 뇌혈관 질환, 허혈성 심장질환의 위험도, 공복혈당, 당화혈색소 수치로 당뇨 및 당대사 이상의 위험도, SGOT, SGPT 수치로 간 질환의 위험도를 알 수 있다. 또한 BUN, 크레아티닌 수치는 신장의 기능 이상 여부를 판정하는 중요 지표이다. 일반적으로는 혈액 검사와 소변 검사 등을 기초로 하여 좀 더 심도 있는 검사를 위해 심전도 검사, 금식 후 지단백 성상 검사, 혈당 검사, BUN, 간 기능 검사, 요산 검사 등이 추가되기도 한다.

특수한 집단의 경우에는 여건에 따라 폐 기능 검사, 피로도 검사, 대사성 스트레스 검사(트립토판, 페닐알라닌, 알기닌 부하 검사), 신체구성성분 검사, 특정 부위 조직 검사 등이 이루어지기도 한다. 생화학적 조사결과는 유전적 요소, 성별, 나이 등에 모두 영향을 받으므로 해석 시 이를 필수적으로 고려하여야 한다.

표 6-18	생화학적 지표의 평가기준 및 연관 질환			
검사 항목	생화학적 지표	정상	이상	연관 질환
혈중 지방 검사	총 콜레스테롤 (mg/dL)	<200	경계 200~240 높음≥240	고혈압 뇌혈관계 질환 허혈성 심질환
	HDL-콜레스테롤 (mg/dL)	≥35	<35	
	중성지방(mg/dL)	0~210	>210	
혈압 검사	혈압 (mmHg) 수축기	<140	≥140	고혈압
	이완기	<90	≥90	

철분 상대 검사	헤모글로빈(g/dL)	남: 13~16.5 여: 12~15.5	남: <13.0 여: <12.0	빈혈
당뇨 및 당대사 검사	공복 혈당(mg/dL)	<126	≥126	당뇨
	당화혈색소(%)	<6	≥6	
간 기능 검사	SGOT(U/L)	≤30	>30	간 질환 간암
	SGPT(U/L)	≤35	>35	
신장 기능 검사	BUN(mg/dL)	≤25	>25	신부전
	Cr(mg/dL)	≤1.2	>1.2	

(4) 임상 조사

외모, 체중, 근육 상태, 신경조절 기능, 소화관 기능, 순환계 기능, 머리카락, 피부, 얼굴과 목, 입술, 입과 입안의 피부, 잇몸의 상태, 혀, 치아, 눈 등에 나타나는 이상 증후를 조사하는 것이다. 증후에 대한 정의와 표준화가 필수적이며, 구체적 내용은 [5장 임상 조사와 영양판정]에서 확인할 수 있다.

6. 노인의 영양판정과 영양지도

노년기에는 대부분 질병과 장애로 인하여 영양 및 건강에 많은 문제를 갖고 있다. 노년기의 영양 상태 평가는 이들이 가지고 있는 질병과 관련하여 위험요인을 확인하거나 발병 전 질환을 예측하는 방향으로 실시되는 것이 바람직하다. 노인의 영양판정 시에는 인지능력 및 정서 상태에 대한 평가가 사전에 실시되어야 한다. 조사 결과 노인 본인을 대상으로 할 경우와 보호자를 대상으로 하는 경우로 조사 대상이 나누어질 수 있다.

표 6-19	노인 영양 상태에 영향을 미치는 영양환경 요인
대가족제도 붕괴	독거노인 비율증가, 질병 및 장애로 인한 영양 상태 악화
사회적인 격리	은퇴, 제한된 사회생활로 인한 영양정보 접근성 취약 취약한 주거환경, 적절한 조리시설 및 식품 저장시설 부족
경제적 여건	경제적 제약으로 인한 사회복지 프로그램 의존 최저 생계비의 부족으로 질병위험요인 가중, 질병 악화
주거환경	쾌적하지 못한 주거환경으로 인한 식품의 준비, 조리, 저장 제약

교통수단	가정식 준비, 외식을 위해 저렴하고 편리한 교통수단은 필수적
영양교육	높은 질병 이환율, 건강과 장수에 대한 관심으로 과장된 영양정보에 현혹될 위험, 집단 또는 개인대상 영양교육과 상담 제공 필요
의료시설과 건강관리 프로그램	영양관리만으로 노년기 건강 보장 불가능, 의료시설과 건강관리 프로그램 접근 중요

(1) 식사 조사

노인의 식사섭취 조사는 기억력 저하와 낮은 교육 수준, 식욕감소 등으로 인해 조사의 어려움이 있어 다음과 같은 주위가 필요하다.

- 노인의 경우 읽거나 쓰는 것이 자유롭지 못한 경우도 있으므로 자기 기입 방법을 사용할 때는 이것을 고려해야 한다.
- 노인의 기억력은 대부분 정확하지 않을 수 있으므로 식사를 회상해야 하는 방법을 사용할 때는 식사 준비를 도와주는 사람이나 같이 식사를 한 사람의 도움을 받도록 한다.
- 식품섭취빈도를 조사하는 경우는 대부분의 식품을 섭취한 것으로 응답하는 노인들이 많기 때문에 식품 목록 작성 시 노인들의 일상적인 섭취를 반영할 수 있도록 섭취 목록을 선정하는 데 주의한다.
- 식품섭취 조사를 할 때는 실물 크기의 그릇이나 사진을 사용하여 정확히 임상 조사를 하는 것이 중요하며 특히 밥의 경우가 해당된다.
- 노인의 경우 비디오 촬영 등의 방법으로 식사섭취 조사를 할 수 있는 방법 개발이 필요하다.

식사섭취 조사결과는 식사지침이나 식사구성안을 기준으로 평가될 수 있다. 일반적으로는 24시간 회상법, 식품섭취빈도조사법, 식사기록법 등의 방법으로 자료가 수집된다.

(2) 신체계측 조사

노인들은 누워서 지내거나 의자에 의지해서 생활을 하는 경우가 있을 수 있으므로 이런 경우 침대용 저울이나 눈금이 있는 휠체어(calibrated wheelchair)를 이용하여 체중을 측정하여야 한다. 체지방이 많을 때나, 척추 후만이거나 척추 만곡일 때, 움직일 수 없을 때에는 서 있는 키 또한 측정하기 어려운데, 이 경우 팔 길이, 팔 폭이나 무릎길이를 측정하여 환산수식에 대입하는 방식으로 신장을 추정하면 된다.

(3) 생화학적 조사

노화에 따른 신체적 쇠약으로 검진에 있어 각종 검사들이 고려된다. 혈액 검사를 통한 헤모글로빈, 헤마토크릿, 혈당 또는 소변 검사를 통한 요당 검사 및 소변의 색깔, 냄새, 담즙, 침전물, pH, 포도당, 알부민, 혈액, 케톤체 등의 정성 검사, 대변 검사 등이 기본적 검사로서 고려된다. 여건에 따라서는 심전도, 혈액도말 검사, 가슴 X선 검사, 혈청 단백질 및 알부민, BUN 및 크레아티닌, 내당능 검사, 혈액과 소변의 수용성, 지용성 비타민 수준 검사 및 미량 영양소 수준 검사 등이 추가될 수 있다.

노인의 영양판정 도구 – 1 DETERMINE

미국의 NSI(nutrition screening initiative)가 개발한 것으로 노인들에서의 영양 불량 위험 요인인 질병(disease), 섭취부족(eating poorly), 치아 결손이나 구강 통증(tooth loss, mouth pain), 경제적 어려움(economic hardship), 사회적 고립(reduced social contact), 많은 약물 복용(multiple medicines), 체중 변화(involuntary weight loss or gain), 일상생활 기능의 저하(need for assistance in self-care), 80세 이상의 초고령(elderly age>80)의 항목으로 구성되어 있다. 각 항목의 중요도에 따라 가중치가 다르게 부여되어 있다.

항목	"예" 일 시
평소에 먹던 음식의 종류나 양을 바꾸어야 할 정도의 질병이 있다.	2
하루에 한 끼의 식사를 한다.	3
과일이나 채소, 우유 및 유제품을 거의 먹지 않는다.	2
맥주나 소주, 혹은 와인 등의 술을 거의 매일 하루에 3잔 이상 마신다.	2
치아나 구강문제로 음식을 먹는 데 지장이 있다.	2
식품을 구입하는 데 필요한 돈을 충분히 가지고 있지 않다.	4
거의 대부분 식사를 혼자 한다.	1
하루에 먹는 양의 종류가 3가지 이상이다.	1
원하지는 않았지만 지난 6개월 동안에 체중이 5kg 이상 늘거나 줄어들었다.	2
다른 사람의 도움 없이 시장을 보거나 요리하고 식사하는 것이 신체적으로 힘이 든다.	2

▶ 전체 영양 점수 판정

0~2점: 좋음, 6개월 후 재검사
3~5점: 약간의 영양불량 위험요인 존재, 식습관과 생활 습관 개선 위해 노력 필요, 3개월 후 재검사
6점 이상: 높은 영양불량 위험요인 존재, 의사나 영양사 등 전문가의 도움을 받아 영양 상태 개선 필요

노인의 영양판정 도구 - 2 간이영양 평가(mini nutritional assesment, MNA)

영양불량의 위험이 있는 노인들을 가려내어 고영양 중재를 실시하기 위한 목적으로 스위스 네슬러 연구소와 프랑스의 대학연구기관이 협력하여 만들었다. 측정내용은 신체계측(신장, 체중, 최근 체중 감소 여부, 일반적인 생활습관, 치료약 복용, 활동 정도), 식행동 평가, 건강과 영양에 대한 자각도 문항으로 구성되어 있다. 선별 검사를 위한 6개의 항목과 평가를 위한 12개의 항목으로 구성되어 있으며, 선별 검사에서 12점 이상이 나오면 위험요인이 없는 군으로 분류하여 평가를 중단하고, 11점 이하이면 평가를 계속하게 된다. 평가 결과 선별 검사와 평가를 합한 점수가 30점 만점에 17점 미만이면 영양불량군으로, 17~23.5점이면 위험군, 그 이상이면 건강군으로 분류된다.

A. 지난 3개월 동안에 밥맛이 없거나, 소화가 잘 안 되거나, 씹고 삼키는 것이 어려워서 식사량이 줄었습니까?

　　0 = 예전보다 많이 줄었다　　　1 = 예전보다 조금 줄었다　　　2 = 변화 없다

B. 지난 3개월 동안 체중이 줄어들었습니까?

　　0 = 3kg 이상의 체중 감소　　　　　　1 = 모르겠다
　　2 = 1kg에서 3kg 사이의 체중 감소　　3 = 줄지 않았다

C. 거동 능력

　　0 = 외출 불가, 침대나 의자에서만 생활 가능
　　1 = 외출 불가, 집에서만 활동 가능　　　2 =외출 가능, 활동 제약 없음

D. 지난 3개월 동안 많이 괴로운 일이 있었거나, 심하게 편찮으셨던 적이 있습니까?

　　0 = 예　　　　　　　　　　　　　　1 = 아니요

E. 신경정신과적 문제

　　0 = 중증 치매나 우울증　　　1 = 경증 치매　　　　　　2 = 특별한 증상 없음

F. 체질량 지수(BMI)=[체중(kg)/신장(m)²]

　　0 = BMI<9　　　1 = 19≤BMI<21　　　2 = 21≤BMI<23　　　3 = BMI≥23

중간점수 I (A-F)a 합계 □□

　　• 12점 이상: 보통, 위험도 없음, 평가 불필요　　• 11점 이하: 영양불량 위험군, 평가 필수

G. 평소에 어르신 댁에서 생활하십니까?

　　0 = 예　　　　　　　　　　　　　　1 = 아니요

H. 매일 3종류 이상의 약을 드십니까?

　　0 = 예　　　　　　　　　　　　　　1 = 아니요

I. 피부에 욕창이나 궤양이 있습니까?

0 = 예   1 = 아니요

J. 하루에 몇 끼의 식사를 하십니까?

0 = 1끼   1 = 2끼   2 = 3끼

K. 단백질 식품의 섭취량

▶ 우유나 떠먹는 요구르트, 유산균 요구르트 중에서 매일 한 개 드시는 것이 있습니까?
    □예   □아니요

▶ 콩으로 만든 음식(두부포함)이나 계란을 일주일에 2번 이상 드십니까?
    □예   □아니요

▶ 생선이나 고기를 매일 드십니까?
    □예   □아니요

0.0 = 0 또는 1개 '예'   0.5 = 2개 '예'   1.0 = 3개 '예'

L. 매일 3번 이상 과일이나 채소를 드십니까?

0 = 아니요   1 = 예

M. 하루 동안에 몇 컵의 물이나 음료수, 차를 드십니까?

0.0 = 3컵 이하   0.5 = 3컵에서 5컵 사이   1.0 = 5컵 이상

N. 혼자서 식사할 수 있습니까?

0 = 다른 사람의 도움이 항상 필요   1 = 혼자서 먹을 수 있으나 약간의 도움 필요
2 = 도움 없이 식사할 수 있음

O. 어르신의 영양 상태에 대해 어떻게 생각하십니까?

0 = 좋지 않은 편이다   1 = 모르겠다   2 = 좋은 편이다

P. 비슷한 연세의 다른 할아버지, 할머니들과 비교해봤을 때, 어르신의 건강 상태가 어떻습니까?

0.0 = 나쁘다   0.5 = 모르겠다
1.0 = 비슷하다   2.0 = 자신이 더 좋다

Q. 상완위 둘레(MAC)(cm)

0.0 = MAC < 21   0.5 = 21 ≤ MAC < 22   1.0 = MAC ≥ 22

R. 장딴지 둘레(CC)(cm)

0 = CC < 31   1 = CC ≥ 31

중간점수 II (G-R) 합계 □□

- 총 점수 합계 □□.□   • 1 = 24점 이상(정상)
- 2 = 17~23.5점(영양불량 위험)   • 3 = 16.6점 이하(영양불량)

(4) 임상 조사

노인에서 나타나는 임상적 증후로 살펴보아야 할 것은 체중 감소가 나타나는 외모, 부종, 피부색, 무기력, 피부 손상, 입 주위 염증, 허약증 등 일반적인 임상적 징후와 증상들이다. 노인들의 약 4%가 치매나 만성적인 인지능력의 손상을 경험하고 있다고 한다. 치매란 인지능력과 함께 영양 상태를 알려주는 지표로 이용되기도 한다.

치매 체크리스트

* 최근 6개월간의 해당 사항에 동그라미 해 주세요.

1. ( ) 어떤 일이 언제 일어났는지 기억하지 못할 때가 있다.

2. ( ) 며칠 전에 들었던 이야기를 잊는다.

3. ( ) 반복되는 일상생활에 변화가 생겼을 때 금방 적응하기가 힘들다.

4. ( ) 본인에게 중요한 사람을 잊을 때가 있다. (예: 배우자 생일, 결혼기념일 등)

5. ( ) 어떤 일을 하고도 잊어버려 다시 반복한 적이 있다.

6. ( ) 약속을 하고 잊을 때가 있다.

7. ( ) 이야기 도중 방금 자기가 무슨 이야기를 하고 있었는지를 잊을 때가 있다.

8. ( ) 약 먹는 시간을 놓치기도 한다.

9. ( ) 하고 싶은 말이나 표현이 금방 떠오르지 않는다.

10. ( ) 물건 이름이 금방 생각나지 않는다.

11. ( ) 개인적인 편지나 사무적인 편지를 쓰기 힘들다.

12. ( ) 갈수록 말수가 감소되는 경향이 있다.

13. ( ) 신문이나 잡지를 읽을 때 이야기 줄거리를 파악하지 못한다.

14. ( ) 책을 읽을 때 같은 문장을 여러 번 읽어야 이해가 된다.

15. ( ) 텔레비전에 나오는 이야기를 따라가기 힘들다.

16. ( ) 전에 가 본 장소를 기억하지 못한다.

17. ( ) 길을 잃거나 헤맨 적이 있다.

18. ( ) 계산능력이 떨어졌다.

19. ( ) 돈 관리를 하는 데 실수가 있다.

20. ( ) 과거에 쓰던 기구 사용이 서툴러졌다.

※ 동그라미 한 문항은 1점을 주어 20점 만점으로 계산한다. 이 설문지는 환자를 잘 아는 보호자가 작성하는 설문지로 20개 중 10개 이상이면 치매 가능성이 높다.

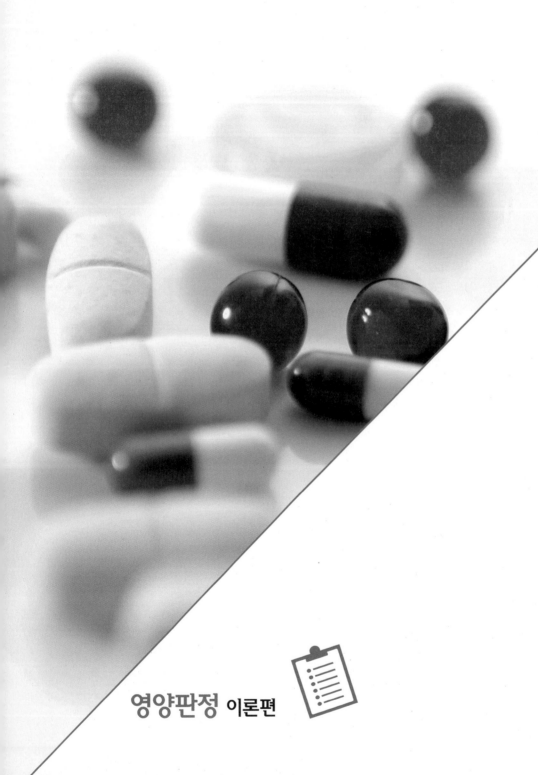

영양판정 이론편

07
만성 질환 예방을 위한 영양판정

중소기업체 사장인 △△씨는 복부비만 때문에 얼마 전부터 회사 근처 헬스장에 다닌다.

△△씨는 건강검진 후 의사로부터 복부비만이 각종 만성 질환의 시발점이라는 충고를 들었다.

△△씨 부모님은 고혈압과 당뇨가 있다.

△△씨는 본인의 식생활 관리 포인트는 무엇인지 영양 상담을 받아보기로 결심했다.

학습목표

- 비만의 정의, 판정 기준을 학습하고 유병률의 변화 경향을 파악한다.
- 당뇨병의 정의, 판정 기준을 학습하고 유병률의 변화 경향을 파악한다.
- 고혈압의 정의, 판정 기준을 학습하고 유병률의 변화 경향을 파악한다.
- 이상지질혈증의 정의, 판정 기준을 학습하고 유병률의 변화 경향을 파악한다.
- 대사 증후군의 정의, 판정 기준을 학습하고 유병률의 변화 경향을 파악한다.
- 골다공증의 정의, 판정 기준을 학습하고 유병률의 변화 경향을 파악한다.

경제 발전과 소득 수준의 향상으로 인한 식생활 및 운동, 흡연, 음주 등 생활 습관의 급속한 변화는 고혈압, 당뇨병, 비만, 이상지질혈증 등의 만성 질환 유병률에도 큰 영향을 미치고 있다[표 7-1]. 만성 질환은 치료보다 예방이 중요하므로 각 질환의 위험 요인을 잘 파악하여 적절한 영양판정 및 결과분석을 통한 지속적인 관리가 필요하다. 최근 국민건강증진을 위한 만성 질환의 조기진단 방법으로 비만도와 식생활 관련 지표가 적극적으로 활용되면서 영양판정의 중요성은 더욱 증가되었다.

이 장에서는 '국민건강영양조사'의 만성 질환 조사 항목 중 식사와 관련이 많은 질환을 중심으로 영양판정 방법에 대해 알아보고자 한다.

표 7-1　　만성 질환의 식사섭취 및 생활양식과 관련된 발병위험관계

만성퇴행성 질환 식사 및 생활양식의 위험인자		암	고혈압	당뇨병 (비인슐린 의존형)	골다 공증	동맥 경화	비만	심근 경색	뇌졸중	치과 질환
식사요인	과량의 지질 섭취	○	○	○		○	○	○	○	
	복합 당질과 식이 섬유의 섭취부족	○		○		○	○	○		
	과다한 설탕 섭취						○			○
	비타민과 무기질 섭취부족	○	○		○	○				
	과다한 짠 음식과 염장식품 섭취	○	○		○					
	과량의 알코올 섭취	○	○		○	○	○	○		
생활양식요인	흡연	○	○		○	○		○		○
	유전인자	○	○	○	○	○	○			
	연령	○	○		○	○		○		
	습관적인 생활양식 (운동량이 적은 생활)	○	○	○	○	○	○			
	스트레스		○		○	○		○		

※ ○표 된 것은 상호 관련성이 있다고 보고된 항목임

1. 비만

(1) 비만의 정의

비만이란 과다하게 체지방이 증가된 상태를 말한다. 체지방량은 수중밀도측정법, 생체전기저항분석법, 이중에너지 방사선 흡수법(dual energy X-ray absorptiometry), 피부두겹 두께(skin fold thickness) 측정법 등으로 측정 가능하나, 비만도 평가 시에는 신장과 체중을 측정하여 산출한 체질량 지수(body mass index, BMI)가 기본적으로 사용된다. 체질량 지수는 심혈관 질환, 암 등의 질환 발생 및 사망률과 관련이 있음이 여러 연구들에서 보고되었다. 체질량 지수가 비슷한 환자들에서도 체지방의 분포에 따라 비만합병증의 발생 양상에 차이가 나타나는데, 상완 및 복부에 지방이 많이 축적된 복부비만, 혹은 남성형비만(android obesity)이 둔부비만(gynecoid obesity, 여성형 비만)에 비해 제2형 당뇨병, 심혈관계 질환 등 만성 질환 발생 위험이 높다. 컴퓨터 단층촬영 및 자기공명영상을 이용해 복부비만 여부를 확실하게 알 수 있으나, 비용과 시간이 많이 소요되므로 대신 허리둘레 측정을 통해 복부비만 여부를 간편하게 확인할 수 있다.

(2) 비만의 진단 기준

세계보건기구(WHO)에서는 체질량 지수가 30kg/m² 이상인 경우를 비만으로 진단하고 있으나 이러한 서구의 진단 기준이 아시아 국가에 적용하기에는 적절하지 않다는 판단 하에 2000년 WHO 및 국제비만연구협회(IASO)와 국제 비만 태스크포스팀(IOTF)에서는 아시아 국가에서는 체질량 지수 25kg/m² 이상을 비만 기준으로 적용하는 것이 보다 적절하다고 제안하고 있다. WHO에서는 복부비만의 판정기준으로 남자 허리 둘레 102cm 이상, 여자 88cm 이상을 사용하나, 우리나라는 2005년 대한비만학회에서 제시한 기준을 적용하고 있다.

다음은 대한내분비학회, 대한비만학회에서 제시한 비만 진단 기준이며, 현재 국민건강영양조사에서도 이 기준을 사용하여 비만을 판정한다.

분류	비만 기준
성인	• 체질량 지수로 보는 비만 기준은 25kg/m² 이상으로 한다. • 허리 둘레로 본 복부 비만의 기준은 남자 90cm 이상, 여자 85cm 이상으로 판정한다.

소아 청소년 (2세 이상)	• 2007년 소아 · 청소년 표준 성장도표[부록 03 참조]를 기준으로 연령별, 성별 체질량 지수(BMI: kg/m²) 95 백분위수 이상 혹은 체질량 지수 25 이상을 비만으로 진단하고 85~94 백분위수는 과체중(비만 위험군)으로 판정한다. • 또는 비만도 20% 이상을 비만으로 진단하며 이 중에서 20~29%는 경도 비만, 30~49%는 중등도 비만, 50% 이상을 고도 비만으로 분류한다.

※ 비만도 계산: [(실제체중−이상체중)/이상체중]×100

(3) 비만 유병률

2012년도 국민건강영양조사 결과 체질량 지수 기준 만 19세 이상의 비만 유병률은 전체 32.8%, 남자 36.1%, 여자 29.7%로 남자가 여자보다 6.4% 높았으나, 60대 이후에는 여자가 남자보다 약 10% 높았다[그림 7-1]. 체질량 지수 평균은 남자 24.2kg/m², 여자 23.4kg/m²이었다. 비만 유병률 추이는 남자는 1998년 25.1%에서 2007년 36.2%로 11.1% 증가한 후 35~36%를 유지하고 있으며, 여자는 1998년부터 2012년까지 25~28% 수준을 유지하고 있다[그림 7-2].

허리 둘레 기준 비만 유병률(만 19세 이상)은 전체 23.5%, 남자 23.2%, 여자 23.8%였고, 남녀 모두 60대에서 가장 높았다[그림 7-3, 7-4].

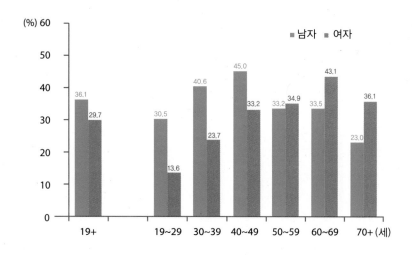

[그림 7-1] **성별 · 연령별 비만 유병률(체질량 지수 기준)**

• 성인 비만 유병률: 체질량 지수(kg/m²) 25 이상인 분율, 만 19세 이상
• 연도별, 소득수준별: 2005년 추계인구로 연령 표준화
• 성별 · 연령별, 소득수준별: 2012년 결과

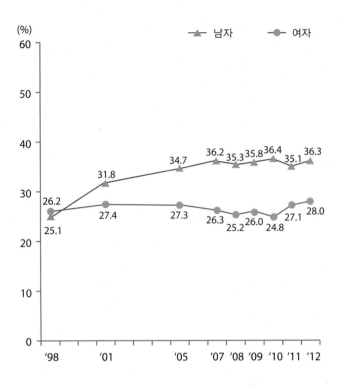

[그림 7-2] 비만 유병률 추이(체질량 지수 기준)

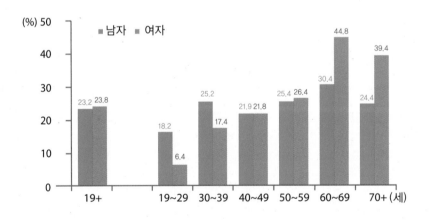

[그림 7-3] 성별 · 연령별 비만 유병률(허리 둘레 기준)

• 성인 비만 유병률(허리 둘레 기준): 허리 둘레가 남자 90cm 이상, 여자 85cm 이상인 분율, 만 19세 이상
• 연도별, 소득수준별: 2005년 추계인구로 연령 표준화
• 성별 · 연령별, 소득수준별: 2012년 결과

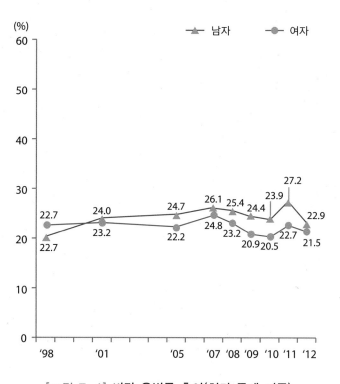

[그림 7-4] 비만 유병률 추이(허리 둘레 기준)

소아·청소년(만 2~18세)의 비만 유병률은 전체 9.95%, 남자 11.5%, 여자 8.4%이었다. 연령별로는 12~18세에서 전체 13.1%, 남자 15.1%, 여자 11.1%로 가장 높았다[그림 7-5, 7-6].

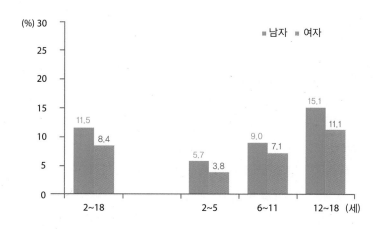

[그림 7-5] 소아·청소년의 성별·연령별 비만 유병률(체질량 지수 기준)

• 소아·청소년 비만 유병률: 2007년 소아·청소년 성장도표 연령별 체질량지수(kg/m²) 기준 95 백분위수 이상 또는 체질량 지수 25 이상, 만 2~18세
• 성별·연령별: 2010~2012년 자료통합 산출 결과

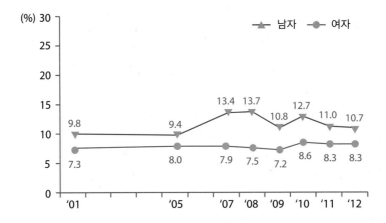

[그림 7-6] 소아·청소년의 비만 유병률 추이(체질량 지수 기준)

2. 당뇨병

(1) 당뇨병의 정의와 분류

당뇨병은 인슐린의 분비, 작용 또는 두 가지 모두의 결함으로 인하여 혈당이 상승되는 특징을 보이는 대사질환이다. 만성적으로 고혈당이 지속되면, 눈, 신장, 신경, 심혈관 등 다양한 장기에 손상이 초래된다.

현재 당뇨병 환자는 전 세계적으로 약 1억 명 이상으로 추산되며, 우리나라의 경우 당뇨로 인한 실명, 신부전, 선천성 기형, 혈관폐색으로 인한 하부사지 절단 등 주요 당뇨 합병증이 문제된다. 또한 당뇨병이 있는 사람은 관상동맥질환이나 말초혈관질환의 이환율이 정상인에 비해 2배 이상 높다. 당뇨병 환자가 자신이 당뇨병이라는 것을 모르고 있는 경우가 많은 것도 문제이다.

당뇨병에는 인슐린 의존성 당뇨와 인슐린 비의존성 당뇨, 임신성 당뇨 등이 있다. 당뇨병의 진행과정에서 공복혈당장애(impaired fasting glucose, IFG)와 내당능장애(impaired glucose tolerance, IGT)를 보일 수 있다.

(2) 당뇨병의 선별 검사

당뇨병의 선별 검사는 당뇨병이 진단될 가능성이 높은 대상을 찾아내는 것을 목적으로 한다. 따라서 진단 기준에 따른 진단적 검사를 시행하기 전에 선별 검사를 통해 양성소견을 보인 대상에서 진단적 검사를 시행해야 한다. 제2형 당뇨병은 합병증이 나타날 시점까지 진단되지 않는 경우가 많으므로 특히 고위험군에서는 당뇨병이나 내당능장애에 대한 선별 검사가 꼭 필요하다. 당뇨병의 선별 검사에 대한 대한당뇨병학회의 권고안은 다음과 같다.

① 당뇨병의 선별 검사는 공복혈당, 경구 당부하 검사 혹은 당화혈색소로 한다.

② 당뇨병의 선별 검사는 40세 이상 성인이나 위험인자가 있는 30세 이상 성인에서는 매년 시행하는 것이 좋다.

③ 공복혈당장애 혹은 당화혈색소 수치가 아래에 해당하는 경우 추가 검사를 시행한다.

- 1단계 : 공복혈당 100~109mg/dL 또는 당화혈색소 5.7~6.0%인 경우 매년 공복혈당 및 당화혈색소 측정
- 2단계 : 공복혈당 110~125mg/dL 또는 당화혈색소 6.1~6.4%의 경우 경구 당부하 검사

④ 혈당 측정은 정맥 전혈을 채취하여 분리한 혈장 혈당을 이용하는 것을 원칙으로 한다. 부득이하게 혈청을 이용할 경우 채혈 30분 이내에 혈청을 분리하는 것이 좋다.

제2형 당뇨병의 위험인자

- 과체중(체질량 지수 23kg/m^2 이상)
- 직계 가족(부모, 형제자매)에 당뇨병이 있는 경우
- 공복혈당장애나 내당능장애의 과거력
- 임신성 당뇨병이나 4kg 이상의 거대아 출산력
- 고혈압(140/90mmHg 이상, 또는 약제 복용)
- HDL-콜레스테롤 35mg/dL 미만 혹은 중성지방 250mg/dL 이상
- 인슐린 저항성(다낭난소증후군, 흑색가지세포증 등)
- 심혈관 질환(뇌졸중, 관상동맥 질환 등)

(3) 당뇨병의 진단 기준

대한당뇨병학회에서 2013년 제시한 당뇨병, 공복혈당장애, 내당능장애의 진단 기준은 [표 7-2]와 같다.

표 7-2	당뇨병, 공복혈당장애, 내당능장애 기준
분류	**기준**
정상 혈당	최소 8시간 이상 음식을 섭취하지 않은 상태에서 공복 혈장 혈당 100mg/dL 미만이고, 75g 경구 당부하 2시간 후 혈장 혈당 140mg/dL 미만으로 한다.
공복혈당장애	공복 혈장 혈당 100~125mg/dL로 정의한다.
내당능장애	75g 경구 당부하 2시간 후 혈장 혈당 140~199mg/dL로 정의한다.
당뇨병의 진단 기준	① 당뇨병의 전형적인 증상(다뇨, 다음, 설명되지 않는 체중 감소)과 임의 혈장 혈당*≥ 200mg/dL 또는 ② 8시간 이상의 공복 혈장 혈당≥126mg/dL 또는 ③ 75g 경구 당부하 검사 후 2시간 혈장 혈당≥200mg/dL 또는 ④ 당화혈색소≥6.5% ②, ③, ④인 경우 다른 날 검사를 반복하여 확인한다. 당화혈색소 5.7~6.4%에 해당하는 경우 당뇨병 고위험군으로 진단한다.

* 임의 혈장 혈당: 마지막 식사시간에 관계없이 낮 시간에 측정한 혈장 혈당

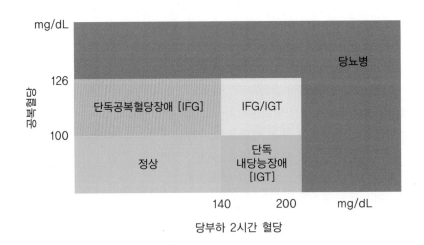

[그림 7-7] **공복혈당과 당부하 2시간 혈당을 기준으로 한 당대사 이상의 분류**

모든 산모는 첫 산전 방문 시에 공복 혈장 혈당, 무작위 혈장 혈당 또는 당화혈색소 측정을 통해 당뇨병 기왕력에 대한 검사를 권고하고 있다. 임신성 당뇨병의 진단에는 경구 당부하 검사가 흔히 사용되며, 임신성 당뇨병의 진단 기준은 다음 [표 7-3]과 같다.

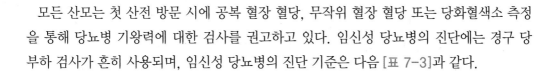

시기	기준
첫 번째 산전 방문	다음 중 하나 이상을 만족하면 기왕의 당뇨병이 있는 것으로 진단한다. ① 공복 혈장 혈당≥126mg/dL ② 무작위 혈당≥200mg/dL ③ 당화혈색소≥6.5%
임신 24~28주	75g 경구 당부하 검사 결과에서 다음 중 하나 이상을 만족하는 경우 임신성 당뇨병으로 진단할 수 있다(1단계 접근법). ① 공복 혈장 혈당≥92mg/dL ② 당부하 1시간 후 혈장 혈당≥180mg/dL ③ 당부하 2시간 후 혈장 혈당≥153mg/dL 기존의 2단계 접근법으로 100g 경구 당부하 검사를 시행한 경우는 다음 기준 중 두 가지 이상을 만족하는 경우 임신성 당뇨병으로 진단한다(2단계 접근법). ① 공복 혈장 혈당≥95 mg/dL ② 당부하 1시간 후 혈장 혈당≥180mg/dL ③ 당부하 2시간 후 혈장 혈당≥155mg/dL ④ 당부하 3시간 후 혈장 혈당≥140mg/dL

당화혈색소(glycosylated hemoglobin, HbA1c)란?

혈당 측정은 혈당 검사가 이루어지는 시점의 혈당 수준만을 판정해 준다. 그러므로 환자의 지난 몇 달간의 혈당 수준을 알아보기 위해서는 당결합 헤모글로빈의 함량을 측정한다. 혈액 중의 포도당이 증가하면 포도당 분자는 적혈구 내 헤모글로빈(Hb)의 아미노산과 결합하여 당화혈색소를 만든다. 당화혈색소의 포도당 결합은 적혈구의 수명기간(120일) 동안에는 계속 유지되는 거의 비가역적 결합으로 나타나 당화혈색소는 지난 두세 달 동안의 조사자의 평균 혈당 수준을 나타낸다. 일시적으로 혈당이 떨어져도 당화혈색소의 비율은 감소하지 않으며, 몇 주에 걸쳐 혈당의 수준이 일정하게 감소되었을 경우에만 감소한다. 따라서 이 검사법은 환자의 과거 혈당 수준을 판정하여 혈당의 조절 프로그램에 응용할 수 있는 좋은 방법이다. 당뇨병으로 특별히 진단받지 않은 사람의 당화혈색소 수준은 전체 헤모글로빈의 약 4~8%이나, 당뇨병 환자는 더 높다. 당화혈색소가 7% 수준의 환자는 혈당관리가 비교적 잘되는 편이며, 10% 정도는 중간 수준이며, 13~20%는 혈당조절이 잘 되지 않는 것을 의미한다.

(4) 당뇨병 환자의 영양판정 시 평가 요소

다음은 당뇨병 환자의 일반적인 영양 관련 평가항목이다[표 7-4].

당뇨병 환자의 경우 식사관리는 질병의 치료 차원에서도 매우 중요하기 때문에 규칙적인 혈당 및 당화혈색소 측정 이외 식사섭취 상태에 대한 평가와 진단이 계속적으로 필요하다. 즉 식생활 판정 자료를 수집하고 환자의 식생활 문제점을 분석하여, 보다 효율적인 식생활 실천 방향의 개선책을 제시해 주기 위해 영양판정은 반드시 자주 실시되어야 한다.

표 7-4	당뇨병 환자의 영양 상태 평가항목	
임상적 조사항목	**식사력 분석항목**
• 신장, 체중 • 이상체중 • 혈압 • 생화학적 검사치 자료 ① 혈당치 ② 혈청 지질농도 ③ 당화 헤모글로빈 ④ 요 단백 • 약물 사용 여부 ① 인슐린 ② 경구 혈당강하제	• 평상시 식사섭취량 • 영양 및 건강 태도 • 과거의 식사에 대한 영양교육 경험과 교육효과 • 식사 간격 **식사섭취량 평가** • 식사의 전반적인 영양소 충족 정도 • 열량 섭취량, 당질 및 단순당 섭취량 • 영양소 배분(끼니별) • 탄수화물, 단백질, 지방의 섭취 유형 분석 • 적절한 영양처방 방안 결정

(5) 당뇨병의 유병률

2012년도 국민건강영양조사 결과 당뇨병 유병률(만 30세 이상)은 전체 9.9%, 남자 10.7%, 여자 9.1%이고, 남녀 모두 연령이 증가할수록 증가하여 70대 이후에는 5명 중 1명(22.0%)이 당뇨병 유병자인 것으로 나타났다[그림 7-8, 7-9]. 공복 혈당의 평균은 남자 100.2mg/dL, 여자 98.0mg/dL였다. 당화혈색소(HbA1c 6.5% 이상)를 당뇨병 진단 기준에 포함할 경우 당뇨병 유병률(만 30세 이상)은 전체 11.8%, 남자 12.4%, 여자 11.1%로 기존 당뇨병 진단 기준에 비해 약 2% 높았다. 당화혈색소의 평균은 남자 5.8%, 여자 5.8%로 남녀 모두 동일한 수준이었다[표 7-5]

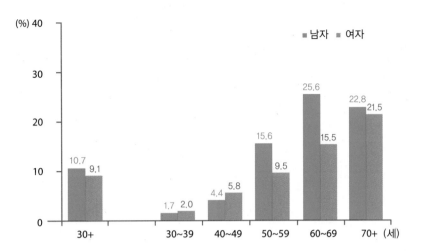

[그림 7-8] 성별 · 연령별 당뇨병 유병률

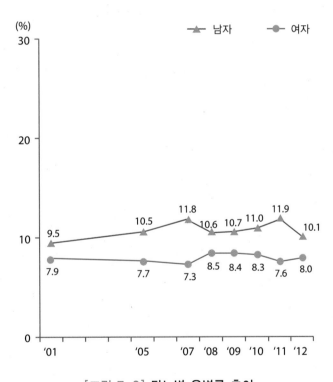

[그림 7-9] 당뇨병 유병률 추이

- 당뇨병 유병률: 공복혈당이 126mg/dL 이상이거나 의사진단을 받았거나 혈당강하제 복용 또는 인슐린 주사를 투여 받고 있는 분율, 만 30세 이상
- 연도별, 소득수준별: 2005년 추계인구로 연령 표준화
- 성별 · 연령별, 소득수준별: 2012년 결과

구분	전체		남자		여자	
	n	유병률(표준오차)	n	유병률(표준오차)	n	유병률(표준오차)
30세 이상	4,602	11.8(0.6)	1,932	12.4(0.9)	2,670	11.1(0.8)
65세 이상	1,246	25.4(1.4)	532	27.5(2.1)	714	23.9(1.8)
연령(세)						
30~39	905	3.1(0.7)	368	3.3(1.0)*	537	2.9(0.9)*
40~49	915	5.8(1.0)	389	5.3(1.2)	526	6.3(1.3)
50~59	1,023	14.2(1.3)	421	17.0(2.2)	602	11.4(1.5)
60~69	943	24.6(1.5)	412	29.2(2.5)	531	20.3(2.0)
70+	816	26.5(1.7)	342	26.5(2.6)	474	26.4(2.3)

표 7-5 만 30세 이상 당뇨병 유병률(당화혈색소 기준)

* 변동계수(coefficient of variation) 25~50%

3. 고혈압

(1) 고혈압의 정의

고혈압은 혈압이 지속적으로 상승되어 있는 상태를 말한다. 정상 혈압은 임상적으로 심혈관 위험도가 가장 낮은 수준으로서, 고혈압의 위험성을 평가할 때 기준으로 사용된다. 혈압 수준에 따른 질병 위험도를 연구한 대표적인 국내 자료로서 남성 공무원과 사립학교 교직원을 6년간 추적 관찰한 연구(korean medical insurance corporation study, KMIC)에 따르면, 140/90mmHg 이상인 고혈압 환자는 130/85mmHg 미만의 혈압을 가진 사람들에 비해 관상동맥 질환, 심혈관 및 뇌졸중의 위험이 높은 것으로 나타났다. 또한 고혈압 전단계인 사람들은 정상혈압을 가진 사람들에 비해 심혈관 생활습관이 좋지 않은 것으로 나타났다.

(2) 고혈압의 진단 기준

대한고혈압학회(2013)에서 제시한 고혈압 진단 기준은 다음과 같다.

표 7-6		혈압의 분류		
		수축기혈압(mmHg)		확장기혈압(mmHg)
정상혈압*		<120	그리고	<80
고혈압 전 단계	1기	120~129	또는	80~84
	2기	130~139	또는	85~89
고혈압	1기	140~159	또는	90~99
	2기	≥160	또는	≥100
수축기 단독고혈압		≥140	그리고	<90

*심혈관 질환의 발병 위험이 가장 낮은 최적혈압

올바른 혈압 측정 방법

고혈압의 진단, 치료, 예후 평가에 있어서 가장 기본이 되는 것은 정확한 혈압 측정이다. 혈압은 측정 환경, 측정부위, 임상상황에 따라 변동성이 크기 때문에 여러 번 측정해야 하며 표준적인 방법으로 측정해야 한다. 요즘은 진료실 밖에서 혈압을 편리하고 비교적 정확하게 측정할 수 있는 전자혈압계가 널리 이용되고 있다. 가정혈압은 진료실혈압보다 고혈압 환자의 심혈관 질환 발생을 예측하는 데 더 유용하고, 의료 경제적 측면에서 유용성이 높다는 보고가 있다.

진료실혈압 측정법

- 혈압 측정 전 최소 5분 동안 안정하며 조용한 환경에서 측정한다.
- 혈압 측정 전 흡연, 알코올·카페인 섭취를 하지 않는다.
- 1~2분 간격을 두고 적어도 2번 이상 혈압을 측정한다.
- 공기 주머니의 길이는 위팔 둘레의 80~100% 이상을 감을 수 있고 너비는 위팔 둘레의 40%가 되어야 한다(성인에서의 표준 크기는 너비 13cm, 길이 22~24cm).
- 심장 높이로 들어 올린 위팔에 커프를 감는다.
- 빠른 속도로 커프 압력을 올리고, 박동 당 2mmHg의 속도로 천천히 감압한다.
- 코로트코프(Korotkoff) 음의 I과 V를 각각 수축기 및 확장기혈압으로 한다.
- 임신, 동맥-정맥 단락, 만성 대동맥판 폐쇄부전의 경우에는 코로트코프 음 4기를 확장기혈압으로 한다.
- 처음에는 양팔에서 혈압을 측정한 뒤, 혈압 수치가 더 높은 팔을 다시 측정한다.
- 다리의 맥박이 약한 경우, 말초혈관 질환을 배제하기 위해 하지 혈압을 측정한다.
- 부정맥이 있는 경우에 맥박에 따라 혈압이 변하므로 3번 이상 측정하여 평균을 구한다.
- 노인, 당뇨병 환자와 기립성 저혈압이 의심되는 환자는 일어선 후 1분과 3분에 혈압을 측정한다.

(3) 고혈압과 심혈관 위험인자

고혈압 환자는 대개 다른 심혈관 위험인자를 동반하므로 혈압강하만으로는 고혈압 관련 위험을 조절하기가 어렵다. 따라서 심혈관 위험도 산출을 통하여 위험도가 크거나, 장기 손상이 동반된다면 고혈압 진단 기준 미만의 혈압에서도 치료를 고려해야 한다[표 7-7].

표 7-7 심혈관 위험인자와 무증상 장기손상

심뇌혈관 질환 위험 인자	무증상 장기손상 및 심혈관 질환
• 나이(남≥45세, 여≥55세) • 흡연 • 비만(체질량 지수≥25kg/m²) 또는 복부비만(복부 둘레 남≥90cm, 여≥80cm) • 이상지질혈증(총 콜레스테롤≥220mg/dL, LDL-콜레스테롤≥150mg/dL, HDL-콜레스테롤<40mg/dL, 중성지방≥200mg/dL) • 공복혈당장애(100≤공복혈당<126mg/dL) 또는 내당능장애 • 조기 심혈관 질환 발병 가족력(남<55세, 여<65세) • 당뇨병(공복혈당≥126mg/dL, 경구 당부하 2시간 혈당≥200mg/dL, 또는 당화혈색소≥6.5%)	• 뇌: 뇌혈관 사고, 일시적 뇌혈관 허혈, 혈관성 치매 • 심장: 좌심실 비대, 협심증, 심근경색, 심부전 • 콩팥: 미세알부민뇨(30~299mg/일), 현성단백뇨(≥300mg/일), eGFR(<60mL/min/1.73m²), 만성 신부전 • 혈관: 죽상 동맥경화반, 대동맥 질환, 말초혈관 질환(발목-위팔 혈압 지수<0.9), 목동맥 내-중막 최대 두께≥1.0mm, 목동맥 대퇴동맥 간 맥파 전달속도>10m/sec • 망막: 3~4단계 고혈압성 망막증

혈압수치, 심혈관 위험인자의 개수, 무증상 장기손상, 심혈관 질환 병력을 이용하여 [표 7-8]과 같이 위험도를 분류할 수 있다.

표 7-8 심혈관 위험도 분류

혈압(mmHg) 위험도	2기 고혈압 전단계 (130~139/85~89)	1기 고혈압 단계 (140~159/90~99)	2기 고혈압 단계 (≥160/100)
위험인자 0개	최저위험군	저위험군	중위험 또는 고위험군
당뇨병 이외의 위험인자 1~2개	저위험 또는 중위험군	중위험군	고위험군
위험인자 3개 이상, 무증상 장기손상	중위험 또는 고위험군	고위험군	고위험군
당뇨병, 심혈관 질환, 만성 신부전	고위험군	고위험군	고위험군

(4) 고혈압 유병률

국민건강영양조사에 따르면 30세 이상 성인에서 고혈압의 유병률은 남자 33.3%, 여자 29.8%로 나타났고, 연령이 증가하면서 혈압은 상승하여 60세 이상이 되면 고혈압 유병률이 50% 이상이다[그림 7-10]. 수축기 혈압의 평균은 남자 121.3mmHg, 여자 117.9mmHg이었고, 이완기 혈압의 평균은 남자 79.5mmHg, 여자 74.5mmHg이었다. 고혈압 유병률은 연중 조사체계로 개편된 2007년 24.6%에서 2012년 29%로 매년 증가하는 추세이다[그림 7-11].

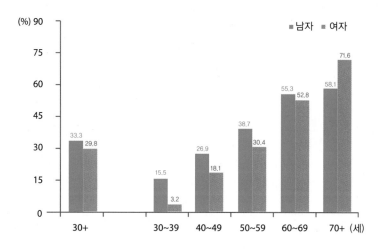

[그림 7-10] **성별 · 연령별 고혈압 유병률**

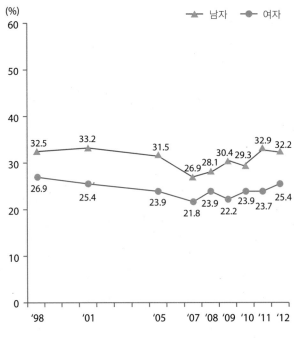

[그림 7-11] **고혈압 유병률 추이**

- 고혈압 유병률: 수축기 혈압이 140mmHg 이상이거나 이완기 혈압이 90mmHg 이상 또는 고혈압 약물을 복용한 분율, 만 30세 이상
  ※ 2011년 남자 팔높이 83cm, 여자 팔높이 81cm 기준으로 AHA(1967)에 근거하여 2008년 7월~2010년 측정치 보정 산출
- 연도별, 소득수준별: 2005년 추계인구로 연령 표준화
- 성별·연령별, 소득수준별: 2012년 결과

4. 이상지질혈증

(1) 이상지질혈증의 정의

이상지질혈증은 혈액 내 중성지방 및 콜레스테롤의 농도가 비정상적으로 증가된 상태를 의미한다. 우리나라의 경우 혈청지질수치와 심혈관 질환의 관련성을 연구하고자 2001년 이전의 과거 종합검진자료를 이용한 코호트 연구를 개발하였다. 연구 대상자는 31만 명으로서 13년간 추적되었으며, 평균연령은 남자 47.3세, 여자 47.8세였다. 이 연구에 의하면 고콜레스테롤혈증(230mg/dL 이상), 고중성지방혈증(250mg/dL 이상), 고LDL-콜레스테롤혈증(150mg/dL 이상), 저HDL-콜레스테롤혈증(40mg/dL 미만)이면 각각 허혈성 심질환에 걸릴 위험이 유의적으로 증가하는 것으로 나타났다. 심장의 관상동맥경화로 인한 허

혈성 심장병은 서구 여러 나라에서 사망원인 1위를 차지하고 있다. 최근에는 우리나라에서도 20~30년 전에는 거의 볼 수 없었던 심근경색 환자들이 우리 주변에 많아지게 되었으며 허혈성 심장병의 발생률도 빠른 속도로 증가하고 있다.

(2) 이상지질혈증의 진단 및 치료 기준

이상지질혈증에는 보통 증상이 없으므로 치료가 필요한 사람을 찾아내기 위해서는 선별검사가 필수적인데, 20세 이상의 성인은 공복 후에 혈청지질 검사(총 콜레스테롤, 중성지방, HDL 콜레스테롤, LDL 콜레스테롤)를 적어도 5년에 1회 이상 측정하여야 한다. 치료방침의 결정 전에는 적어도 2회 이상의 반복 측정을 하여야 하며, 측정결과에 현저한 차이가 있을 경우 세 번째 측정이 필요할 수도 있다. 한국지방·동맥경화학회에서 제시한 이상지질혈증 진단 기준은 다음과 같다.

표 7-9 **이상지질혈증 진단 기준**

이상지질혈증 유형 및 판정 기준	기준 수치(mg/dL)
총 콜레스테롤	
높음	≥240
경계치	200~239
정상	< 200
LDL-콜레스테롤*	
높음	≥150
경계치	130~149
정상	100~129
적정	<100
HDL-콜레스테롤	
낮음	<40
높음	≥60
중성지방	
높음	≥200
경계치	150~199
정상	<150

* LDL-콜레스테롤 = 총 콜레스테롤 − HDL-콜레스테롤 − 중성지방/5

이상지질혈증의 치료 기준은 이상지질혈증에 대한 여러 가지 방법의 중재, 주로는 약물 치료에 의한 이상지질혈증 치료의 결과를 보여주는 임상 시험들의 결과를 종합하고, 비용-효과적인 측면까지 고려하여 결정하여야 한다. 그러나 현재까지 한국인들을 대상으로 한 대규모의 임상시험 결과가 없으므로 미국의 국가 콜레스테롤 교육 프로그램(NCEP-ATP III)의 치료 지침을 사용하고 있다.

표 7-10 질병과 위험인자의 유무에 따른 위험도 분류

위험도[1]	LDL-콜레스테롤 목표 (mg/dL)	비 HDL-콜레스테롤[2] 목표(mg/dL)
고위험군(관상동맥 질환, 또는 그에 상당하는 위험)	<100	<130
관상동맥 질환		
경동맥 질환, 말초혈관 질환, 복부동맥류		
당뇨병		
중등도 위험군	<130	<160
주요 위험인자 2개 이상		
저위험군	<160	<190
주요 위험인자가 없거나 1개		

1) LDL-콜레스테롤을 제외한 주요 위험인자
- 흡연
- 고혈압(혈압이 140/90mmHg)이상 혹은 항고혈압약제를 복용하는 경우
- 저 HDL 콜레스테롤(<40mg/dL)
- 조기 관상동맥 질환의 가족력: 부모, 형제, 자매 중 남자 55세 미만, 혹은 여자 65세 미만에서 관상동맥 질환이 발생한 경우
- 연령(남자 45세 이상; 여자 55세 이상)

2) 비 HDL-콜레스테롤 = 총 콜레스테롤 − HDL-콜레스테롤
- HDL-콜레스테롤 60mg/dL 이상은 보호인자로 간주하여 총 위험인자 수에서 하나를 감하게 된다.

(3) 이상지질혈증 환자의 영양판정 시 평가 요소

이상지질혈증의 위험인자를 점검하기 위해서는 체중 변화, 병력, 현재 체중, 총 체지방량, 복부 비만의 유무, 혈청지질농도 등을 파악한다. 식습관 판정은 과거의 식사력과 현재의 식생활 습관 등을 포함하여 조사해야만 원인 진단 및 식사처방이 가능하다.

표 7-11	이상지질혈증 환자의 영양판정 시 포함되어야 할 사항
항목	**구체적인 내용**
개인 병력	• 심혈관 질환, 고혈압, 당뇨병, 고지혈증에 관한 병력 조사
가족력, 유전적 가능성 파악	• 심혈관 질환, 고혈압, 당뇨병, 고지혈증, 복부 비만과 관련된 가족의 병력이나 비만 여부 등 파악 • 가족성 고지혈증이 의심될 경우 가족에 대한 검진이 요구
식품섭취 양상 및 생활양식	• 일일 섭취 열량, 일일 지방 섭취량, 지방 섭취 양상, 일일 콜레스테롤 섭취량, 음주 습관 및 음주량, 단순당 섭취 양상, 나트륨 섭취량과 섭취 형태, 신체 활동량, 운동의 종류와 운동량, 흡연 습관, 생활 스트레스 여부 및 강도
신체계측 및 임상관찰 검사	• 체중, 신장, 신체질량 지수, 허리-엉덩이 둘레비, 혈압, 죽상경화증의 징후(말초혈관의 맥박, 혈관 잡음 등), 고지혈증의 신체적 징후(각막주위 백색륜, 황색종, 황색판종, 간 비대, 비장 비대 등), 갑상선 이상 여부 진단
생화학적 분석	• 공복 시 지단백 분석(총 콜레스테롤, 고밀도지단백-콜레스테롤, 중성지방 및 저밀도지단백-콜레스테롤 농도), 일상 검사실 검사(크레아틴 포스포키나제, 공복 시 혈당, 알칼리성 포스파타아제, 간 기능, 갑상선 기능, 소변 검사, 심전도 등)
관상동맥 심질환의 위험인자 평가	• 연령, 성(여성의 경우, 폐경과 에스트로겐 치환 요법에 관한 사항 포함), 심질환의 가족력, 흡연, 고혈압, 당뇨병, 비만(복부 비만), 혈장 지질 농도

(4) 이상지질혈증의 유병률

고콜레스테롤혈증 유병률(만 30세 이상)은 전체 15.4%, 남자 12.5%, 여자 18.2%로 여자가 5.7% 더 높았다. 혈중 총 콜레스테롤의 평균(만 30세 이상)은 남자 190.4mg/dL, 여자 194.2mg/dL였고, 남녀 모두 50대가 가장 높았다[그림 7-12, 7-13].

고중성지방혈증 유병률(만 30세 이상)은 전체 17.1%, 남자 21.4%, 여자 13.1%로 남자가 8.3% 더 높았고, 남녀 모두 50대에서 유병률이 가장 높았다. 혈중 중성지방의 평균(만 30세 이상)은 남자 157.6mg/dL, 여자 122.5mg/dL였다[그림 7-14, 7-15].

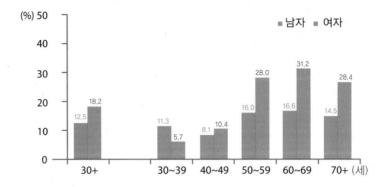

[그림 7-12] 성별 · 연령별 고콜레스테롤혈증 유병률

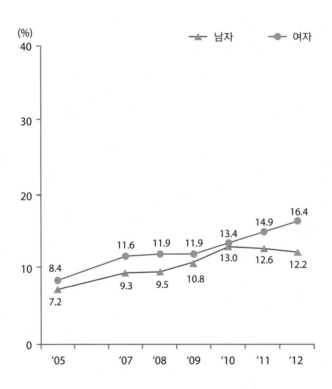

[그림 7-13] 고콜레스테롤혈증 유병률 추이

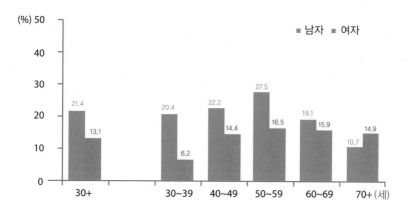

[그림 7-14] 성별·연령별 고중성지방혈증 유병률

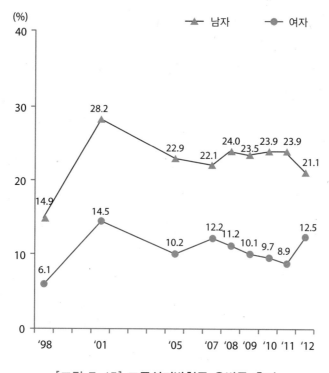

[그림 7-15] 고중성지방혈증 유병률 추이

- 고콜레스테롤혈증 유병률: 8시간 이상 공복자 중 총 콜레스테롤이 20mg/dL 이상이거나 콜레스테롤 강하제를 복용한 분율, 만 30세 이상
  ※ 1998년, 2001년: 콜레스테롤 강하제 복용 여부 정보 부재로 결과 미 제시
- 고중성지방혈증 유병률: 12시간 이상 공복자 중 중성지방이 200mg/dL 이상인 분율, 만 30세 이상
- 연도별, 소득수준별: 2005년 추계인구로 연령 표준화
- 성별·연령별, 소득수준별: 2012년 결과

5. 대사 증후군

(1) 대사 증후군 정의

대사 증후군은 당뇨병, 고혈압, 비만, 동맥경화, 고지혈증, 심혈관 질환 등을 총체적으로 지칭하는 개념이다. 1988년 Reaven 박사가 처음 이러한 개념을 주창할 때에는 인슐린저항성 증후군(insulin resistance syndrome), X 증후군(syndrome X) 또는 이상 대사 증후군(dysmetabolic syndrome)등으로 불리다가 1999년 세계보건기구(WHO)에서 대사 증후군(metabolic syndrome)으로 명명하여 현재까지 사용되고 있다. 대사 증후군의 임상적 의미는 그 자체로 여러 대사 질환과 심혈관 질환 발생을 예측할 수 있고, 심혈관 질환으로 인한 이환율과 사망률을 증가시킨다는 것이다.

(2) 대사 증후군의 진단 기준

1999년 세계보건기구(WHO)에서 대사 증후군에 대한 진단 기준을 처음 제시한 이후 2009년 미국 심장학회(american heart association, AHA)와 세계당뇨병연맹(international diabetes federation, IDF) 등 여러 기관에서 대사 증후군에 대한 통일된 기준을 제시하였다. 우리나라의 경우 한국인을 대상으로 대사 증후군에 대한 정확한 진단 기준이 제시되지 못하고 있다. 그동안 여러 유관 기관 간의 회의를 통해 여자의 허리 둘레 80cm가 너무 낮게 정해졌다는 것에는 일치를 보았으나, 어느 수준으로 정할지에 대해서는 아직 결정되지 못하였다. 대한비만학회에서 단면적 분석을 통하여 85cm가 적절하다고 제시하였으나, 다른 학회에서 이를 다 받아들이지 않고 있는 실정이다. 대한당뇨병학회에서는 현재 가장 널리 쓰이고 있는 2009년 AHA/IDF에서 제시한 진단 기준을 이용하기를 권고하고 있다. 국민건강영양조사의 대사 증후군 진단 기준은 다음과 같다.

(3) 대사 증후군의 유병률

2007년~2010년 국민건강영양조사 자료를 분석한 결과, 대사 증후군 유병률(만 30세 이상)은 전체 28.8%, 남성 31.9%, 여성 29.0%로 나타났다. 남성은 64세까지는 증가하다가 이후 감소한 반면, 여성은 연령이 높을수록 증가하여 65세 이후부터는 남성에 비해 대사 증후군 유병률이 높은 것으로 나타났다.

표 7-12	대사 증후군 진단 기준	
	미국 심장학회(AHA), 세계당뇨병연맹(IDF), 대한당뇨병학회	국민건강영양조사(2011)
복부비만	남자>90cm 여자>80cm	남자>90cm 여자>85cm
혈중 중성지방	≥150mg/dL 또는 약물치료 중인 상태	≥150mg/dL
혈중 HDL-콜레스테롤	남자<40mg/dL 여자<50mg/dL 또는 약물치료 중인 상태	남자<40mg/dL 여자<50mg/dL
혈압	≥130/85mmHg 또는 약물치료 중인 상태	≥130/8mmHg 또는 혈압약 복용
공복혈당	≥100mg/dL 또는 약물치료 중인 상태	≥100mg/dL 또는 인슐린 주사나 당뇨병 약 복용

* 위의 진단 기준 중 3개 이상 해당될 때 대사 증후군으로 진단함

6. 골다공증

(1) 골다공증 정의와 분류

　세계보건기구(WHO)는 골다공증을 '골량의 감소와 미세구조의 이상을 특징으로 하는 전신적인 골격계 질환으로, 결과적으로 뼈가 약해져서 부러지기 쉬운 상태가 되는 질환'으로 정의한다. 골다공증은 40대 이후 발생하는 질환으로 뼈의 질량이 감소하여 폐경 이후 여성들과 노년기의 골절 발생 가능성을 증가시키는 질환이다. 영양 상태, 호르몬, 성, 연령, 생활습관, 흡연, 음주 등이 뼈의 질량 감소에 영향을 주는 것으로 알려져 있다. 칼슘, 인, 단백질 같은 영양소 섭취량도 골다공증의 발생과 관련이 있는 것으로 보고되고 있으나 아직 입증되지는 않았다. 미국의 경우 인구의 약 10%가 골다공증 환자이며, 우리나라에는 현재 약 200만 명의 환자가 있는 것으로 추정된다.

　골다공증은 폐경 후부터 70세 이전에 생기는 경우를 제1형 골다공증, 70세 이후에 발생하면 제2형 골다공증으로 다시 분류한다. 제1형 골다공증은 폐경기 이후 여성에게 에스트로겐이 부족하여 발생하는 반면에 제2형 골다공증은 복합적인 원인 즉, 비타민 D와 칼슘의 섭취부족, 장에서의 칼슘 저하, 신장에서의 활성 비타민 D의 생성 장애, 부갑상선호르몬의 분비의 증가 등 여러 원인이 복합적으로 작용하여 일어난다.

골다공증 관련 위험 요인과 보호 요인은 다음과 같다.

표 7-13   **골다공증과 관련된 위험 요인과 보호 요인**

	위험 요인	보호 요인
높은 상관 요인들	• 연령의 증가 • 알코올 남용 • 식욕부진, 거식증 • 만성적 스테로이드제제 사용 여성 • 류머티스성 관절염 • 난소절제 수술을 한 경우 • 마른 경우	• 에스트로겐 장기 사용 • 최대한으로 골 질량을 높일 수 있도록 처방 • 운동
중정도 상관 요인들	• 만성적인 갑상선 호르몬제 사용 • 흡연 • 인슐린 의존성 당뇨병 • 조기 폐경 • 과다한 제산제 사용 • 장기간에 걸친 저 칼슘 식사 • 일상생활 중 활동량이 적은 사람 • 비타민 D 결핍	• 체중이 많이 나가는 경우
아직 증명되지 못했으나 주요한 요인으로 간주되는 요소	• 보통의 알코올 섭취 • 카페인 사용 • 골다공증 가족력 • 고섬유소 식사 • 고단백질 식사	• 고칼슘 식사 • 규칙적인 신체활동

(2) 골다공증의 진단

골다공증 진단에 가장 일반적으로 이용되는 방법은 골밀도 측정법이다. 현재 국내에서 사용되는 정량적 골밀도측정법은 방사선흡수법(radiographic absorptiometry, RA), 이중에너지 방사선흡수법(dual energy X-ray absorptiometry, DXA), 정량적 초음파법(quantitative ultrasound, QUS), 정량적 전산화단층촬영(quantitative computed tomography, QCT)과 말단골 정량적 전산화단층촬영(peripheral quantitative computed tomography, pQCT) 등이다. 방사선 조사량이 비교적 적고 측정시간이 짧아 조사가 용이한 이중에너지 방사선흡수법이 가장 많이 이용되고 있다.

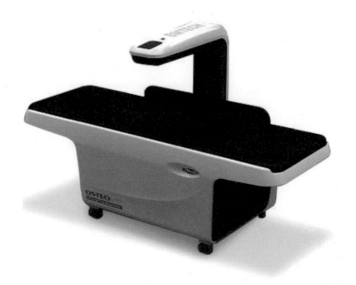

[그림 7-16] 이중에너지 방사선흡수법을 이용한 골밀도 측정기

골밀도 측정 시 요추와 대퇴골 부위가 가장 많이 측정되는 표준 부위이며 임상적으로도 골다공증 골절이 흔히 발생하는 부위이다. 방사선으로 요추와 대퇴골을 촬영하여 단위면 적당 무기질 양(g/cm²)으로 골밀도를 계산한 후, 정상적인 젊은 성인에 비하여 얼마나 감소되어 있느냐에 따라 골다공증을 진단하게 된다. T-score는 골절에 대한 절대적인 위험 도를 나타내기 위해 골량이 가장 높은 젊은 성인의 골밀도와 비교한 값으로 -2.5 이하인 경우를 골다공증으로 진단한다. 소아, 청소년, 폐경 전 여성과 50세 이전 남성에서는 같은 연령대의 평균 골밀도와 비교한 Z-score[(환자의 측정값-동일 연령집단의 평균값)/표준 편차]를 사용한다. Z-score가 -2.0 이하이면 '연령 기대치 이하(below the expected range for age)'라 정의한다.

| 표 7-14 | 골다공증 진단 기준 |

기준	진단
T-score≥-1.0	정상
-1.0>T-score>-2.5	골감소증
T-score≤-2.5	골다공증
T-score≤-2.5+골다공증 골절	심한 골다공증

* T-score=(환자의 측정값-젊은 집단의 평균값)/표준편차

Region	BMD (g/cm^2)	Young-Adult T-Score	결과
L1	0.737	-2.7	L3, L4의 퇴행성 변화로 L1, L2에 비하여 골밀도가 높게 측정되었다. L1과 L2의 T-score 평균치를 이용하여 골다공증으로 진단할 수 있다.
L2	0.803	-2.6	
L3	1.010	-0.9	
L4	1.162	0.3	

[그림 7-17] DXA를 이용한 요추 골밀도 측정

(3) 골다공증 영양판정 기준

골다공증을 일생에 걸쳐 일어나는 칼슘 결핍증이라고 보았을 때 체내 칼슘 평형과 관련된 다른 요인으로 비타민 D, 칼시토닌(calcitonin), 식사 내 칼슘과 인의 섭취 수준, 식사 내 단백질 섭취 수준 등이 관련되어 있으며, 이들에 대한 관련성 분석이 더 필요하다. 일반적으로 골다공증 예방을 위하여 18세 이상을 대상으로 뼈의 무기질 함량 측정과 칼슘 섭취력 및 현재 알려진 관련 영양소의 섭취실태를 조사하는 것이 바람직하다.

(4) 골다공증의 유병률

보건복지부는 골다공증의 예방과 치료를 위한 근거중심의 정책개발을 목적으로 2008년부터 5년간 국민건강영양조사에 골다공증 관련 조사 항목을 추가하여 조사하였다. 2012년 국민건강영양조사 결과 골다공증 유병률은 21.4%로 50세 이상 5명 중 1명 이상이 골다공증 유병자로 나타났다. 성별로는 여자 34.9%, 남자 7.8%로 여자가 남자보다 5배 정도 높았다. 연령별로는 50대 10%, 60대 19.2%, 70대 이상 42.6%로 연령 증가와 함께 골다공

증도 급격히 증가했다[그림 7-18].

　골다공증 인지율은 24.7%로, 골다공증 유병자 4명 중 3명은 본인이 골다공증임을 모르고 지내는 것으로 나타났다. 골다공증 치료율은 10.8%로, 유병자 10명 중 1명만이 현재 골다공증 치료를 받고 있는 것으로 나타났다.

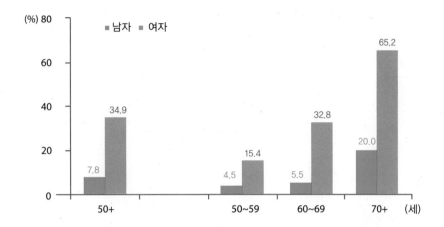

[그림 7-18] 골다공증 성별 · 연령별 유병률(2012년)

- 골다공증 유병률: 폐경 후 여자, 만 50세 이상 남자에서 대퇴경부, 대퇴골, 요추 골밀도 검사결과 가장 낮은 T-score가 −2.5 이하인 분율, 만 50세 이상
- 성별 · 연령별, 소득수준별: 2008~2010년 자료 통합 산출 결과
- 소득수준별: 2005년 추계인구로 연령 표준화

영양판정 이론편

병원입원 환자의
영양판정과 영양관리

최근 들어 식욕이 부쩍 떨어진 63세의 남성 A씨가
폐렴 증상으로 병원에 입원하였다.
이 환자를 담당하게 된 임상영양사 B씨는
A씨에 대하여 무슨 업무를 어떠한 순서로 진행하게 될까?

학습목표

- 병원입원 환자 영양판정의 목적 및 역할을 설명할 수 있다.
- 병원입원 환자의 에너지와 단백질 요구량을 산출할 수 있다.
- 병원입원 환자에게 활용되는 다양한 영양판정 기준과 척도를 활용할 수 있다.
- 다양한 영양검색 도구를 활용하여 영양불량 위험도를 판정할 수 있다.
- 병원입원 환자의 영양판정 체계를 설명할 수 있다.
- 영양관리과정의 단계별 목표와 내용을 설명할 수 있다.

1. 환자 영양판정의 중요성

병원입원 환자의 영양판정은 입원 초기에 영양문제의 종류와 그 정도를 정확히 파악하여 이를 바탕으로 환자에게 적절한 임상영양관리를 제공함으로써 질병 치료 효과 및 예후를 증진시키고자 하는 데 그 의의가 있다. 보다 구체적으로 입원 환자에 대한 영양판정의 주요 목적은 다음과 같이 요약할 수 있다.

- 영양적 위험의 가능성이 있는 환자를 선별
- 영양문제의 종류, 증상, 원인, 정도 등을 파악
- 환자에게 실시된 임상영양관리에 대한 효과 평가 및 모니터링

입원 환자는 다양한 원인으로 인하여 일반인에 비해 영양적 위험에 처할 가능성이 높다. 질병으로 인하여 식욕이 떨어지거나 저작 또는 연하 곤란으로 인하여 전반적인 식이섭취가 부족할 수 있으며, 소화기능 및 흡수기능 저하로 영양소의 체내 이용도가 감소할 수도 있다. 또한 질병 및 상해로 인하여 체내 영양요구량이 증가하기도 한다. 여러 영양소 중 에너지와 단백질의 필요량이 이러한 영향을 많이 받는 편이므로 대개 입원 환자의 개별적인 에너지와 단백질 요구량을 산출하여 이를 환자의 영양관리 계획에 반영한다. 다음은 환자의 에너지와 단백질 요구량을 산정하는 방법을 요약한 것이다.

에너지 요구량 산출

① **기초대사량 계산**

- 해리스-베네딕트(Harris–Benedict) 공식

  남자: 기초대사량(kcal)=66.4+13.7×현재체중(kg)+5.0×키(cm)-6.8×나이(세)

  여자: 기초대사량(kcal)=66.5+9.6×현재체중(kg)+1.8×키(cm)-4.7×나이(세)

- 비만 환자의 경우 과다하게 필요량이 계산되므로 표준 체중이나 조정 체중을 이용

  조정 체중=표준 체중(kg)+[실제 체중(kg)-표준 체중(kg)]×0.25

---

② 환자의 활동 정도, 상해 정도, 스트레스 정도를 파악

활동 계수	활동 정도	상해 계수	상해 정도	스트레스 계수	스트레스 정도
1.2	누워있는 환자	1.2	가벼운 수술	1.0	기아
1.3	거동이 가능한 환자	1.35	골격 외상	1.3	가벼운 수술
1.5	보통의 활동도	1.44	수술	1.3~1.5	다발성 외상, 패혈증, 호흡기 질환
1.75	매우 활동적	1.6~1.8	패혈증	1.0~1.2	유지
		1.88	외상+스테로이드	1.4~1.6	동화(anabolism)
		2.1~2.5	심한 화상	1.3~1.5	급성 췌장염
				1.0~1.3	만성 췌장염

③ 에너지 요구량 계산

- 1일 필요 칼로리(kcal) = 기초대사량×활동계수×상해계수
- 1일 필요 칼로리(kcal) = 기초대사량×스트레스계수

단백질 요구량 산출

스트레스 정도	건강 상태	단백질 요구량(g/kg/일)
정상	건강	0.8~1.0
중간	감염, 골절, 수술	1.0~2.0
심함	화상, 다발성 골절	2.0~2.5

2. 환자 영양판정의 자료

입원 환자의 영양판정은 과거력, 식이 조사, 신체계측, 임상 조사, 생화학 조사 등으로부터의 다양한 정보를 바탕으로 이루어진다.

(1) 과거력

환자는 건강인과 달리 영양 상태에 영향을 미치는 여러 가지 조건을 보유할 가능성이 높으므로 정확한 영양판정을 위해 환자의 병력, 가족력 등의 임상적 요인들이나 심리적 및 환경적 요인들에 대한 정보를 수집해야 한다. 이러한 정보는 의료기록 또는 환자 본인 및 가족과의 면담을 통하여 얻을 수 있다. [표 8-1]에 환자의 영양판정에 유용한 과거력 자료의 예를 제시하였다.

표 8-1   환자의 영양판정에 필요한 과거력 자료

병력	수술 기록
가족의 병력	항암/방사선 치료 기록
진단명(만성 질환 여부, 대사요구량 증가되는 질환 여부, 영양소 손실이 증가되는 질환 여부, 소화기 질환 여부 등)	흡연력
	경제적 환경
약물 복용	사회적 지지 환경
약물 남용/알코올 중독	심리적 및 정신적 문제

(2) 식이 조사

환자의 식이섭취 조사에는 일상적인 날에 대한 하루 또는 며칠 동안의 24시간 회상법이 가장 많이 사용된다. 아울러 식품섭취빈도법을 통하여 평상시의 식품섭취 양상에 대한 자료를 수집할 수도 있다. 병원에 입원한 기간에는 환자가 병원에서 제공한 식사를 얼마나 섭취하였는가를 조사하여 실제 섭취한 양과 필요량을 비교 분석하기도 한다. 식사섭취에 대한 정보뿐만 아니라 환자의 평소 식사섭취량, 섭취 패턴, 식품 기호도, 식품 알레르기, 식사섭취의 장애 여부(저작 및 연하곤란, 구토, 메스꺼움, 설사, 변비 등), 질병과 관련한 식이요법 여부, 식품 구매 및 조리 능력, 식욕의 변화, 영양보충제 섭취 현황 등에 대한 자료를 수집하는 것도 중요하다.

(3) 신체계측

1) 신장

신장은 가장 빈번하게 수집되는 환자의 신체계측 자료 중 하나이다. 환자의 신장자료는 % 이상체중, 체질량 지수, 에너지 필요량, 크레아티닌-신장 지수 등을 산출하는 데에 사용된다. 환자가 똑바로 서 있을 수 있는 경우에는 일반 신장계로 용이하게 측정할 수 있으나, 바로 서 있는 자세를 취하기 어려운 경우에는 면담을 통하여 신장 정보를 얻기도 하고 신장과 연관이 있다고 알려진 신체 부위의 길이를 측정하여 신장을 추정하기도 한다. [표 8-2]와 [표 8-3]에 신체계측치로부터 신장을 추정하는 공식들을 소개하였다.

표 8-2	한국 노인의 신장 추정 공식
대상	**공식**
남성 노인	신장(cm)=[1.44×무릎높이[1](cm)]+[0.62×총 팔길이[2](cm)]−(0.15×연령)+58.70
	신장(cm)=[1.94×무릎높이(cm)]−(0.15×연령)+78.56
	신장(cm)=[1.23×총 팔길이(cm)]−(0.13×연령)+81.87
여성 노인	신장(cm)=[1.08×무릎높이(cm)]+[0.65×총 팔길이(cm)]−(0.27×연령)+77.91
	신장(cm)=[1.74×무릎높이(cm)]−(0.24×연령)+89.63
	신장(cm)=[1.22×총 팔길이(cm)]−(0.31×연령)+91.37

1) 대상자가 반듯이 누운 상태에서 왼쪽 무릎과 발목이 90도 각가가 되도록 굽힌 다음 캘리퍼의 고정 날을 비골외과 바로 아래 왼 발꿈치에 놓고 캘리퍼의 움직이는 날은 무릎의 슬개골 5cm 위에 위치시켜 측정
2) 편안히 누운 상태에서 왼 견갑골의 견봉 돌기에서 셋째 손가락 끝까지 측정

표 8-3	성별, 인종, 연령에 따른 무릎높이를 이용한 신장 추정 공식		
성별	**인종**	**연령(세)**	**공식**
여성	흑인	>60	신장(cm)=58.72+[1.96×무릎높이(cm)]
		19~60	신장(cm)=68.10+[1.86×무릎높이(cm)]−(0.06×연령)
		6~18	신장(cm)=46.59+[2.02×무릎높이(cm)]
	백인	>60	신장(cm)=75.00+[1.91×무릎높이(cm)]−(0.17×연령)
		19~60	신장(cm)=70.25+[1.87×무릎높이(cm)]−(0.06×연령)
		6~18	신장(cm)=43.21+[2.14×무릎높이(cm)]

		>60	신장(cm)=95.79+[1.37×무릎높이(cm)]
남성	흑인	19~60	신장(cm)=73.42+[1.79×무릎높이(cm)]
		6~18	신장(cm)=39.60+[2.18×무릎높이(cm)]
	백인	>60	신장(cm)=59.01+[2.08×무릎높이(cm)]
		19~60	신장(cm)=71.85+[1.88×무릎높이(cm)]
		6~18	신장(cm)=40.54+[2.22×무릎높이(cm)]

2) 체중

신장과 더불어 체중도 가장 흔히 활용되는 신체계측치이다. 걷거나 서 있기 어려운 환자의 경우에는 침대 저울을 이용하여 체중을 측정하거나, 무릎높이, 상완둘레, 종아리 둘레, 허리 둘레 등의 다른 신체계측 자료를 이용하여 체중을 추정할 수 있다[표 8-4, 8-5, 8-6]. 체중은 체질량 지수, % 표준 체중, % 체중 감소, 에너지 및 단백질 필요량 산출 등에 사용되며, 환자의 영양 상태변화를 나타내는 기초적인 자료의 역할을 한다.

표 8-4	65세 이상 노인의 체중 추정 공식
남자	체중(kg)=[상완둘레(cm)×2.31]+[종아리 둘레(cm)×1.50]−50.10 체중(kg)=[상완둘레(cm)×1.92]+[종아리 둘레(cm)×1.44]+[견갑골 피부두겹두께(cm)×0.26]−39.97 체중(kg)=[상완둘레(cm)×1.73]+[종아리 둘레(cm)×0.98]+[견갑골 피부두겹두께(cm)×0.37]+[무릎높이(cm)×1.16]−81.69
여자	체중(kg)=[상완둘레(cm)×1.63]+[종아리 둘레(cm)×1.43]−37.46 체중(kg)=[상완둘레(cm)×0.92]+[종아리 둘레(cm)×1.50]+[견갑골 피부두겹두께(cm)×0.42]−26.19 체중(kg)=[상완둘레(cm)×0.98]+[종아리 둘레(cm)×1.27]+[견갑골 피부두겹두께(cm)×0.40]+[무릎높이(cm)×0.87]−62.35

표 8-5	무릎높이와 상완둘레를 이용한 체중 추정 공식
남자	6~18세: 체중(kg)=[무릎높이(cm)×0.62]+[상완둘레(cm)×2.64]−50.08 19~59세: 체중(kg)=[무릎높이(cm)×1.19]+[상완둘레(cm)×3.21]−86.82 60~80세: 체중(kg)=[무릎높이(cm)×1.10]+[상완둘레(cm)×3.07]−75.81
여자	6~18세: 체중(kg)=[무릎높이(cm)×0.77]+[상완둘레(cm)×2.47]−50.16 19~59세: 체중(kg)=[무릎높이(cm)×1.01]+[상완둘레(cm)×2.81]−66.04 60~80세: 체중(kg)=[무릎높이(cm)×1.09]+[상완둘레(cm)×32.68]−65.51

표 8-6	우리나라 노인의 체중 추정 공식
남자 노인	체중(kg)=[0.37×허리 둘레(cm)]+[1.25×상완둘레(cm)]+[0.75×종아리 둘레(cm)]+[0.91×무릎 높이(cm)]−73.27 체중(kg)=[0.50×허리 둘레(cm)]+[1.71×상완둘레(cm)]−27.10
여자 노인	체중(kg)=[0.29×허리 둘레(cm)]+[0.91×상완둘레(cm)]+[1.21×종아리 둘레(cm)]+[0.53×무릎 높이(cm)]−57.00 체중(kg)=[0.31×허리 둘레(cm)]+[0.89×상완둘레(cm)]+[1.26×종아리 둘레(cm)]−35.61

　현재 체중 이외에 환자의 체중 변화에 대한 정보는 환자의 영양 상태 평가에 의미 있는 자료이다. 환자의 체중증가는 근육 또는 지방의 축적을 반영할 수도 있지만, 부종, 복수 등에 기인할 수도 있으므로 체중증가의 원인을 잘 살펴보아야 한다. 또한 최근의 체중 감소는 환자의 영양결핍 여부 및 그 정도를 반영하는 지표로서 중요한 의미를 가진다[표 8-7, 8-8].

표 8-7 체중지표에 다른 영양결핍의 정도				
체중 척도	결핍 없음	약간 결핍	보통 결핍	심한 결핍
% 표준 체중 [현재 체중/표준 체중×100]	≧90	80~89	70~79	<70
% 체중 감소 [(평소 체중−현재 체중)/평소 체중×100]	0~4	5~9	10~20	>20

표 8-8 기간별 % 체중 감소의 평가		
기간	약간 체중 감소	심한 체중 감소
1주일	1~2%	>2%
1개월	5%	>5%
3개월	7.5%	>7.5%
6개월	10%	>10%

3) 기타

　신장과 체중 이외에 피부 두겹 두께, 근육둘레, 근육 면적 등의 신체계측 자료를 환자의 영양 상태 판정에 활용할 수 있다. 측정값을 인구집단의 백분위수 수치와 비교하여 상대적인 지방축적의 정도 또는 근육의 영양 상태 등을 평가할 수 있다.

(4) 임상 조사 및 생화학 조사

환자의 영양판정에는 임상 조사 및 생화학 조사 자료가 종합적으로 활용된다. 대개 환자가 병원에 처음 입원할 때 일반적으로 행해지며 이후 치료경과를 살펴보기 위한 목적으로도 시행된다. 임상 조사 항목에는 체온, 피부, 머리카락, 손·발톱, 호흡, 위장관의 소리 등이 포함된다[5장 임상 조사와 영양판정 참조]. 병원 환자에게 일반적으로 실시되는 생화학 조사 항목으로는 혈청 단백질, 지방, 전해질, 무기질, 효소, 혈액학적 지표, 포도당, 혈액요소질소 등이 있다[4장 생화학적 검사와 영양판정 참조].

3. 환자 영양판정의 단계

입원 환자의 영양판정은 단계별로 진행되는데, 얼마나 자세한 조사 방법을 사용하느냐에 따라 크게 영양검색과 영양판정으로 구분된다. 영양검색은 모든 입원 환자를 대상으로 영양 문제의 위험성이 높은 대상자를 신속하게 선별하기 위하여 시행하는 비교적 간단한 조사 방법이다. 영양검색 단계에서 영양적 위험이 있다고 판단된 환자에 대하여 보다 자세하고 구체적인 자료를 수집하는 영양판정 단계가 진행된다.

(1) 영양검색

입원 환자에서 가장 흔히 발견되는 영양문제 중 하나는 영양불량이다. 조사를 통해 입원한 환자구성의 특징에 따라 다양한 범위로 관찰되기는 하지만, 한 보고에 따르면 입원 환자의 약 40% 이상이 영양적 위험요인을 가지고 있으며, 그중 약 75%의 환자는 입원 기간 중 영양불량이 더욱 심화된다고 하였다. 입원 환자의 영양불량 여부는 환자의 향후 임상적 예후에 영향을 미치는 주요 요인으로, 감염률, 합병증 발생률, 사망률, 재원기간, 그리고 의료비용과 유의한 연관성을 가지는 것으로 다수의 연구에서 보고된 바 있다. 따라서 환자의 입원 시 영양 상태를 신속하게 파악하는 것이 매우 중요하다.

대부분의 종합병원에서는 모든 입원 환자를 대상으로 입원 후 24~48시간 이내에 영양불량의 위험 여부를 파악하기 위하여 영양검색(nutrition screening)을 실시하고 있다. 병원 환자의 영양검색에 사용되는 도구에는 여러 종류가 있는데, 종류를 막론하고 영양검색 도구의 중요한 가치 중 하나는 비교적 신속하고 용이하게 현장에서 적용될 수 있어야 한다는 점이다. 국제적으로 타당도를 인정받은 영양검색 도구에는 Subjective Global Assessment(SGA), Patient-Generated Subjective Global Assessment(PG-SGA), Nutrition Risk Screening 2002(NRS-2002), Mini Nutritional Assessment(MNA)[6장 생애주기별 영양판정 참조], Malnutrition Universal Screening Tool(MUST) 등이 포함된다. 각 의료기관은
이러한 영양검색 도구를 사용하기도 하고, 또는 각 기관의 고유한 환자의 구성 및 특징에 맞
추어 개별적으로 개발한 영양검색 도구를 사용하기도 한다.

표 8-9 Subjective Global Assessment(SGA)

항목	판정결과
최근 6개월 동안의 체중 손실	_____ kg _____ % 감소
최근 2주 동안의 변화	□ 증가　　　　□ 변화 없음　　　□ 감소
식이변화	□ 변화 없음　　□ 변화 있음　　기간 _____주
변화 상태	□ 반 유동식　　□ 완전 유동식　　□ 저칼로리 유동식　　□ 기아
위장관 증상(≧2주)	□ 오심　　　　□ 구토　　　　□ 설사　　　　　　□ 거식증
기능적 장애	□ 없음　　　　□ 있음　　　　기간 _____주
장애 형태	□ 기능 저하　　□ 보행 가능　　□ 누워만 지냄
일차 진단명	_____
대사요구량	□ 스트레스 없음　□ 낮은 스트레스　□ 중등도 스트레스□ 높은 스트레스
신체 검사(0=정상, 1=경증, 2=중등도, 3=중증)	피하지방 감소(삼두근, 견갑골 ____ 발목 부종 ____ 엉치 부종 ____ 복수 ____ 근육 소모(대퇴부, 삼각근) ____
주관적 종합 평가 결과	□ 좋은 영양 상태　□ 중등도 영양불량　□ 심각한 영양불량

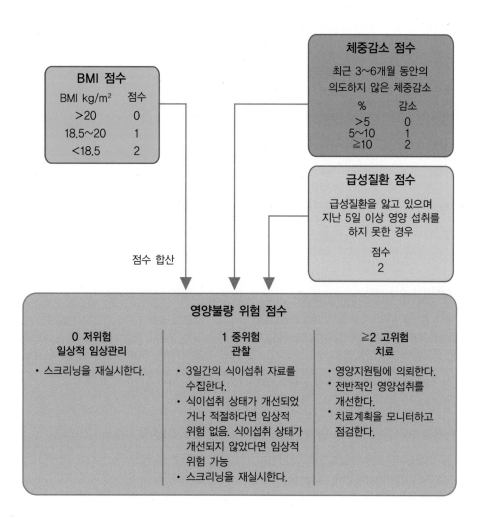

[그림 8-1] Malnutrition Universal Screening Tool(MUST)

1차 검색

	항목	예	아니오
1	체질량 지수가 20.5 미만인가?		
2	최근 3개월 동안 체중 감소가 있었는가?		
3	최근 1주일 동안 식사섭취량이 줄었는가?		
4	현재 중환자인가? (예를 들어, 집중 치료 중)		

위 4가지 질문 중 한 질문에라도 '예'인 경우: 아래의 2차 검색을 진행함.
위 4가지 질문 모두에 '아니오'인 경우: 1주일 간격으로 재검색을 실시함. 만일 환자가 큰 수술을 받을 예정
이라면 예방적 영양관리의 필요성 여부를 고려해야 함.

2차 검색

	영양 상태 점수		질병 중증도 점수(영양 요구량의 증가 정도)
0	정상 영양 상태	0	정상적인 영양 요구량 수준
1	[최근 3개월 동안 5% 초과의 체중 감소] 또는 [지난 1주일 동안의 식사섭취량이 정상적인 영양 요구량의 50~75% 정도]	1	고관절 골절 만성 질환자, 특히 급성 합병증을 동반하는 경우: 간경화, COPD, 만성 혈액투석, 당뇨, 종양
2	[최근 2개월 동안 5% 초과의 체중 감소] 또는 [체질량 지수 18.5~20.5 & 일반적 상태 저하] 또는 [지난 1주일 동안의 식사섭취량이 정상적인 영양 요구량의 20~60% 정도]	2	주요 복부 수술 뇌졸중 중증도 폐렴 혈액 악성종양
3	[최근 1개월 동안 5% 초과의 체중 감소(최근 3개월 동안 15% 초과의 체중 감소)] 또는 [체질량 지수 18.5 미만 & 일반적 상태 저하] 또는 [지난 1주일 동안의 식사섭취량이 정상적인 영양 요구량의 0~25% 정도]	3	두부 외상 골수 이식 집중치료 환자(APACHE >10)

총 점수 = 영양 상태 점수 + 질병 중증도 점수

만 70세 이상인 경우, 상기 총 점수에 1점을 더하여 연령에 대하여 보정된 총 점수 산출

총 점수 3점 이상: 영양적 위험에 있다고 판정 & 영양관리계획 시행
총 점수 3점 미만: 일주일 간격으로 재검색을 실시. 만일 환자가 큰 수술을 받을 예정이라면 예방적 영양관리
의 필요성 여부를 고려해야 함.

[그림 8-2] Nutrition Risk Screening 2002(NRS-2002)

(2) 영양판정

영양검색에서 영양적 위험이 있다고 선별되면, 보다 심층적인 조사가 이루어지는 영양판정 단계로 넘어간다. 이 단계에서는 앞서 설명한 바 있는 병력, 식사력, 신체계측 자료, 식이섭취 자료, 생화학적 자료 등 다양한 영양판정 자료를 수집하여 환자의 영양문제를 정확하게 파악하는 것을 목적으로 한다. 임상영양사는 이를 바탕으로 개별 환자를 위한 영양관리 계획을 수립하고 영양중재의 실시 및 평가를 진행한다. [그림 8-3]은 입원 환자의 영양관리의 체계를 도식화한 것이다.

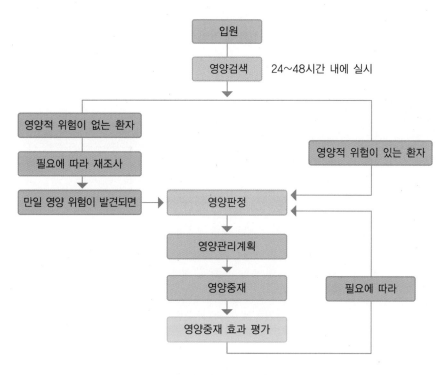

[그림 8-3] 입원 환자 영양관리의 체계

(3) 영양관리과정

최근 들어 국내 주요 상급종합병원을 중심으로 입원 환자에 대한 개별적 영양서비스 실행에 영양관리과정(nutrition care process, NCP)이라는 체계가 적용되고 있다. 영양관리과정이란 비판적인 사고를 바탕으로 영양문제를 파악하고 안전하고 효과적이며 양질의 임상영양관리를 수행하고자 하는 것을 목적으로 하는 표준화된 과정으로서, 2003년 미국 영양사협회에 의하여 제시되었다. 영양관리과정은 서로 긴밀한 연관성을 가지는 영양판정, 영양진단, 영양중재, 영양모니터링 및 평가의 4단계로 구성된다.

1) 영양판정

영양관리과정의 첫 단계인 영양판정(nutrition assessment) 단계는 환자가 현재 가지고 있는 특정 영양문제 진단에 필요한 자료를 수집하고 수집된 자료를 판정 영역에 따라 분류하여 다음 단계인 영양진단의 기초가 되는 단계이다. 자료 수집에는 병력, 식이 조사, 생화학 조사, 신체계측, 임상 조사 등 다양한 경로가 활용될 수 있으며, 적절한 참고치를 활용하여 수집된 자료를 평가한다. 또한 영양판정 단계에서 영양요구량의 산출도 수행된다. 영양관리과정은 임상영양업무를 수행하는 데 있어 타 의료진 및 동료와의 전문적인 의사소통을 개선하기 위하여 각 단계에 대한 표준용어를 제시한다. 영양판정 단계의 표준용어는 총 4가지 영역으로 구분되는데, [표 8-10]에 영양판정 단계의 표준용어 영역과 내용을 제시하였다.

표 8-10 **영양판정의 표준용어**

영역	정의
식품 · 영양소와 관련된 식사력	식품과 영양소 섭취, 약물과 약용제품 섭취, 지식 · 신념 · 태도, 행동, 식품이나 식재료의 이용가능 정도, 영양적인 측면에서의 삶의 질
신체계측	키, 체중, 체질량 지수, 성장 패턴지수 · 백분위수, 체중력
생화학적 자료, 의학적 검사와 처치	각종 검사(전해질, 포도당, 혈액 내 지질) 및 기능 검사(위배출 속도, 안정 시 대사율) 자료
영양관련 신체 검사 자료	근육이나 피하지방 손실, 구강건강 상태, 빨기 · 삼킴 · 호흡능력, 식욕 및 감정 등에 대한 평가 자료
과거력	개인적, 의학적, 가족 및 사회력과 관련된 현재 및 과거 정보

2) 영양진단

영양관리과정의 두 번째 단계인 영양진단(nutrition diagnosis) 단계는 기존 환자대상의 영양서비스 체계와 비교할 때 가장 새로운 개념의 단계이다. 대개 진단이라는 용어는 의학적 진단에 국한하여 사용되어 왔는데, 영양중재 계획을 수립하기 위한 근거 단계로서 영양진단 단계를 체계에 포함하였다. 이 단계에서는 영양판정 단계에서 수집 및 평가된 자료를 바탕으로 영양문제(problem), 원인(etiology), 증상 및 징후(symptom and sign)을 파악하여 영양진단문을 PES 형식으로 기술한다. 원인은 영양문제의 근본적인 원인을 가리키며, 증상 및 징후는 영양문제가 환자에게 양적 또는 질적으로 드러나는 양상을 말한다. 영양진단에 사용되는 표준용어는 섭취, 임상, 행동-환경의 총 3개 영역으로 구분된다[표 8-11].

표 8-11	영양진단의 표준용어
영역	정의
섭취	경구 또는 영양집중지원을 통해 섭취한 에너지, 영양소, 수분, 생리활성물질의 섭취와 관련된 문제
임상	의학적 · 신체적 상태와 관련된 영양적인 결과 또는 문제
행동–환경	지식, 태도, 신념, 물리적 환경, 식품의 이용 또는 식품안전과 관련된 영양적 결과 또는 문제점

3) 영양중재

영양관리과정의 세 번째 단계인 영양중재(nutrition intervention) 단계는 영양중재의 계획과 실행을 모두 포함한다. 먼저 영양진단 단계에서 파악된 영양문제의 우선순위를 정하고, 구체적인 목표와 예상 중재 결과를 설정한다. 이 때 영양중재의 목표와 예상 결과 설정은 영양진단 단계에서 나타난 원인과 증상 및 징후를 바탕으로 수립한다. [표 8-12]에 영양중재 단계의 표준용어를 설명하였다.

표 8-12	영양중재의 표준용어
영역	정의
식품 · 영양소 제공	식품 · 영양소 공급을 위한 개별적인 접근
영양교육	환자의 건강증진 또는 유지를 위해 스스로 식품을 선택하고 식습관을 교정 또는 관리하는 데 도움이 되는 지식을 가르치거나 기술을 교육 · 훈련시키는 정형화 된 과정
영양상담	상담자와 환자간의 상호협동적인 관계를 통해 우선순위와 목표, 개별적인 실천 계획을 설정하도록 도와주어 환자가 자기관리에 대한 책임감을 갖도록 하고 환자 개인의 건강 상태를 치유하거나 개선할 수 있도록 도와주는 과정
영양관리를 위한 다분야 협의	영양관련 문제의 치유나 관리를 도울 수 있는 다른 분야의 전문가나 기관, 대행기관에 영양관리를 위해 의뢰하거나 협의하는 과정

4) 영양모니터링 및 평가

영양관리과정의 마지막 단계인 영양모니터링 및 평가(nutrition monitoring and evaluation) 단계에서는 영양중재가 진행되는 과정과 영양중재의 효과를 평가하는 단계이다. 영양중재의 효과 평가는 영양진단에서 도출된 증상 및 징후의 변화를 측정하고 평가함으로써 실행된다. 이 단계에서 사용되는 표준용어는 영양판정의 표준용어와 동일하다.

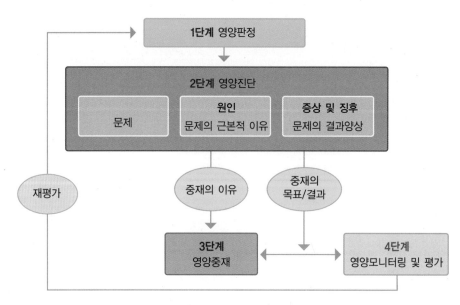

[그림 8-4] 영양관리과정 각 단계의 연관성

4. 질환별 영양판정 방법

　입원 환자의 질환 및 조건에 따라 중점을 두고 살펴보아야 하는 영양판정 자료의 내용이 달라진다. 다음 [표 8-13]에 입원 환자의 다양한 상태에 따른 주요 영양판정 영역별 자료 수집 내용을 열거하였다.

표 8-13	환자 상태에 따른 영양판정 자료 수집 내용	
환자 상태	조사 영역	조사 내용
저작곤란/ 연하곤란	병력	• 환자의 초기 질병 상태 조사: 의무기록부 참고 • 일시적인 저작곤란, 연하곤란인지 조사
	식이 조사	• 환자의 식사섭취 상태를 주기적으로 조사 · 평가 • 환자의 식욕저하요인 및 영양소 결핍 가능성 조사
	신체계측	• 입원 초기의 신장과 체중 측정 • 장기간 연하곤란 환자: 신장(어린이)과 체중의 변화를 가능한 한 자주 관찰 • 정상적인 성장이나 이상 체중 유지 확인
	생화학적 조사	• 혈청 알부민의 변화 관찰 • 혈청 전해질 및 혈중 요소질소(BUN) 측정: 연하곤란 환자의 탈수 여부 파악 • 헤모글로빈과 헤마토크릿 수준: 탈수 및 빈혈 여부 판정
	임상 조사	• 영양소의 결핍과 탈수증세의 임상 징후 관찰 • 환자의 에너지 수준과 감정 상태 평가

위 질환	병력	• 환자의 의무기록 매일 확인: 소화불량, 메스꺼움, 구토 증상 여부 • 장시간 심한 증상을 발생시키는 질환의 상태 여부 확인
	식이 조사	• 섭취한 식품 상태 및 종류와 위와 관련된 각종 증상(소화불량, 메스꺼움, 구토 증상 조사 • 영양 상태 유지를 위한 영양섭취량 조사·평가
	신체계측	• 체중 감소 여부 확인(심한 소화불량, 조기 포만감을 느끼는 환자, 메스꺼움과 구토 증상이 있는 환자)
	생화학적조사	• 혈청 알부민의 변화 확인 • 전해질 불균형과 탈수 여부 확인(구토 환자) • 빈혈지표 확인(만성적인 위염 및 위 수술 환자) • 철분, 엽산, 비타민 B_{12} 결핍: 빈혈 증상들을 구분하기 위해 비타민 B_{12} 흡수율 검사
	임상 조사	• 구토하는 환자: 탈수증상 확인 • 식도염, 위염, 위궤양 환자: 비타민 B_{12} 결핍 여부 확인 • 위 절제 수술을 받은 환자: PEM 및 비타민 D, 엽산, 철, 칼슘 결핍증 확인
장 질환	병력	• 환자 의무기록(장 관련 증상, 합병증 등) 매일 확인 • 환자의 임상 상태 기록 확인
	식이 조사	• 에너지, 단백질 섭취 충분 여부 진단 평가 • 식사섭취량 조사(설사 및 소화기 환자) • 지방제한 식이섭취 여부 확인(지방변 환자) • 식사와 영양 보충제 섭취 실태 조사(영양결핍증 환자)
	신체계측	• 정상적인 성장이나 이상체중 유지 확인
	생화학적 조사	• 혈청 알부민 및 혈청 영양소 수준의 관찰 • 탈수 및 빈혈 여부 확인(혈청 전해질, 혈중 요소질소, 헤모글로빈, 헤마토크릿) • 지방 흡수불량 확인을 위한 생화학적 조사
	임상 조사	• 영양소의 결핍, 탈수, 빈혈증세의 임상 징후 관찰
경장영양	병력	• 환자의 의무기록 확인: 관 급식 부위, 삽입경로, 관 급식 조성 결정을 위함 • 환자의 병리 상태체크: 식이요법, 임상요법, 관 급식으로 인한 바람직하지 않은 증상
	식이 조사	• 관 급식의 조성이 처방대로 제조, 급식되는지 확인 • 경구 섭취 가능 환자: 경구 음식이나 유동식의 영양소 요구량 충족도 확인
	신체계측	• 환자의 체중을 매일 측정
	생화학적 조사	• 혈청과 요의 생화학적 수치 조사(수분, 전해질 불균형 여부 관찰) • 혈청 단백질 수준의 증가 혹은 유지 여부 확인 • 질소균형 판정(환자의 단백질 요구량 충족도 확인)
	임상 조사	• 위 내용물의 배출지연 징후 여부 확인 • 관 급식 시 관의 위치, 내용물의 낙하속도 확인 • 4시간마다 환자의 혈압, 체온, 맥박, 호흡 상태 확인 • 영양불량이나 탈수의 임상증상 여부 관찰

정맥영양	병력	• 환자의 의무기록(적절한 정맥 부위와 삽입경로 결정을 위해) 확인 • 정맥 급식액과 관련된 바람직하지 않은 증상 여부 확인
	식이 조사	• 정맥 급식이 처방대로 제조, 급식되는지 확인 • 경장 급식 환자 • 경장 급식이나 유동식의 영양소 요구량 충족도 확인
	신체계측	• 환자의 체중을 매일 측정
	생화학적 조사	• 혈청, 요의 생화학적 수치 관찰(포도당 불내증 및 수분/전해질 불균형 증상 확인) • 혈청 단백질 수준의 증가 혹은 유지 여부 확인 • 질소균형 판정(정맥 주입액의 환자 단백질 요구량 충족도 확인)
	임상 조사	• 도뇨관(카테터) 삽입 부위의 감염 및 염증의 확인 • 정맥 주입액 펌프의 주입속도 확인 • 4시간마다 환자의 혈압, 체온, 맥박, 호흡 상태 확인 • 영양불량이나 탈수의 임상 증상 여부 관찰
간 질환	병력	• 환자의 의무기록(간 질환 형태와 원인, 알코올 중독 여부, 간염, 담즙관 폐색) 확인 • 진행성 간 질환과 영양불량 여부 확인
	식이 조사	• 정확한 식사력 조사 실시(영양 상태 및 영양소 요구량의 충족도 확인) • 현재 섭취 실태 조사(진행성 간 질환 환자의 섭취 가능 단백질 식품 확인) • 알코올 중독 환자 여부 확인(병원 입원 시 충분한 에너지 섭취 여부 확인)
	신체계측	• 부종, 복수 있는 환자: 신체계측조사(자료의 조심스러운 해석 필요). • 진행성 간 질환 환자: 매일 체중, 혹은 복부 둘레 측정(체액 상태 변화 확인)
	생화학적 조사	• 혈청 알부민 수준 조사(영양 상태와 간 기능 정도 반영) • 진행성 간 질환 환자: 혈청 단백질 수준 저하 여부 조사 • AST, ALT, 암모니아, 빌리루빈 수준 증가 여부 조사
	임상 조사	• 복수, 부종, 황달 증상 여부 조사 • 간 부전증 환자: 여성형 유방(남성 유선의 과도한 발육)과 고환 위축 여부 확인 • 간 기능 장애의 다른 증상(혈관종, 복부 혈관 팽창) 확인 • 떨리는 증상(간성 혼수 상태 임박 예고) 확인

당뇨병/ 저혈당증	병력	• 당뇨병 환자: 의무기록에서 당뇨병의 종류, 기간, 합병증, 영양 상태 확인 • 저혈당증 환자: 원인과 진단을 위해 의무기록 검토
	식이 조사	• 당뇨병 환자: 식사섭취량과 활동 상태를 정확히 조사하며 혈당 관찰도 병행 • 저혈당증 환자: 식품섭취 조사 실시(바람직하지 않은 식품 배제)
	신체계측	• 신장, 체중의 측정(인슐린 초기 사용량 결정과 에너지 요구량 계산을 위함) • 이상체중 결정 • 식사의 에너지 섭취 변화에 따른 체중변화(예: 성장기 어린이) 여부 확인
	생화학적 조사	• 당뇨병 환자: 혈당, 헤모글로빈 A1c, 혈중 지방의 정기적 관찰 • 요 검사를 통한 알부민 등 배출 여부 확인
	임상 조사	• 눈과 발의 임상 조사 결과 확인 및 혈압 관찰 • 노인 당뇨병 환자: 탈수 확인을 위한 임상증상 관찰
심순환/ 폐질환	병력	• 건강검진기록 및 의무기록(위험인자 및 합병증 확인) 검토
	식이 조사	• 심순환계 환자: 총 에너지, 포화·단일불포화·다중불포화 지방, 콜레스테롤 섭취량 조사 • 소금, 나트륨, 칼륨, 알코올 섭취량 조사 • 폐 질환 환자: 총 에너지와 단백질 섭취량 조사 • 호흡부전 환자: 적절한 탄수화물·지방의 섭취 비율 및 총 에너지 요구량 추정자료 조사
	신체계측	• 심순환계 및 폐질환: 체중, 체지방, 복부 시방량 판정 • 울혈성 심부전 및 폐부종: 체중 측정(결과의 조심스러운 해석 필요) • 심장 및 폐 장애 환자: 비만, 영양부족을 막기 위해 이상체중 도달 및 유지 여부 확인
	생화학적 조사	• 체액 보유, 호흡 장애가 있는 환자: 혈청 알부민 수준 저하 여부 조사 • 심순환계 질환의 위험인자가 있거나 고지혈증 환자: 혈중 지방 수준 관찰 • 티아지드(thiazide), 이뇨제, 심장 글리코시드(glycosides)를 사용할 경우: 혈청 칼륨 관찰
	임상 조사	• 영양소 결핍, 에너지 수준, 체액 상태의 임상증상 확인 • 혈압, 심장박동수, 호흡 정도 관찰 • 심장 장애와 폐 장애 환자: 숨이 가쁘고, 운동 시 가슴에 통증 있는지 확인

신장질환	병력	• 의무기록표 사용(신부전 원인 평가 및 치료계획을 세우기 위해) • 병리 상태(심한 스트레스, 고지혈증, 고혈압, 울혈성 심장병, 당뇨병) 확인
	식이 조사	• 식품섭취 조사: 에너지, 단백질, 수분, 나트륨, 칼륨, 인, 칼슘, 비타민, 무기질 섭취량 판정 • 식품섭취 조사 기록자료 사용(식이요법과 관련된 환자 합병증 평가 및 개선 방안을 위해)
	신체계측	• 신장(어린이)과 체중 변화 관찰 • 핍뇨, 무뇨, 부종 환자: 신체계측치의 조심스러운 해석 필요 • 투석 환자: 투석치료 직후 측정 체중이 그 환자의 체중을 가장 잘 반영
	생화학적 조사	• 신장염이나 신부전 환자: 혈청 단백질 수준 저하(영양불량 합병증세) 여부 관찰 • 사구체 여과율(GFR), 전해질, 혈중 요소질소(BUN), 크레아티닌 수준 검토. • 혈중 지방 수준의 증가 여부 확인
	임상 조사	• 체액 보유, 탈수, 철 결핍(창백한 얼굴과 결막), 요독증(피로, 정신착란, 피부 가려움증, 피부 출혈, 메스꺼움, 구토, 미각 인식의 변화), 골 이상 발육(골 통증, 골절, 굽은 다리), 고칼륨혈증(부정맥, 근육 허약), 아연 결핍(미각인식의 변화)의 임상증상 확인 • 혈압, 맥박, 호흡, 체온의 기록 및 확인
암/ 후천성 면역결핍 증(AIDS)	병력	• 환자의 병력과 의무기록(암의 종류, AIDS의 단계, 합병증 여부, 임상요법, 증상) 확인
	식이 조사	• 식욕부진이나 영양관련 합병증에 의해 환자의 섭취능력 방해 여부 확인 • 암, AIDS 초기: 영양소 섭취 증가 및 영양 상태 개선 위해 환자와 함께 노력 필요 • 통증, 메스꺼움 호소 환자: 식욕증진 위한 진통제, 항구토제의 투여시기 적절 여부 확인
	신체계측	• 주기별 신장, 체중 측정: 허약 상태의 조기 발견 가능
	생화학적 조사	• 생화학적 조사: 영양 상태, 수분/전해질 균형, 각 기관의 기능, 임상요법 반응 확인 • 혈청 단백질 수준 저하 여부 확인
	임상 조사	• 영양소 결핍, 탈수(특히 열, 설사, 구토 시) 여부, 구강궤양의 임상 징후 확인

5. 환자 영양판정 사례

다음에 위 절제 수술 환자에 대하여 영양관리과정에 입각하여 실시된 영양판정 및 영양관리의 실제 사례를 소개하였다.

이름 : ○ ○ ○ (병록번호 : 00000000) / 성별 : 남 / 나이 : 58세

1차 방문일 2012. 12. 8

	영영판정
환자 과거력	• 주 진단 및 주 증상 : Early gastric cancer(EGC) • 병력: 2012년 8월 thyroid ca. 로 total thyroidectomy 수술력 있는 환자로 10년 전부터 위궤양이 있어 약물치료 중 시행한 내시경 상 EGC 소견이 보여 biopsy 시행한 후 12월 5일 laparoscopic assited distal gastrectomy(B-II subtotal gastrectomy with D2-12a LN dissection) 수술을 위해 입원함 • 약물처방: Synthyroid tab.(갑상선호르몬), Mangmil tab.(제산제), Cefaclor cap.(항균제) • 기타 특이사항: 핵의학과 진료[2013년 2월 14일부터 저요오드식 시작 예정, 2013년 3월 2~3일 타이로젠(갑상샘자극호르몬) 주사 예정, 2013년 3월 4일 방사선요오드치료 예정]
신체계측	Ht 167.9cm, Wt 58.5kg, IBM 62kg, PIBW 94.4%, BMI 20.8kg/m², Usual Wt 59.7kg(최근 3개월간 1.2kg 감소)
생화학적 자료, 의학적 검사와 처치	• Labs: (2012. 12. 3) FBS: 92, BUN: 13.6, Cr: 0.73, Total protein: 6.8, Albumin: 3.9, Hemoglobin: 14.5, Hematocrit: 41.9, AST/ALT: 17/19, Ca: 9.3, Na: 140, Total cholesterol: 165 *** 참고치 *** FBC: 50~100mg/dL, BUN: 7.0~20.0mg/dL, Cr: 0.6~1.2mg/dL, Total protein: 6.6~8.3g/dL, Albumin: 3.5~5.2g/dL, Hemoglobin: 13.0~18.0g/d, Hematocrit: 40.0~54.0%, AST: 14~40U/L, ALT: 9~45U/L, Ca: 8.0~10.0mg/dL, Na: 136~146mEq/L, Total cholesterol: <200mg/dL
영양 관련 신체 검사 자료	• 소화기 관련 증상: 가끔 소화불량, 속 쓰림 • 활력 증후: BP 130/85mmHg

| 식품/
영양소와
관련된
식사력 | • 식사처방 및 식사관련 경험 및 환경
   – 영양상담 경험 없음
   – 음식 알러지 없음
• 식품 및 수분 · 음료 섭취

  [수술 전 섭취 상태]
   – 식사: 2끼/일(아침식사 거의 하지 않음)
     불규칙적인 식사시간, 식사시간을 따로 정해놓고 섭취하지 않음
     현미밥 2/3공기 + 국이나 찌개 한 대접 + 반찬 5~6가지 섭취(단백질 찬은 매끼 섭취
     하지는 않으며 하루 평균 3~4단위 어육류군 섭취함, 김치 같은 염장채소섭취가 많음).
     밀가루 음식은 위에 좋지 않다고 들어서 섭취하지 않음. 매운 음식을 좋아함(고춧가루
     나 고추장 넣고 맵게 조리하여 먹는 것을 좋아하고, 그런 메뉴 없으면 풋고추라도 섭
     취함).
   – 간식: 하루 1~2회/일. 저녁 식사시간이 빨라(5~6시경) 거의 매일 야식 섭취함. 야식
      메뉴는 보통 라면, 스낵, 가끔 맥주 1~2캔임
   – 외식: 1~2회/달(보통 육류)
   – 커피: 3~5잔/일(믹스커피 2잔, 엷은 아메리카노 2~3잔)

  [수술 이후 섭취 상태: POD#3]
   – 하루 5회 제공되는 미음(100cc) 100% 섭취
   – 간식: 묽게 으깬 감자 유동식 150cc
• 에너지 및 영양소 섭취량
  에너지 100kcal, C : P : F ratio = 92% : 8% : 0%
  단백질 2g, 당질 23g, 지방 0g
• 지식/신념/태도
   – 지금까지 영양에 대해 관심 없었으나 이제부터 시작하겠다는 의욕적인 자세 보임
• 약물과 약용 식물 보충제, 생리활성물질: 아내가 권하는 대로 퇴원 후 면역력 증강을 위
  해 홍삼, 약용버섯 달인 물 등 섭취 계획
• 알코올 섭취 및 흡연: 주 1~2회(1회 섭취량 : 맥주 1~2캔), 금연
• 신체적 활동 및 기능: 운동 – 축구 2~3회/주(1시간~1시간 반) |
| 영양필요량 | 에너지   1,860kcal[30kcal/kg(IBW)]
단백질   74.4g[1.2g/kg(IBW)] |

영양진단

문제	원인	징후/증상
경구 식품 · 음료 섭취부족	위장관 수술로 인한 위장관 기능 변화	일 에너지 필요량 5.4% 수준의 유동식 경구 섭취 중
식품 및 영양관련 지식 부족	환자 보호자의 잘못된 지식	퇴원 후 면역력 증강을 위해 민간요법 시행 계획 보고

영양중재	
영양처방	에너지: 1,900kcal, 단백질: 75g/d
영양중재	■ 식품·영양소 제공　■ 영양교육　■ 영양상담　□ 다분야 협의

	영양진단	중재내용	목표/기대효과
	위장관 기능 변화	위장관 수술 후 섭취 주의사항 및 섭취량 증량 방법 교육	1개월 후 에너지 필요량 80% 경구 섭취 달성
	식품 및 영양관련 지식 부족	건강보조식품에 대한 교육	건강보조식품 복용하지 않도록 하기

제공 교육자료	1. 위 절제 후 영양교육자료 2. 식품교환표 활용한 섭취량 교육 3. 표준 식단표
Follow up 일정	한 달 후 F/U 예정

2차 방문일 2013. 1. 3

영영판정	
신체계측	신체계측　Ht 167.9cm, Wt 55kg(1개월 동안 3.5kg 감소), IBM 62kg, PIBW 88.7%, BMI 19.5kg/m²
생화학적 자료, 의학적 검사와 처치	• Labs: (2013. 1. 3) 　FBS: 113, BUN: 6.9 Cr: 0.72, Total protein: 5.8, Albumin: 3.1, Hemoglobin: 12.5, Hematocrit: 36.1, AST/ALT: 16/17, Ca: 8.5, Na: 139 *** 참고치 *** 　FBC: 50~100mg/dL, BUN: 7.0~20.0mg/dL, Cr: 0.6~1.2mg/dL, Total protein: 6.6~8.3g/dL, Albumin: 3.5~5.2g/dL, Hemoglobin: 13.0~18.0g/d, Hematocrit: 40.0~54.0%, AST: 14~40U/L, ALT: 9~45U/L, Ca: 8.0~10.0mg/dL, Na: 136~146mEq/L
영양 관련 신체 검사 자료	• 소화기 관련 증상: 가끔 소화 불편 • 활력 증후: BP 125/87mmHg

식품/
영양소와
관련된
식사력
	• 식사처방 및 식사관련 경험 및 환경
	   – 자극적인 식품을 섭취하지 않도록 노력하고 있음
	• 식품 및 수분/음료 섭취
	   – 식사: 3끼/일(규칙적으로 섭취하고 있음)
	     흰밥 1/2공기+국이나 찌개(보통 된장국이나 찌개) 1/2대접+반찬 1~2가지(볶음김치 자
	     주 섭취, 종종 김도 먹음). 단백질 찬은 하루 1~2가지(하루 평균 생선 1토막, 두부 1/5
	     모 정도). 매운 음식 거의 안 먹음
	   – 수술 후 계속인 식욕 저하로 섭취량 증량이 더딘 상태
	   – 간식: 하루 1~2회/일. 1회 섭취량(바나나 1/2개 혹은 두유 1개, 혹은 카스테라 1/2개
	     정도)
	   – 외식: 안 함
	   – 커피: 안 마심
	• 에너지 및 영양소 섭취량
	   에너지 1,250kcal, C:P:F ratio = 69%:13%:18%
	   단백질 40.6g, 당질 215.6g, 지방 25.6g
	• 지식/신념/태도
	   – 초기에는 교육받은 대로 실천하려고 노력했으나, 현재 지치고 힘들어 잘 수행하지 못
	     하고 있음
	   – 수술 전처럼 먹을 수 있을지 두려움을 환자가 호소함
	• 약물과 약용 식물 보충제, 생리활성물질: 없음
	• 알코올 섭취 및 흡연: 금주 및 금연
	• 신체적 활동 및 기능: 걷기 30분/일

영양필요량	에너지 1,860kcal[30kcal/kg(IBW)] 단백질 74.4g[1.2g/kg(IBW)]

영양 모니터링 및 평가

모니터링 목표	결과(목표 달성의 장애 요인)	목표 달성 여부
1개월 후 에너지 필요량 80% 경구 섭취 달성	에너지 필요량 67% 경구 섭취 중	☐ 목표 달성 ■ 목표 일부 달성 ☐ 상태 불변 ☐ 부정적 결과 도출
건강보조식품 복용하지 않기	건강보조식품 복용하지 않음	■ 목표 달성 ☐ 목표 일부 달성 ☐ 상태 불변 ☐ 부정적 결과 도출

영양진단

문제	원인	징후/증상
경구 식품·음료 섭취부족	위장관 수술로 인한 1회 섭취량 감소	일 에너지 필요량의 67% 수준의 경구 섭취량
식품 및 영양관련 지식 부족	위장관 수술로 인한 1회 섭취량 감소	일 단백질 필요량의 55% 수준의 경구 섭취량

영양중재			
영양처방	에너지 1,900kcal, 단백질 : 75g/d		
영양중재	■ 식품·영양소 제공 ■ 영양교육 ■ 영양상담 □ 다분야 협의		
	영양진단	중재내용	목표/기대효과
	경구 식품/음료 섭취부족	1. 적극적인 간식 섭취 독려 2. 동기부여 면담을 통한 자신감 증진	일 에너지 필요량의 90% 이상 경구 섭취
	단백질 섭취부족	1. 단백질 섭취 필요량 재교육 2. 고단백 조리법 교육	일 단백질 필요량의 90% 이상 경구 섭취
제공 교육자료	고단백식 조리법 교육자료		
Follow up 일정	저요오드식 시작 전 외래 진료 시 F/U		

영양판정 이론편

부록

[부록 01] 국민건강영양조사의 영양조사 분야 조사지

국민건강영양조사 제4기(2009년) −식생활 조사표− ①

조사구	거처	가구	가구원

국민건강영양조사 제4기
− 식생활 조사표 −
[만 1세 이상]

이 조사표에 기재된 내용은 통계법 제33조에 의하여 비밀이 보장됩니다.

승인(협의)번호 제 11702 호

조사구	거처	가구	가구원

조사표 종류	조사표 일련번호
식생활 조사표	

성명	대상자		응답자 연락처	집	
	응답자			핸드폰	
성 별	남 / 여		비고		
만 나이	만 세				

조사원 성명	[서명]	조사일	년
			월 일

 보건복지가족부 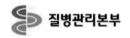 질병관리본부

조사구	거처	가구	가구원

■식습관 조사

1. 지난 이틀 동안 매끼 식사를 하셨습니까?

1일전 [어제]	아침	① 예 ② 아니오	점심	① 예 ② 아니오	저녁	① 예 ② 아니오
2일전 [그제]	아침	① 예 ② 아니오	점심	① 예 ② 아니오	저녁	① 예 ② 아니오

1-1. 이틀 중 하루라도 아침을 거르셨다고 답하신 경우 그 주된 이유는 무엇이었습니까?

① 늦잠을 자서	⑥ 돈을 절약하기 위해서
② 식욕이 없어서	⑦ 시간이 없어서
③ 소화가 잘 안돼서	⑧ 습관이 돼서
④ 아침 식사가 준비되지 않아서	⑨ 기타
⑤ 체중을 줄이기 위해서	

2. 최근 1년 동안 평균적으로 간식을 얼마나 자주 하셨습니까?

① 하루 3회 이상	④ 이틀에 1회
② 하루 2회	⑤ 거의 안한다(주 3회 미만)
③ 하루 1회	

3. 최근 1년 동안 평균적으로 외식[매식, 직장 급식, 학교 급식]을 얼마나 자주 하셨습니까?

① 하루 2회 이상	④ 월 1~3회
② 하루 1회	⑤ 거의 안한다(월 1회 미만)
③ 주 1~6회	

4. 최근 1년 동안 대체로 가족[가족 중 한사람 이상]과 함께 식사하셨습니까? 끼니별로 답해 주십시오.

아침	① 예 ② 아니오	점심	① 예 ② 아니오	저녁	① 예 ② 아니오

영양판정 이론편

■식이보충제

5. 최근 1년 동안의 비타민/무기질제 및 건강기능식품 복용 실태에 관한 조사입니다.

5-1. 최근 1년 동안 2주 이상 지속적으로 비타민 및 무기질제를 섭취한 경험이 있습니까?	① 예
	② 아니오

5-2. 최근 1년 동안 2주 이상 지속적으로 건강기능식품을 섭취한 경험이 있습니까?	① 예
	② 아니오

5-3. 5-1,2번에서 '①예' 라고 답한 경우, 복용 동기는 무엇이었습니까?

① 의사의 권유	④ 자신의 판단
② 약사의 권유	⑤ 광고
③ 친지나 주위 사람의 권유	⑥ 기타

	조사구	거처	가구	가구원

6. 현재 복용 중인 식이보충제에 대한 질문입니다.

6-1. 제품의 종류	① 비타민/무기질제 ② 종합비타민 ③ 건강기능식품 ④ 기타	① ② ③ ④	① ② ③ ④	① ② ③ ④	
6-2. 제조 회사명 (수입판매원)					
6-3. 제품명					
6-4. 제품유형	① 액상 ② 페이스트상 ③ 분말 ④ 과립 ⑤ 정제 ⑥ 캡슐 ⑦ 다류 ⑧ 기타	① ② ③ ④ ⑤ ⑥ ⑦ ⑧	① ② ③ ④ ⑤ ⑥ ⑦ ⑧	① ② ③ ④ ⑤ ⑥ ⑦ ⑧	
6-5. 복용기간 (개월)	□□□	□□□	□□□	□□□	
6-6. 복용빈도	① 하루 3회 이상 ② 하루 2회 ③ 하루 1회 ④ 주 2-5회 ⑤ 주 1회 이하	① ② ③ ④ ⑤	① ② ③ ④ ⑤	① ② ③ ④ ⑤	
6-7. 1회 복용분량	① □□ 정, 캡슐 ② □□ 포, 봉, 병 ③ □□ 환 ④ □□ 스푼 ⑤ □□ _____	① ② ③ ④ ⑤	① ② ③ ④ ⑤	① ② ③ ④ ⑤	

■**영양지식 조사 [초등학생 이상만 응답하십시오.]**

7. 우리 국민을 위한 '식생활지침[식사지침]' 에 대해 들어보신 적이 있으십니까?
①   예   ②   아니오

8. 다음은 '한국인을 위한 식생활지침' 의 내용입니다. 각 항목별로 실천여부를 해당란에 표시해 주십시오.

8-1. 곡류, 채소·과일류, 어육류, 유제품 등 다양한 식품을 섭취하자	① 실천한다 ② 실천하려고 노력한다 ③ 실천하지 않는다/못 한다
8-2. 짠 음식을 피하고 싱겁게 먹자	① 실천한다 ② 실천하려고 노력한다 ③ 실천하지 않는다/못 한다
8-3. 건강체중을 위해 활동량을 늘리고 알맞게 섭취하자	① 실천한다 ② 실천하려고 노력한다 ③ 실천하지 않는다/못 한다
8-4. 식사는 즐겁게 하고, 아침을 꼭 먹자	① 실천한다 ② 실천하려고 노력한다 ③ 실천하지 않는다/못 한다
8-5. 음식을 위생적으로, 필요한 만큼 준비하자	① 실천한다 ② 실천하려고 노력한다 ③ 실천하지 않는다/못 한다
8-6. 밥을 주식으로 하는 우리 식생활을 즐기자	① 실천한다 ② 실천하려고 노력한다 ③ 실천하지 않는다/못 한다
8-7. 술을 마실 때는 그 양을 제한하자(※19세 이상 성인만 응답)	① 실천한다 ② 실천하려고 노력한다 ③ 실천하지 않는다/못 한다

- 4 -

		조사구	거처	가구	가구원

9. 가공식품을 사거나 고를 때 '영양표시' 를 읽으십니까?

① 읽는다

② 읽지 않는다 (⇒ 10번 문항으로 이동)

③ 영양표시가 무엇인지 모른다 (⇒ 10번 문항으로 이동)

9-1. 9번 문항에서 '①읽는다' 고 대답하신 경우에, 영양표시 항목에서 가장 관심 있게 보는 영양소는 무엇입니까?

①	열량	④	단백질	⑦	트랜스지방	⑩	기타
②	탄수화물	⑤	지방	⑧	콜레스테롤		
③	당류	⑥	포화지방	⑨	나트륨		

9-2. 9번 문항에서 '①읽는다' 고 대답하신 경우에, 영양표시내용이 식품을 고르는 데 영향을 미칩니까?

① 예   ② 아니오

10. 지난 1년간 보건소, 구청, 동사무소, 복지시설, 학교, 병원 등에서 실시된 영양교육 및 상담을 받은 적이 있으십니까?

① 예   ② 아니오

■식품안정성 조사

11. 지난 1년간 식생활 지원 프로그램(임산부 및 영유아 보충 영양관리사업, 복지관 노인 급식, 방학 중 도시락 지원)을 받아 본 경험이 있으십니까?

① 예   ② 아니오

※12번 문항은 가구원 중에 한분만 답해주십시오.
12. 다음 중 지난 1년 동안 귀댁의 식생활 형편을 가장 잘 나타낸 것은 어느 것입니까?

① 우리 가족 모두가 원하는 만큼의 충분한 양과 다양한 종류의 음식을 먹을 수 있었다

② 우리 가족 모두가 충분한 양의 음식을 먹을 수 있었으나, 다양한 종류의 음식은 먹지 못했다

③ 경제적으로 어려워서 가끔 먹을 것이 부족했다

④ 경제적으로 어려워서 자주 먹을 것이 부족했다

■여성 건강

※13~17번 문항은 여성분만 답해주십시오.

13. 현재 월경을 하고 계십니까?

① 초경 전	③ 임신 중	⑤ 폐경
② 월경 중	④ 수유 중	⑥ 자궁 절제술

14. 초경과 폐경 시기는 언제였습니까? 해당 항목에만 응답해주십시오.

초경 연령	만 ☐☐ 세	폐경 연령	만 ☐☐ 세

15. 경구피임약을 복용하신 적이 있으십니까? ① 예 ② 아니오

15-1. 15번 문항에서 '①예' 라고 답하신 경우, 총 복용 기간은 얼마 동안입니까?
[복용 도중 피임약을 드시지 않은 기간은 제외됩니다.]

복용시작 및	☐☐ 년 ☐☐ 월 ~ ☐☐ 년 ☐☐ 월 ⇒ ☐☐☐ 개월 복용
중단시기	☐☐ 년 ☐☐ 월 ~ ☐☐ 년 ☐☐ 월 ⇒ ☐☐☐ 개월 복용
[복용 차수별로 응답]	☐☐ 년 ☐☐ 월 ~ ☐☐ 년 ☐☐ 월 ⇒ ☐☐☐ 개월 복용
총 복용 기간	☐☐☐ 개월

16. [피임 목적으로 복용하신 경우를 제외하고] 여성호르몬제를 복용하신 적이 있으십니까? ① 예 ② 아니오

16-1. 16번 문항에서 '①예' 라고 답하신 경우, 복용한 호르몬제의 종류와 총 복용 기간은 얼마 동안입니까? [복용 도중 호르몬제를 드시지 않은 기간은 제외됩니다.]

호르몬제 종류	
복용시작 및	☐☐ 년 ☐☐ 월 ~ ☐☐ 년 ☐☐ 월 ⇒ ☐☐☐ 개월 복용
중단시기	☐☐ 년 ☐☐ 월 ~ ☐☐ 년 ☐☐ 월 ⇒ ☐☐☐ 개월 복용
[복용 차수별로 응답]	☐☐ 년 ☐☐ 월 ~ ☐☐ 년 ☐☐ 월 ⇒ ☐☐☐ 개월 복용
총 복용 기간	☐☐☐ 개월

17. 임신을 하신 적이 있으십니까? [현재 임신 중, 정상출산, 사산, 자연유산, 인공유산 등 모두 포함] ① 예 ② 아니오

※17번 문항에서 '①예' 라고 하신 경우만 답해주십시오.

17-1. 지금까지 총 임신횟수는 몇 회입니까?	☐☐ 회
17-2. 처음으로 출산하신 나이는 몇 세입니까?	만 ☐☐ 세

- 6 -

조사구	거처	가구	가구원

승인번호
제11702호

국민건강영양조사 제4기
- 영유아 식생활 조사표 -
(만 12개월 이상 48개월 미만)

이 조사표에 기재된 내용은 통계법 제13조에 의하여 비밀이 보장됩니다.

조사구	거처	가구	가구원

조사표 종류	조사표 일련번호
영유아 식생활 조사표	

성명	대상자		응답자 연락처	집	
	응답자			핸드폰	
성 별	남 / 여		비고		
만 나이	만 세				

조사원 성명	[서명]	조사일	년
			월 일

 보건복지부   질병관리본부

	조사구	거처	가구	가구원

1. 출생 시 아기의 신장과 체중은 어느 정도였습니까?

신장	□□.□ cm	체중	□.□□ kg

2. 아기의 출산일은 예정일과 얼마나 달랐습니까?

① 예정일 ±2주 이내	③ 예정일 4-8주 전
② 예정일 2-4주 전	④ 예정일 8-12주 전

3. 아기의 분만방법은 무엇이었습니까?

① 자연분만
② 제왕절개

4. 아기의 수유방법 및 수유기간에 관한 내용입니다.

4-1-1. 모유 수유 여부	4-2-1. 모유 수유 시작 시기	4-3-1. 모유 수유 기간
① 예 ② 아니오	□□ 주	□□ 개월

4-1-2. 조제분유 수유 여부	4-2-2. 조제분유 수유 시작 시기	4-3-2. 조제분유 수유 기간
① 예 ② 아니오	□□ 주	□□ 개월

5. [4-1 문항에서 조제분유를 수유했다고 답한 경우] 조제분유를 먹이기 시작한 이유는 무엇입니까?

① 모유량이 부족하거나 안 나와서	⑥ 미용상의 이유로
② 엄마 건강 때문에	⑦ 병원에서 조제분유를 먹여서
③ 아기 건강 때문에	⑧ 유두함몰 때문에
④ 직업 때문에	⑨ 수유 장소 등 환경이 적절하지 않아서
⑤ 분유가 더 좋다고 들어서	⑩ 기타

6. 일반우유(생우유)를 먹이기 시작한 시기는 생후 몇 개월경입니까? □□ 개월

7. 젖이나 분유이외의 이유 보충식을 시작한 시기는 생후 몇 개월경입니까? □□ 개월

- 1 -

8. 생후 6개월에서 9개월까지 이유 보충식(주스 제외)을 주로 어떻게 먹이셨습니까?

① 우유병에 넣어 먹였다

② 숟가락으로 떠 먹였다

9. 아기에게 영양제를 복용시킨 경험이 있으십니까?

① 예

② 아니오

10. 9번 물음에 '①예' 라고 답한 경우, 아기에게 복용시킨 영양제의 종류는 무엇이었습니까? (복수응답가능)

①	비타민/무기질제(종합비타민 포함)	⑥	클로렐라
②	키성장영양제(유청분말 등)	⑦	감마리놀렌산
③	유산균영양제/정장제	⑧	해양조류오일
④	초유영양제	⑨	기타
⑤	프로폴리스		

조사구	거처	가구	가구원

국민건강영양조사 제4기
− 식품섭취빈도조사표 −
[만 12세 이상]

승인번호
제11702호

이 조사표에 기재된 내용은 통계법 제13조에 의하여 비밀이 보장됩니다.

조사구	거처	가구	가구원

조사표 종류	조사표 일련번호
식품섭취빈도조사표	

성명	대상자		응답자 연락처	집	
	응답자			핸드폰	
성 별	남 / 여		비고		
만 나이	만 세				

조사원 성명	[서명]	조사일	년 월 일

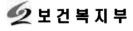 보건복지부    질병관리본부

조사구	거처	가구	가구원

■다음 각 식품 혹은 각 식품을 주재료로 조리한 음식을 얼마나 자주 드시는지 응답해주십시오.

식품 및 음식명 \ 섭취빈도 (회)	1일			1주			1달		1년	거의 안 먹음	비고
	3	2	1	4~6	2~3	1	2~3	1	6~11		
곡류 1.쌀	⑨	⑧	⑦	⑥	⑤	④	③	②	①	○	
2.잡곡(보리 등)	⑨	⑧	⑦	⑥	⑤	④	③	②	①	○	
3.라면(인스턴트 자장면 포함)	⑨	⑧	⑦	⑥	⑤	④	③	②	①	○	
4.국수(냉면, 우동, 칼국수 포함)	⑨	⑧	⑦	⑥	⑤	④	③	②	①	○	
5.빵류(모든 빵 포함)	⑨	⑧	⑦	⑥	⑤	④	③	②	①	○	
6.떡류(떡볶이, 떡국 포함)	⑨	⑧	⑦	⑥	⑤	④	③	②	①	○	
7.과자류	⑨	⑧	⑦	⑥	⑤	④	③	②	①	○	
두류 서류 8.두부(국, 찌개, 부침, 조림, 순두부 포함)	⑨	⑧	⑦	⑥	⑤	④	③	②	①	○	
9.콩류(콩밥, 콩자반 포함)	⑨	⑧	⑦	⑥	⑤	④	③	②	①	○	
10.두유	⑨	⑧	⑦	⑥	⑤	④	③	②	①	○	
11.감자(국, 볶음, 조림, 튀김, 찐감자 포함)	⑨	⑧	⑦	⑥	⑤	④	③	②	①	○	
12.고구마(군고구마, 찐고구마, 튀김, 맛탕 포함)	⑨	⑧	⑦	⑥	⑤	④	③	②	①	○	
육류 난류 13.쇠고기(국, 탕, 찌개, 편육, 장조림, 구이, 볶음, 비프까스, 튀김, 찜 포함)	⑨	⑧	⑦	⑥	⑤	④	③	②	①	○	
14.닭고기(삼계탕, 백숙, 찜, 튀김, 조림, 볶음 포함)	⑨	⑧	⑦	⑥	⑤	④	③	②	①	○	
15.돼지고기(찌개, 구이, 볶음, 돈까스, 튀김 포함)	⑨	⑧	⑦	⑥	⑤	④	③	②	①	○	
16.햄, 베이컨, 소시지(핫도그 포함)	⑨	⑧	⑦	⑥	⑤	④	③	②	①	○	
17.달걀	⑨	⑧	⑦	⑥	⑤	④	③	②	①	○	

식품 및 음식명	섭취빈도 (회)	1일			1주			1달		1년	거의 안 먹음	비고
		3	2	1	4~6	2~3	1	2~3	1	6~11		
생선류 18.고등어		⑨	⑧	⑦	⑥	⑤	④	③	②	①	○	
19.참치		⑨	⑧	⑦	⑥	⑤	④	③	②	①	○	
20.조기(굴비 포함)		⑨	⑧	⑦	⑥	⑤	④	③	②	①	○	
21.명태(북어, 동태, 생태, 코다리 포함)		⑨	⑧	⑦	⑥	⑤	④	③	②	①	○	
22.멸치		⑨	⑧	⑦	⑥	⑤	④	③	②	①	○	
23.어묵류(오뎅)		⑨	⑧	⑦	⑥	⑤	④	③	②	①	○	
24.오징어(마른 오징어 포함)		⑨	⑧	⑦	⑥	⑤	④	③	②	①	○	
25.조개류		⑨	⑧	⑦	⑥	⑤	④	③	②	①	○	
26.젓갈류		⑨	⑧	⑦	⑥	⑤	④	③	②	①	○	
채소류 27.배추(국, 전, 김치 포함)		⑨	⑧	⑦	⑥	⑤	④	③	②	①	○	
28.무(국, 생채, 나물, 깍두기, 동치미, 단무지 포함)		⑨	⑧	⑦	⑥	⑤	④	③	②	①	○	
29.무청		⑨	⑧	⑦	⑥	⑤	④	③	②	①	○	
30.콩나물(무침, 국 포함)		⑨	⑧	⑦	⑥	⑤	④	③	②	①	○	
31.시금치(국, 나물 포함)		⑨	⑧	⑦	⑥	⑤	④	③	②	①	○	
32.오이(생채, 오이소박이, 오이지 포함)		⑨	⑧	⑦	⑥	⑤	④	③	②	①	○	
33.고추(생것, 전, 볶음 포함)		⑨	⑧	⑦	⑥	⑤	④	③	②	①	○	
34.당근(생것, 튀김, 주스 포함)		⑨	⑧	⑦	⑥	⑤	④	③	②	①	○	
35.호박(나물, 전, 찌개 포함)		⑨	⑧	⑦	⑥	⑤	④	③	②	①	○	
36.양배추(김치, 국, 쌈, 볶음, 생것 포함)		⑨	⑧	⑦	⑥	⑤	④	③	②	①	○	
37.토마토(생것, 주스 포함)		⑨	⑧	⑦	⑥	⑤	④	③	②	①	○	
38.버섯류(볶음, 무침, 찌개, 전 포함)		⑨	⑧	⑦	⑥	⑤	④	③	②	①	○	
해조류 39.미역(국, 무침, 줄기볶음 포함)		⑨	⑧	⑦	⑥	⑤	④	③	②	①	○	
40.김(구이, 무침, 김밥 포함)		⑨	⑧	⑦	⑥	⑤	④	③	②	①	○	

- 2 -

272

			조사구		거처	가구	가구원

식품 및 음식명	섭취빈도 (회)	1일			1주			1달		1년	거의 안 먹음	비고
		3	2	1	4~6	2~3	1	2~3	1	6~11		
과일류 41.귤(금귤, 주스, 통조림 포함)		⑨	⑧	⑦	⑥	⑤	④	③	②	①	○	
42.감, 곶감		⑨	⑧	⑦	⑥	⑤	④	③	②	①	○	
43.배		⑨	⑧	⑦	⑥	⑤	④	③	②	①	○	
44.수박		⑨	⑧	⑦	⑥	⑤	④	③	②	①	○	
45.참외		⑨	⑧	⑦	⑥	⑤	④	③	②	①	○	
46.딸기		⑨	⑧	⑦	⑥	⑤	④	③	②	①	○	
47.포도(주스, 통조림 포함)		⑨	⑧	⑦	⑥	⑤	④	③	②	①	○	
48.복숭아(주스, 통조림 포함)		⑨	⑧	⑦	⑥	⑤	④	③	②	①	○	
49.사과(주스 포함)		⑨	⑧	⑦	⑥	⑤	④	③	②	①	○	
50.바나나		⑨	⑧	⑦	⑥	⑤	④	③	②	①	○	
51.오렌지(주스 포함)		⑨	⑧	⑦	⑥	⑤	④	③	②	①	○	
우유유제품 52.우유(저지방우유, 탈지우유, 가공우유, 분유 포함)		⑨	⑧	⑦	⑥	⑤	④	③	②	①	○	
53.요구르트(액상, 반고형 포함)		⑨	⑧	⑦	⑥	⑤	④	③	②	①	○	
54.아이스크림		⑨	⑧	⑦	⑥	⑤	④	③	②	①	○	
음료 55.탄산음료(콜라, 사이다, 환타 포함)		⑨	⑧	⑦	⑥	⑤	④	③	②	①	○	
56.커피		⑨	⑧	⑦	⑥	⑤	④	③	②	①	○	
57.녹차		⑨	⑧	⑦	⑥	⑤	④	③	②	①	○	
주류 58.맥주		⑨	⑧	⑦	⑥	⑤	④	③	②	①	○	
59.소주		⑨	⑧	⑦	⑥	⑤	④	③	②	①	○	
60.막걸리		⑨	⑧	⑦	⑥	⑤	④	③	②	①	○	
기타 61.햄버거		⑨	⑧	⑦	⑥	⑤	④	③	②	①	○	
62.피자		⑨	⑧	⑦	⑥	⑤	④	③	②	①	○	
63.튀긴 음식		⑨	⑧	⑦	⑥	⑤	④	③	②	①	○	

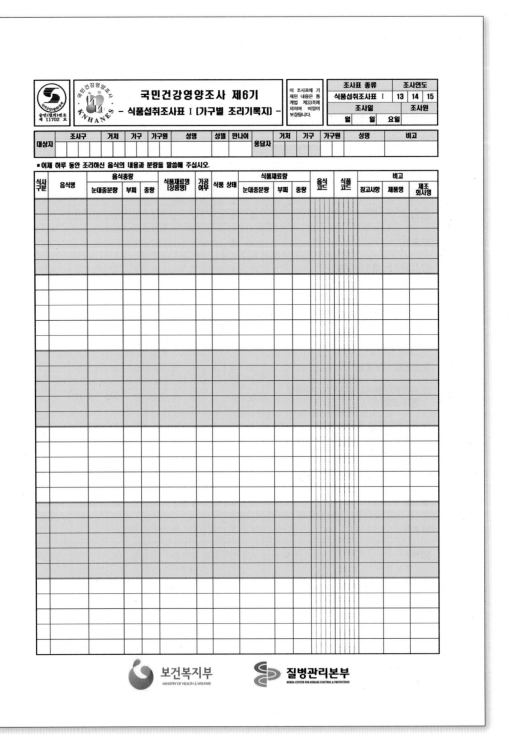

	국민건강영양조사 제6기 - 식품섭취조사표 II [개인별 24시간 회상법] - [만 1세 이상]	이 조사표에 기 재된 내용은 통 계법 제33조에 의하여 비밀이 보장됩니다.	조사표 종류		조사연도		
			식품섭취조사표 II		13	14	15
			조사일			조사원	
			월	일	요일		

대상자	조사구	거처	가구	가구원	성명	성별	만나이	응답자	거처	가구	가구원	성명	비고

1. 어제 하루 동안 섭취하신 식사 내용과 분량을 말씀해 주십시오.

식사 구분	시간	식사 장소	매식 여부	음식명	조리음식		섭취음식			식품 재료명 및 식품상태	가공 여부	식품재료량			음식 코드	식품 코드	비고		
					눈대중량	부피	중량	눈대중량	부피	중량			눈대중량	부피	중량			참고사항	제품명	제조 회사명

2. 특별한 이유로 인해 식사 조절을 하고 계십니까?　　□① 예　　　　□② 아니오

3. [2번 문항에 '①예'로 답한 경우] 그 이유는 무엇입니까?
　□① 질환이 있어서 (질환명 :　　　　)　　　□② 체중을 조절하기 위해서　　□③ 기타 (　　　　　　)

4. 어제 섭취하신 식사 분량은 평소의 식사에 비해서 어떷습니까?
　□① 평소에 비해서 많이 섭취하였다　　　□② 평소와 비슷하였다　　□③ 평소에 비해 적게 섭취하였다

5. 하루에 물(생수, 보리차, 결명자차, 옥수수차 등)을 얼마나 섭취하십니까?　　(　　)컵(200㎖)

6. [가임기 여성의 경우] 임신 또는 수유 중이십니까?　　□① 임신 중　　　□② 수유 중　　□③ 비해당

7. [영유아의 경우] 모유를 수유하고 있습니까?　　□① 예　　　□② 아니오

 보건복지부　　 질병관리본부

[부록 02] 한국인 영양섭취기준(2010)

− 에너지적정비율

영양소		1~2세	3~18세	19세 이상
탄수화물 단백질 지방		55~70% 7~20% 20~35%	55~70% 7~20% 15~30%	55~70% 7~20% 15~25%
	n−6 불포화지방산	4~8%	4~8%	4~8%
	n−3 불포화지방산	1% 내외	1% 내외	1% 내외
	포화지방산[1]	−	−	4.5~7% 내외
	트랜스지방산[1]	−	−	1% 미만
	콜레스테롤[1]	−	−	300mg/일 미만

1) 1~2세, 3~18세 섭취기준을 설정할 과학적 근거가 부족함.

– 다량 영양소

성별	연령	에너지(kcal/일)				탄수화물(g/일)				지방(g/일)				n-6 불포화지방산(g/일)			
		필요 추정량	권장 섭취량	충분 섭취량	상한 섭취량	평균 필요량	권장 섭취량	충분 섭취량	상한 섭취량	평균 필요량	권장 섭취량	충분 섭취량	상한 섭취량	평균 필요량	권장 섭취량	충분 섭취량	상한 섭취량
영아	0~5(개월)	550						55				25				2.0	
	6~11	700						90				25				4.5	
유아	1~2(세)	1,000															
	3~5	1,400															
남자	6~8(세)	1,600															
	9~11	1,900															
	12~14	2,400															
	15~18	2,700															
	19~29	2,600															
	30~49	2,400															
	50~64	2,200															
	65~74	2,000															
	75 이상	2,000															
여자	6~8(세)	1,500															
	9~11	1,700															
	12~14	2,000															
	15~18	2,000															
	19~29	2,100															
	30~49	1,900															
	50~64	1,800															
	65~74	1,600															
	75 이상	1,600															
임신부		+0/340/450														9	
수유부		+320														10	

성별	연령	n-3 불포화지방산(g/일)				단백질(g/일)				식이섬유(g/일)				수분(mL/일)			
		평균 필요량	권장 섭취량	충분 섭취량	상한 섭취량	평균 필요량	권장 섭취량	충분 섭취량	상한 섭취량	평균 필요량	권장 섭취량	충분 섭취량	상한 섭취량	평균 필요량	권장 섭취량	충분 섭취량	상한 섭취량
영아	0~5(개월)			0.3				9.5								700	
	6~11			0.8		9.8	13.5									800	
유아	1~2(세)					12	15					10				1,100	
	3~5					15	20					15				1,400	
남자	6~8(세)					20	25					20				1,800	
	9~11					30	35					20				2,000	
	12~14					40	50					25				2,300	
	15~18					45	55					25				2,600	
	19~29					45	55					25				2,600	
	30~49					45	55					25				2,500	
	50~64					40	50					26				2,300	
	65~74					40	50					26				2,100	
	75 이상					40	50					26				2,100	
여자	6~8(세)					20	25					15				1,700	
	9~11					30	35					15				1,800	
	12~14					40	45					20				2,000	
	15~18					40	45					20				2,100	
	19~29					40	50					20				2,100	
	30~49					35	45					20				2,000	
	50~64					35	45					20				1,900	
	65~74					35	45					20				1,800	
	75 이상					35	45					20				1,800	
임신부						+0, +12, +25	+0, +15, +30					+5				+200	
수유부						+20	+25					+15				+700	

에너지, 단백질 : 임신 1, 2, 3 분기별 부가량

– 지용성 비타민

성별	연령	비타민 A(μg RE/일)				비타민 D(μg/일)				비타민 E(μg α-TE/일)				비타민 K(μg/일)			
		평균필요량	권장섭취량	충분섭취량	상한섭취량	평균필요량	권장섭취량	충분섭취량	상한섭취량	평균필요량	권장섭취량	충분섭취량	상한섭취량*	평균필요량	권장섭취량	충분섭취량	상한섭취량
영아	0~5(개월)			300	600			5	25			3				4	
	6~11			400	600			5	25			4				7	
유아	1~2(세)	200	300		600			5	60			5	100			25	
	3~5	230	300		700			5	60			6	140			30	
남자	6~8(세)	300	400		1,000			5	60			8	200			45	
	9~11	390	550		1,500			5	60			9	280			55	
	12~14	510	700		2,100			5	60			10	380			70	
	15~18	590	850		2,400			5	60			12	430			80	
	19~29	540	750		3,000			5	60			12	540			75	
	30~49	520	750		3,000			5	60			12	540			75	
	50~64	500	700		3,000			10	60			12	540			75	
	65~74	490	700		3,000			10	60			12	540			75	
	75 이상	490	700		3,000			10	60			12	540			75	
여자	6~8(세)	280	400		1,100			5	60			7	200			45	
	9~11	370	500		1,500			5	60			8	280			55	
	12~14	470	650		2,100			5	60			9	380			65	
	15~18	440	600		2,400			5	60			10	430			65	
	19~29	460	650		3,000			5	60			10	540			65	
	30~49	450	650		3,000			5	60			10	540			65	
	50~64	430	600		3,000			10	60			10	540			65	
	65~74	410	600		3,000			10	60			10	540			65	
	75 이상	410	600		3,000			10	60			10	540			65	
임신부		+50	+70		3,000			+5	60			+0	540			+0	
수유부		+350	+490		3,000			+5	60			+3	540			+0	

*RRR-α-tocopherol

– 수용성 비타민

성별	연령	비타민 C(mg/일)				티아민				리보플라빈(mg/일)				니아신(mg NE/일)				
		평균필요량	권장섭취량	충분섭취량	상한섭취량	평균필요량	권장섭취량	충분섭취량	상한섭취량	평균필요량	권장섭취량	충분섭취량	상한섭취량	평균필요량	권장섭취량	충분섭취량	상한섭취량[1]	상한섭취량[2]
영아	0~5(개월)			35				0.2				0.3				2		
	6~11			45				0.3				0.4				3		
유아	1~2(세)	30	40		350	0.4	0.5			0.5	0.6			5	6		10	180
	3~5	30	40		500	0.4	0.5			0.6	0.7			5	7		10	250
남자	6~8(세)	40	60		700	0.6	0.7			0.7	0.9			7	9		15	350
	9~11	55	70		1,000	0.7	0.9			0.9	1.1			9	11		20	500
	12~14	75	100		1,400	0.9	1.1			1.2	1.5			11	15		25	700
	15~18	85	110		1,600	1.1	1.3			1.4	1.7			13	17		30	800
	19~29	75	100		2,000	1.0	1.2			1.3	1.5			12	16		35	1,000
	30~49	75	100		2,000	1.0	1.2			1.3	1.5			12	16		35	1,000
	50~64	75	100		2,000	1.0	1.2			1.3	1.5			12	16		35	1,000
	65~74	75	100		2,000	1.0	1.2			1.3	1.5			12	16		35	1,000
	75 이상	75	100		2,000	1.0	1.2			1.3	1.5			12	16		35	1,000
여자	6~8(세)	50	60		700	0.6	0.7			0.6	0.7			7	9		15	350
	9~11	60	80		1,000	0.7	0.9			0.8	0.9			9	11		20	500
	12~14	75	100		1,400	0.9	1.1			1.0	1.2			11	14		25	700
	15~18	75	100		1,600	0.9	1.0			1.0	1.2			11	14		30	800
	19~29	75	100		2,000	0.9	1.1			1.0	1.2			11	14		35	1,000
	30~49	75	100		2,000	0.9	1.1			1.0	1.2			11	14		35	1,000
	50~64	75	100		2,000	0.9	1.1			1.0	1.2			11	14		35	1,000
	65~74	75	100		2,000	0.9	1.1			1.0	1.2			11	14		35	1,000
	75 이상	75	100		2,000	0.9	1.1			1.0	1.2			11	14		35	1,000
임신부		+10	+10		2,000	+0.4	+0.4			+0.3	+0.4			+3	+4		35	1,000
수유부		+35	+35		2,000	+0.3	+0.4			+0.4	+0.4			+3	+5		35	1,000

1) 니코틴산(mg/일), 2) 니코틴아미드(mg/일)

비타민 B$_6$(mg/일)				엽산(μg DFE/일)				비타민 B$_{12}$(μg/일)				판토텐산(mg/일)				비오틴(μg/일)			
평균 필요량	권장 섭취량	충분 섭취량	상한 섭취량	평균 필요량	권장 섭취량	충분 섭취량	상한 섭취량	평균 필요량	권장 섭취량	충분 섭취량	상한 섭취량	평균 필요량	권장 섭취량	충분 섭취량	상한 섭취량	평균 필요량	권장 섭취량	충분 섭취량	상한 섭취량
		0.1				65				0.3				1.7				5	
		0.3				80				0.5				1.8				7	
0.5	0.6		25	120	150		300	0.8	0.9					2				9	
0.6	0.7		35	150	180		400	0.9	1.1					3				11	
0.7	0.9		45	180	220		500	1.1	1.3					3				15	
0.9	1.1		60	250	300		600	1.5	1.7					4				20	
1.3	1.5		80	320	400		800	1.9	2.3					5				25	
1.3	1.5		50	320	400		500	2.2	2.7					6				30	
1.3	1.5		100	320	400		1,000	2.0	2.4					5				30	
1.3	1.5		100	320	400		1,000	2.0	2.4					5				30	
1.3	1.5		100	320	400		1,000	2.0	2.4					5				30	
1.3	1.5		100	320	400		1,000	2.0	2.4					5				30	
1.3	1.5		100	320	400		1,000	2.0	2.4					5				30	
0.7	0.9		45	180	220		500	1.2	1.5					3				15	
0.9	1.1		60	250	300		600	1.6	1.9					4				20	
1.2	1.4		80	320	360		800	2.0	2.4					5				25	
1.2	1.4		90	320	400		900	2.0	2.4					6				30	
1.2	1.4		100	320	400		1,000	2.0	2.4					5				30	
1.2	1.4		100	320	400		1,000	2.0	2.4					5				30	
1.2	1.4		100	320	400		1,000	2.0	2.4					5				30	
1.2	1.4		100	320	400		1,000	2.0	2.4					5				30	
1.2	1.4		100	320	400		1,000	2.0	2.4					5				30	
+0.6	+0.8		100	+200	+200		1,000	+0.2	+0.2					+1				+0	
+0.6	+0.8		100	+130	+150		1,000	+0.3	+0.4					+2				+5	

– 다량 무기질

성별	연령	칼슘(mg/일)				인(mg/일)				나트륨(g/일)				
		평균 필요량	권장 섭취량	충분 섭취량	상한 섭취량	평균 필요량	권장 섭취량	충분 섭취량	상한 섭취량	평균 필요량	권장 섭취량	충분 섭취량	상한 섭취량	목표량
영아	0~5(개월)			200				100				0.12		
	6~11			300				300				0.37		
유아	1~2(세)	390	500		2,500	350	500		3,000			0.7		
	3~5	470	600		2,500	390	500		3,000			0.9		
남자	6~8(세)	580	700		2,500	550	700		3,000			1.2		
	9~11	670	800		2,500	810	1,000		3,500			1.3		2.0
	12~14	800	1,000		2,500	860	1,000		3,500			1.5		2.0
	15~18	750	900		2,500	790	1,000		3,500			1.5		2.0
	19~29	620	750		2,500	580	700		3,500			1.5		2.0
	30~49	600	750		2,500	580	700		3,500			1.5		2.0
	50~64	570	700		2,500	580	700		3,500			1.4		2.0
	65~74	560	700		2,500	580	700		3,500			1.2		2.0
	75 이상	560	700		2,500	580	700		3,000			1.1		2.0
여자	6~8(세)	580	700		2,500	450	600		3,000			1.2		
	9~11	670	800		2,500	700	900		3,500			1.3		2.0
	12~14	740	900		2,500	680	900		3,500			1.5		2.0
	15~18	660	900		2,500	580	800		3,500			1.5		2.0
	19~29	530	700		2,500	580	700		3,500			1.5		2.0
	30~49	510	700		2,500	580	700		3,500			1.5		2.0
	50~64	590	800		2,500	580	700		3,500			1.4		2.0
	65~74	570	800		2,500	580	700		3,500			1.2		2.0
	75 이상	570	800		2,500	580	700		3,000			1.1		2.0
임신부		+230	+280		2,500	+0	+0		3,500			+0		2.0
수유부		+310	+370		2,500	+0	+0		3,000			+0		2.0

성별	연령	염소(g/일)				칼륨(g/일)				마그네슘(mg/일)			
		평균 필요량	권장 섭취량	충분 섭취량	상한 섭취량	평균 필요량	권장 섭취량	충분 섭취량	상한 섭취량	평균 필요량	권장 섭취량	충분 섭취량	상한 섭취량*
영아	0~5(개월)			0.18				0.4				30	
	6~11			0.56				0.7				55	
유아	1~2(세)			1.1				1.7		60	75		65
	3~5			1.4				2.3		85	100		90
남자	6~8(세)			1.8				2.8		125	150		130
	9~11			2.0				3.2		175	210		180}
	12~14			2.3				3.5		250	300		250
	15~19			2.3				3.5		340	400		350
	20~29			2.3				3.5		335	340		350
	30~49			2.3				3.5		295	350		350
	50~64			2.1				3.5		295	350		350
	65~74			1.9				3.5		295	350		350
	75 이상			1.6				3.5		295	350		350
여자	6~8(세)			1.8				2.8		125	150		130
	9~11			2.0				3.2		175	210		180
	12~14			2.3				3.5		240	290		250
	15~19			2.3				3.5		285	340		350
	20~29			2.3				3.5		235	280		350
	30~49			2.3				3.5		235	280		350
	50~64			2.1				3.5		235	280		350
	65~74			1.9				3.5		235	280		350
	75 이상			1.6				3.5		235	280		350
임신부				+0				+0		+33	+40		350
수유부				+0				+0.4		+0	+0		350

*식품외 급원의 마그네슘에만 해당

– 미량 무기질

성별	연령	철(mg/일)				아연(mg/일)				구리(µg/일)				불소(mg/일)			
		평균 필요량	권장 섭취량	충분 섭취량	상한 섭취량	평균 필요량	권장 섭취량	충분 섭취량	상한 섭취량	평균 필요량	권장 섭취량	충분 섭취량	상한 섭취량	평균 필요량	권장 섭취량	충분 섭취량	상한 섭취량
영아	0~5(개월)			0.3	40			1.7				230				0.01	0.6
	6~11	5	6		40	2.3	2.5					300				0.5	0.9
유아	1~2(세)	4.8	6		40	2.4	3		6	220	290		1,500			0.6	1.2
	3~5	5.4	7		40	3.2	4		9	250	330		2,000			0.8	1.7
남자	6~8(세)	6.3	8		40	4.5	5		13	330	430		3,000			1.0	2.5
	9~11	8.5	11		40	6.4	7		18	440	570		5,000			2.0	10
	12~14	11.0	14		40	6.6	8		26	570	740		7,000			2.5	10
	15~18	11.8	15		45	8.2	10		34	670	870		8,000			3.0	10
	19~29	7.7	10		45	8.1	10		35	600	800		10,000			3.5	10
	30~49	7.4	10		45	7.9	9		35	600	800		10,000			3.0	10
	50~64	7.1	9		45	7.5	9		35	600	800		10,000			3.0	10
	65~74	6.9	9		45	7.2	9		35	600	800		10,000			3.0	10
	75 이상	6.9	9		45	7.1	8		35	600	800		10,000			3.0	10
여자	6~8(세)	6.3	8		40	4.4	5		13	330	430		3,000			1.0	2.5
	9~11	8	10		40	6.2	7		18	440	570		5,000			2.0	10
	12~14	10	13		40	6.2	7		25	570	740		7,000			2.5	10
	15~18	12.9	17		45	7.2	9		30	670	870		8,000			2.5	10
	19~29	10.8	14		45	7.0	8		35	600	800		10,000			3.0	10
	30~49	10.5	14		45	6.8	8		35	600	800		10,000			2.5	10
	50~64	6.1	8		45	6.3	8		35	600	800		10,000			2.5	10
	65~74	5.8	8		45	6.0	7		35	600	800		10,000			2.5	10
	75 이상	7	8		45	6.0	7		35	600	800		10,000			2.5	10
임신부		+7.8	+10		45	+2.0	+2.5		35	+100	+130		10,000			+0	10
수유부		+0	+0		45	+4.0	+5.0		35	+350	+450		10,000			+0	10

성별	연령	망간(mg/일)				요오드(μg/일)				셀레늄(μg/일)				몰리브덴(μg/일)			
		평균필요량	권장섭취량	충분섭취량	상한섭취량	평균필요량	권장섭취량	충분섭취량	상한섭취량	평균필요량	권장섭취량	충분섭취량	상한섭취량	평균필요량	권장섭취량	충분섭취량	상한섭취량
영아	0~5(개월)			0.01				130	250			8.5	40				
	6~11			0.8				170	250			11	60				
유아	1~2(세)			1.4	2	55	80		300	17	20		85				100
	3~5			2.0	3	65	90		300	19	25		120				150
남자	6~8(세)			2.5	4	75	100		500	25	30		150				200
	9~11			3.0	5	85	110		700	33	40		200				300
	12~14			4.0	7	90	130		1,700	43	50		300				400
	15~18			4.0	9	95	130		1,900	50	60		300				500
	19~29			4.0	11	95	150		2,400	45	55		400				600
	30~49			4.0	11	95	150		2,400	45	55		400				600
	50~64			4.0	11	95	150		2,400	45	55		400				600
	65~74			4.0	11	95	150		2,400	45	55		400				600
	75 이상			4.0	11	95	150		2,400	45	55		400				600
여자	6~8(세)			2.5	4	75	100		500	25	30		150				200
	9~11			3.0	5	85	110		700	33	40		200				300
	12~14			3.5	7	90	130		1,700	43	50		300				400
	15~18			3.5	9	95	130		1,900	50	60		300				500
	19~29			3.5	11	95	150		2,400	45	55		400				600
	30~49			3.5	11	95	150		2,400	45	55		400				600
	50~64			3.5	11	95	150		2,400	45	55		400				600
	65~74			3.5	11	95	150		2,400	45	55		400				600
	75 이상			3.5	11	95	150		2,400	45	55		400				600
임신부				+0	11	+65	+90			+3	+4		400				600
수유부				+0	11	+130	+180			+8	+10		400				600

[부록 03] 한국 소아 체질량 지수 성장 도표 백분위수

체질량 지수: 남아(2~18세)

(단위: kg/m²)

연령(세)	체질량 지수 백분위수									
	3rd	5th	10th	25th	50th	75th	85th	90th	95th	97th
2~2.5[1]	14.00	14.33	14.85	15.72	16.71	17.70	18.24	18.60	19.15	19.51
2.5~3	13.96	14.23	14.66	15.41	16.29	17.22	17.75	18.12	18.67	19.05
3~3.5	13.93	14.15	14.51	15.16	15.97	16.87	17.41	17.79	18.40	18.82
3.5~4	13.88	14.08	14.40	14.99	15.75	16.65	17.21	17.62	18.29	18.78
4~4.5	13.83	14.01	14.31	14.88	15.63	16.54	17.13	17.58	18.34	18.90
4.5~5	13.77	13.95	14.26	14.83	15.59	16.55	17.17	17.66	18.50	19.14
5~5.5	13.72	13.91	14.22	14.82	15.63	16.65	17.32	17.85	18.78	19.49
5.5~6	13.68	13.88	14.22	14.86	15.72	16.82	17.56	18.13	19.14	19.93
6~6.5	13.65	13.87	14.23	14.93	15.87	17.07	17.86	18.49	19.59	20.44
6.5~7	13.64	13.88	14.27	15.03	16.06	17.36	18.23	18.91	20.09	21.01
7~8	13.65	13.93	14.38	15.24	16.41	17.89	18.86	19.62	20.93	21.93
8~9	13.74	14.06	14.59	15.60	16.97	18.68	19.80	20.66	22.13	23.24
9~10	13.91	14.27	14.88	16.04	17.58	19.51	20.76	21.72	23.34	24.54
10~11	14.16	14.57	15.24	16.52	18.22	20.34	21.71	22.74	24.48	25.77
11~12	14.49	14.93	15.65	17.02	18.86	21.12	22.57	23.67	25.50	26.85
12~13	14.89	15.35	16.10	17.54	19.45	21.81	23.32	24.46	26.35	27.75
13~14	15.35	15.82	16.59	18.05	20.00	22.40	23.93	25.09	27.02	28.43
14~15	15.85	16.32	17.08	18.55	20.49	22.88	24.40	25.56	27.48	28.90
15~16	16.38	16.83	17.58	19.01	20.90	23.24	24.74	25.87	27.77	29.16
16~17	16.90	17.33	18.06	19.43	21.26	23.51	24.95	26.05	27.89	29.24
17~18	17.38	17.80	18.49	19.81	21.55	23.70	25.08	26.13	27.89	29.19
18~19	17.80	18.20	18.87	20.14	21.81	23.86	25.18	26.18	27.85	29.08

1) 2~2.5는 2세부터 2.5세 미만에 해당하며, 다른 연령에도 동일하게 적용됨

체질량 지수: 여아(2~18세)

연령(세)	체질량 지수 백분위수									
	3rd	5th	10th	25th	50th	75th	85th	90th	95th	97th
2~2.5[1]	14.00	14.33	14.85	15.72	16.71	17.70	18.24	18.60	19.15	19.51
2.5~3	13.96	14.23	14.66	15.41	16.29	17.22	17.75	18.12	18.67	19.05
3~3.5	13.93	14.15	14.51	15.16	15.97	16.87	17.41	17.79	18.40	18.82
3.5~4	13.88	14.08	14.40	14.99	15.75	16.65	17.21	17.62	18.29	18.78
4~4.5	13.83	14.01	14.31	14.88	15.63	16.54	17.13	17.58	18.34	18.90
4.5~5	13.77	13.95	14.26	14.83	15.59	16.55	17.17	17.66	18.50	19.14
5~5.5	13.72	13.91	14.22	14.82	15.63	16.65	17.32	17.85	18.78	19.49
5.5~6	13.68	13.88	14.22	14.86	15.72	16.82	17.56	18.13	19.14	19.93
6~6.5	13.65	13.87	14.23	14.93	15.87	17.07	17.86	18.49	19.59	20.44
6.5~7	13.64	13.88	14.27	15.03	16.06	17.36	18.23	18.91	20.09	21.01
7~8	13.65	13.93	14.38	15.24	16.41	17.89	18.86	19.62	20.93	21.93
8~9	13.74	14.06	14.59	15.60	16.97	18.68	19.80	20.66	22.13	23.24
9~10	13.91	14.27	14.88	16.04	17.58	19.51	20.76	21.72	23.34	24.54
10~11	14.16	14.57	15.24	16.52	18.22	20.34	21.71	22.74	24.48	25.77
11~12	14.49	14.93	15.65	17.02	18.86	21.12	22.57	23.67	25.50	26.85
12~13	14.89	15.35	16.10	17.54	19.45	21.81	23.32	24.46	26.35	27.75
13~14	15.35	15.82	16.59	18.05	20.00	22.40	23.93	25.09	27.02	28.43
14~15	15.85	16.32	17.08	18.55	20.49	22.88	24.40	25.56	27.48	28.90
15~16	16.38	16.83	17.58	19.01	20.90	23.24	24.74	25.87	27.77	29.16
16~17	16.90	17.33	18.06	19.43	21.26	23.51	24.95	26.05	27.89	29.24
17~18	17.38	17.80	18.49	19.81	21.55	23.70	25.08	26.13	27.89	29.19
18~19	17.80	18.20	18.87	20.14	21.81	23.86	25.18	26.18	27.85	29.08

1) 2~2.5는 2세부터 2.5세 미만에 해당하며, 다른 연령에도 동일하게 적용됨

[부록 04] PG-SGA 조사 서식

Scored Patient-Generated Subjective Global Assessment(PG-SGA)	Patient ID Information
History(Boxes 1-4 are designed to be completed by the patient.)	

1. Weight(*See Worksheet 1*)

In summary of my current and recent weight:

I currently weigh about _____ pounds
I am about _____ feet _____ tall

One month ago I weighed about _____ pounds
Six months ago I weighed about _____ pounds

During the past two weeks my weight has:
☐ decreased (1)   ☐ not changed (0)   ☐ increased (0)

Box 1 [ ]

2. Food Intake: As compared to my normal intake, I would rate my food intake during the past month as:

☐ unchanged (0)
☐ more than usual (0)
☐ less than usual (1)
  I am now taking
    ☐ normal food but less than normal amount (1)
    ☐ little solid food (2)
    ☐ only liquids (3)
    ☐ only nutritional supplements (3)
    ☐ very little of anything (4)
    ☐ only tube feedings or only nutrition by vein (0)

Box 2 [ ]

3. Symptoms: I have had the following problems that have kept me from eating enough during the past two weeks(check all that apply) :

☐ no problems eating (0)
☐ no appetite, just did not feel like eating (3)
☐ nausea (1)   ☐ vomiting (3)
☐ constipation (1)   ☐ diarrhea (3)
☐ mouth sores (2)   ☐ dry mouth (1)
☐ things taste funny or have no taste (1)   ☐ smells bother me (1)
☐ problems swallowing (2)   ☐ feel full quickly (1)
☐ pain; where? (3) _____
☐ other** (1) _____
  ** Examples : depression, money, or dental problems

Box 3 [ ]

4. Activities and Function: Over the past month, I would generally rate my activity as :

☐ normal with no limitations (0)
☐ not my normal self, but able to be up and about with fairly normal activities (1)
☐ not feeling up to most things, but in bed or chair less than half the day (2)
☐ able to do little activity and spend most of the day in bed or chair (3)
☐ pretty much bedridden, rarely out of bed (3)

Box 4 [ ]

Additive Score of the Boxes 1-4 [ ] **A**

The remainder of this form will be completed by your doctor, nurse, or therapist. Thank you.

5. Disease and its relation to nutritional requirements(*See Worksheet 2*)

All relevant diagnoses (specify) _____
Primary disease stage (circle if known or appropriate) I II III IV Other _____
Age _____

Numerical score from Worksheet 2 [ ] **B**

6. Metabolic Demand(*See Worksheet 3*)

Numerical score from Worksheet 3 [ ] **C**

7. Physical(*See Worksheet 4*)

Numerical score from Worksheet 4 [ ] **D**

Global Assessment(*See Worksheet 5*)

☐ Well-nourished or anabolic (SGA-A)
☐ Moderate or suspected malnutrition (SGA-B)
☐ Severely malnourished (SGA-C)

Total PG-SGA score
  (Total numerical score of A+B+C+D above)
(See triage recommendations below)   [ ]

Clinician Signature _____ RD RN PA MD DO Other _____ Date _____

Nutritional Triage Recommendations: Additive score is used to define specific nutritional interventions including patient & family education, symptom management including pharmacologic intervention, and appropriate nutrient intervention(food, nutritional supplements, enteral, or parenteral triage). First line nutrition intervention includes optimal symptom mana gement.

0-1   No intervention required at this time. Re-assessment on routine and regular basis during treatment.

2-3   patient & family education by dietitian, nurse, of other clinician with pharmacologic intervention as indicated by symptom survey(Box 3) and laboratory values as appropriate.

4-8   Requires intervention by dietitian, in conjunction with nurse or physician as indicated by symptoms survey(Box 3).

≥ 9   Indicates a critical need for improved symptom management and/or nutrient intervention options.

Worksheets for PG-SGA Scoring

Boxes 1-4 of the PG-SGA are designed to be completed by the patient. The PG-SGA numerical score is determined using 1) the parenthetical points noted in boxes 1-4 and 2) the worksheets below for items not marked with parenthetical points. Scores for boxes 1 and 3 are additive within each box and scores for boxes 2 and 4 are based on the highest scored item checked off by the patient.

Worksheet 1 - Scoring Weight (Wt) Loss

To determine score, use 1 month weight data if available. Use 6 month data only if there is no 1 month weight data. Use points below to score weight change and add one extra point if patient has lost weight during the past 2 weeks. Enter total point score in Box 1 of the PG-SGA.

Wt loss in 1 month	Points	Wt loss in 6 months
10% or greater	4	20% or greater
5-9.9%	3	10 -19.9%
3-4.9%	2	6 - 9.9%
2-2.9%	1	2 - 5.9%
0-1.9%	0	0 - 1.9%

Score for Worksheet 1 = ☐
Record in Box 1

Worksheet 2 - Scoring Criteria for Condition

Score is derived by adding 1 point for each of the conditions listed below that pertain to the patient.

Category	Points
Cancer	1
AIDS	1
Pulmonary or cardiac cachexia	1
Presence of decubitus, open wound, or fistula	1
Presence of trauma	1
Age greater than 65 years	1

Score for Worksheet 2 = ☐
Record in Box B

Worksheet 3 - Scoring Metabolic Stress

Score for metabolic stress is determined by a number of variables known to increase protein & calorie needs. The score is additive so that a patient who has a fever of > 102 degrees (3 points) and is on 10 mg of prednisone chronically (2 points) would have an additive score for this section of 5 points.

Stress	none(0)	low(1)	moderate(2)	high(3)
Fever	no fever	>99 and <101	>101 and <102	≥102
Fever duration	no fever	<72 hrs	(≥10 and <30mg prednisone equivalents/day)	>72 hrs high dose steroids
Corticoteroids	no corticosteroids	low dose (<10mg prednisone equivalents/day)		(≥30mg prednisone equivalents/day)

Score for Worksheet 3 = ☐
Record in Box C

Worksheet 4 - Physical Examination

Physical exam includes a subjective evaluation of 3 aspects of body composition: fat, muscle, & fluid status. Since this is subjective, each aspect of the exam is rated for degree of deficit. Muscle deficit impacts point score more than fat deficit. Definition of categories: 0 = no deficit, 1+ = mild deficit, 2+ = moderate deficit, 3+ = severe deficit. Rating of deficit in these categories are not additive but are used to clinically assess the degree of deficit (or presence of excess fluid).

Fat Stores:

orbital fat pads	0	1+	2+	3+
triceps skin fold	0	1+	2+	3+
fat overlying lower ribs	0	1+	2+	3+
Global fat deficit rating	**0**	**1+**	**2+**	**3+**

Muscle Status:

emples (temporalis muscle)	0	1+	2+	3+
clavicles (pectoralis & deltoids)	0	1+	2+	3+
shoulders (deltoids)	0	1+	2+	3+
interosseous muscles	0	1+	2+	3+
scapula(latissimus dorsi, trapezius, deltoids)	0	1+	2+	3+
thigh (quadriceps)	0	1+	2+	3+
calf (gastrocnemius)	0	1+	2+	3+
Global muscle status rating	**0**	**1+**	**2+**	**3+**

Fluid Status:

ankle edema	0	1+	2+	3+
sacral edema	0	1+	2+	3+
ascites	0	1+	2+	3+
Global fluid status rating	**0**	**1+**	**2+**	**3+**

Point score for the physical exam is determined by the overall subjective rating of total body deficit.

No deficit	score = 0 points
Mild deficit	score = 1 point
Moderate deficit	score = 2 points
Severe deficit	score = 3 points

Score for Worksheet 4 = ☐
Record in Box D

Worksheet 5 - PG-SGA Global Assessment Categories

Category	Stage A	Stage B	Stage C
	Well-nourished	Moderately malnourished or suspected malnutrition	Severely malnourished
Weight	No wt loss OR Recent non-fluid wt gain	~5% wt loss within 1 month (or 10% in 6 months) OR No wt stabilization or wt gain (i.e., continued wt loss)	> 5% wt loss in 1 month(or > 10% in 6 months) OR No wt stabilization in 6 months) OR No wt stabilization (i.e., continued wt loss)
Nutrient Intake	No deficit OR Significant recent improvement	Definite decrease in intake	Severe deficit in intake
Nutrition Impact Symptoms	None OR Significant recent improvement allowing adequate intake	Presence of nutrition impact symptoms (Box 3 of PG-SGA)	Presence of nutrition impact symptoms (Box 3 of PG-SGA)
Functioning	No deficit OR Significant recent improvement	Moderate functional deficit OR Recent deterioration	Severe functional deficit OR recent significant deterioration
Physical Exam	No deficit OR Chronic deficit but with recent clinical improvement	Evidence of mild to moderate loss of SQ fat &/or muscle mass &/or muscle tone on palpation	Obvious signs of malnutrition(e.g., severe loss of SQ tissues, possible edema)

Global PG-SGA rating (A, B, or C) = ☐

참고문헌

- (사)한국영양학회 · 한국암웨이(주), 어린이 영양지수
- 김화영 · 강명희 · 양은주 · 이현숙, 영양판정, 교문사, 2013
- 노민영, 임상영양사를 위한 질환별 FOCUS: 위절제후 환자의 영양관리 사례, 국민영양 36(3):35-38, 2013
- 대한고혈압학회, 고혈압 진료지침, 2013
- 대한골대사학회, 골다공증 진단 및 치료 지침, 2011
- 대한내분비학회, 대한비만학회 비만치료지침 2010 권고안
- 대한당뇨병학회, 당뇨병 진료지침, 2013
- 대한소아과학회, 소아 · 청소년 표준 성장도표, 1998
- 대한영양사협회, 2008
- 대한영양사협회, 국제임상영양 표준용어 지침서[American Dietetic Association(2009), International Dietetic & Nutrition Terminology Reference Manual: standardized language for the Nutrition Care Process Second Edition의 번역판], 2011
- 대한영양사협회, 임상영양관리지침서 제3판 I. 성인, 2008
- 대한영양사협회, 임상영양관리지침서 제3판, 2010
- 박혜련 외, 당류저감화를 위한 학교, 가정, 지역사회를 연계한 영양 · 식생활교육 프로그램 모델 개발 및 적용 평가, 식품의약품안전처 용역연구개발과제 연구결과보고서, 2013
- 박혜련 외, 청소년 대상 당류 식품섭취빈도 조사지, 2013
- 보건복지부, 2010 한국인 영양섭취기준 활용 가이드북, 2013
- 보건복지부 · 한국보건산업진흥원, 식품별 영양성분 DB 구축사업, 2007
- 보건복지부 · 한국보건산업진흥원, 식품별 영양성분 DB 구축사업: 눈대중량의 부피 및 중량 환산 DB 자료집, 2007
- 보건사회부, 영양교육용 지침서, 1990년
- 서울삼성병원, 치매 체크 리스트
- 서정숙 · 이종현 · 윤진숙 · 조성희 · 최영선, 영양판정 및 실습, 파워북, 2008
- 서정숙 · 이종현 · 윤진숙 · 조성희 · 최영선, 영양판정 및 실습(제5판), 파워북, 2014
- 식품의약품안전처, 어린이 · 청소년을 위한 비만과 식사장애 예방가이드, 2012
- 염진희 · 이승민, Development of Dish-based Semi-Quantitative Food Frequency Questionnaire for Korean Adolescents, 2011년도 대한지역사회영양학회지 추계학술대회, 2011
- 이영미 · 김정현, 영양 평가 및 실습, 도서출판 효일, 2009
- 질병관리본부, 국민건강영양조사 제5기, 2012
- 질병관리본부, 비정량적 식품섭취빈도 조사지, 2012
- 질병관리본부, 소아청소년 표준 성장도표, 2007
- 질병관리본부 · 국립보건연구원, 한국인 유전체 역학조사사업을 위한 식품 및 음식 실물 사진, 2012
- 채범석 외, 영양학사전, 아카데미서적, 1998
- 채수인 외, 대한내과학회잡지, 1987
- 최혜미 외, 21세기 영양학(제4판), 교문사, 2011
- 한경희, 신체계측 방법에 의한 거동이 제한된 노인들의 신장과 체중 추정, 한국영양학회지 28(1): 71~86, 1995
- 한국건강증진재단, 청소년 음주를 조장하는 유해환경 모니터링 매뉴얼, 2014
- 한국농촌경제연구원, 식품수급표 2012, 2013
- 한국보건사회연구원 · 한국건강증진재단, 다문화가족의 영양서비스 요구파악을 통한 모자영양관리 컨텐츠 및 제공방안 개발, 2011
- 한국영양학회 · 보건복지부 · 식품의약품안전청, 2010 한국인 영양섭취기준, 2010
- 한국지방 · 동맥경화학회 치료지침 제정 위원회, 이상지질혈증 치료지침, 2009
- Am. J. Clin. Nutrition 34:2542, 1981
- American Dietetic Association: Pediatric manual of clinical dietetics. 2nd ed, p. 151, 2003
- Ball S et al Measurement in physical education and exercise science, 2006

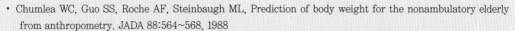

- Chumlea WC, Guo SS, Roche AF, Steinbaugh ML, Prediction of body weight for the nonambulatory elderly from anthropometry. JADA 88:564~568, 1988
- Chumlea WC, Guo SS, Steinbaugh ML, Prediction of stature from knee height for black and white adults and children with application to morbidity-impaired or handicapped persons. JADA 94:1385~1388, 1994
- Detsky AS, McLaughlin JR, Baker JP, Johnston N, Whittaker S, Mendelson RA, Jeejeebhoy KN, What is subjective global assessment of nutritional status? JPEN 11(1): 8~13, 1987
- Frisiancho R, Am J clin nutr: p806~819, 1984
- Gibson BS, Principles of Nutritional Assessment 2nd ed, Oxford University Press, 2005
- Heimburger DC., Weinsier RL, Handbook of clinical nutrition. 3rd ed, Mosby. pp. 188~191, 1996
- International Classification of Disease, 9th revision, Clinical Modification, 1975
- International Statistical Classification of Diseases and Related Health Problems 10th Revision(ICD-10) version for 2010
- Jackson AS et al. Medicine and Science in sports 12: 175~182, 1980
- Jackson AS, Pollock ML. Br J Nutr 40: 497~504, 1978
- Kondrup J, Allison SP, Elia M, Vellas B, Plauth M, ESPEN guidelines for nutrition screening 2002, Clinical Nutrition 22(4): 415~421, 2003
- Lacey K · Pritchett E, Nutrition Care Process and Model: ADA adopts road map to quality care and outcome management. J Am Diet Assoc 103:1061~1072
- Lee RD, Gibson RS. 2005, 2010
- Lee RD, Nieman DC. Nutritional Assessment, 4th ed, 2006
- Lee RD · Nieman DC, Nutritional Assessment 5th ed, McGraw-Hill Higher Education, 2010
- Lohman TG, J of Physical Education, Recreation, and Dance, 1987
- Murphy MC, Brooks CN, New SA, Lumbers ML, The use of the Mini Nutritional Assessment (MNA) tool in elderly orthopaedic patients. Eur J Clin Nutr, 54: 555~562, 2000
- National Cholesterol Education Program, 2001
- National Research Council, Nutrient adequacy: assessment using food consumption surveys, Washington, DC: National Academy Press, 1986
- Nelms M, Sucher KP, Lacey K, Roth SL (2011) Nutrition therapy & pathophysiology. 2nd ed, 2003
- Ottery FD, Patient-Generated Subjective Global Assessment. In: The Clinical Guide to Oncology Nutrition, ed. PD McCallum & CG Polisena, pp 11~23. Chicago : The American Dietetic Association, 2000
- Samour PQ, Lang CE, Handbook of pediatric nutrition, 4th ed, Aspen Publishers, p.64, 1993
- Samour PQ, Lang CE, Handbook of pediatric nutrition. 4th ed, Aspen Publishers, p.69, 1993
- Tanumihardjo SA, Vitamin A: Biomarkers of nutrition for development, American Journal of Clinical Nutrition, 94:658S~665S, 2011
- The Nutrition Screening Initiative, a project of the American Academy of Family Physicians, the American Dietetic Association, and the National Council on Aging, Inc
- Weinsier RL · Morgan SL · Perrin VC, Fundamentals of clinical nutrition, St. Louis: Mosby, 1993
- WHO/UNICEF/UNU, Iron deficiency anemia assessment, prevention and control: A guide for programme managers, 2001
- WHO, International Classification of Disease, 9th revision, Clinical Modification, 1975
- WHO, International Statistical Classification of Diseases and Related Health Problems 10th revision, Clinical Modification, 2010
- 국가건강정보포털 http://health.mw.go.kr
- 국민건강보험공단 http://www.nhis.or.kr
- 국민고혈압사업단 http://www.hypertension.or.kr
- 농촌진흥청 국립농원과학원 농식품종합정보시스템 http://koreanfood.rda.go.kr/fct/Fct_Publication.aspx
- 대한보건협회웹진 http://www.kpha.or.kr/webzine/200409/sp1.htm

찾아보기

저자소개

이영미
- 연세대학교 가정대학 식생활학과 졸업
- 연세대학교 대학원 석사, 박사
- 현재 가천대학교 식품영양학과 교수

김정현
- 연세대학교 생활과학대학 식품영양학과 졸업
- 연세대학교 대학원 식품영양학 석사, 박사
- 현재 배재대학교 가정교육과(식품영양전공) 교수

박은주
- 연세대학교 생활과학대학 식품영양학과 졸업
- 연세대학교 대학원 석사
- 비엔나 국립대학교(University of Vienna) 영양과학과 박사
- 현재 경남대학교 식품영양학과 교수

이승민
- 연세대학교 생활과학대학 식품영양학과 졸업
- 미네소타주립대학교(University of Minnesota) 영양학 석사, 박사
- 현재 성신여자대학교 식품영양학과 조교수

영양판정 이론편

발 행 일	2015년 2월 16일 초판 인쇄
	2015년 2월 23일 초판 발행
지 은 이	이영미 · 김정현 · 박은주 · 이승민
발 행 인	김흥용
펴 낸 곳	도서출판 효일
디 자 인	에스디엠
주 소	서울시 동대문구 용두동 102-201
전 화	02) 460-9339
팩 스	02) 460-9340
홈 페 이 지	www.hyoilbooks.com
Email	hyoilbooks@hyoilbooks.com
등 록	1987년 11월 18일 제6-0045호
I S B N	978-89-8489-375-7

값 23,000원